工业软件产教融合职业技能人才培养系列教材

UG NX 软件产品加工实例教程

刘 伟 陶 波 主 编

電子工業出版社
Publishing House of Electronics Industry
北京 · BEIJING

内容简介

UG NX 软件是当今世界上最先进和紧密集成的、面向制造行业的 CAD/CAM 高端软件。本书通过实例讲解 UG NX 软件加工模块中如何合理选择操作类型、切削方法、切削参数及刀具路径的后处理等具体应用，引导读者掌握三轴、四轴、五轴加工的刀具路径生成方法，通过后置处理，生成驱动数控机床的 NC 程序，用于产品及模具的实际加工。

本书在结构上由多个模块组成，按照三轴、四轴、五轴加工主线来设计，模块按照先实践操作后学习理论的顺序递进，并提供学习资料下载及课后习题，帮助读者掌握 UG NX 软件加工模块的实际应用。

本书可作为高等职业技术院校相关专业的教材，也适合工程技术人员和高等院校读者的自学教程。

图书在版编目（CIP）数据

UG NX 软件产品加工实例教程 / 刘伟，陶波主编. —北京：电子工业出版社，2022.3

ISBN 978-7-121-42980-4

Ⅰ. ①U… Ⅱ. ①刘… ②陶… Ⅲ. ①数控机床—加工—计算机辅助设计—应用软件—高等学校—教材 Ⅳ. ①TG659.022

中国版本图书馆 CIP 数据核字（2022）第 028032 号

责任编辑：康　静
印　　刷：山东华立印务有限公司
装　　订：山东华立印务有限公司
出版发行：电子工业出版社
　　　　　北京市海淀区万寿路 173 信箱　邮编 100036
开　　本：787×1092　1/16　印张：13.5　字数：345.6 千字
版　　次：2022 年 3 月第 1 版
印　　次：2022 年 3 月第 1 次印刷
定　　价：44.00 元

凡所购买电子工业出版社图书有缺损问题，请向购买书店调换。若书店售缺，请与本社发行部联系，联系及邮购电话：（010）88254888，88258888。

质量投诉请发邮件至 zlts@phei.com.cn，盗版侵权举报请发邮件至 dbqq@phei.com.cn。

本书咨询联系方式：（010）88254609 或 hzh@phei.com.cn。

前　言

UG NX 作为一个集成的全面产品工程解决方案，是知识驱动自动化技术领域中的领先者。它实现了设计优化技术与基于产品和过程的知识工程的组合。它被许多世界领先的制造商用于概念设计、工业设计、详细的机械设计及工程仿真和数字化制造等各个领域。

UG NX 加工模块可在实体模型上直接生成加工程序，并保持与实体模型全相关。同时，它提供了一个相同的、界面友好的图形化窗口环境。用户可以在图形方式下观测刀具沿轨迹运动的情况并可对其进行图形化修改。该模块交互界面可按用户需求进行灵活的用户化修改和剪裁，并可定义标准化刀具库、加工工艺参数样板库，使粗加工、半精加工、精加工等操作常用参数标准化，以减少使用培训时间并优化加工工艺。加工后置处理模块使用户可方便地建立自己的加工后置处理程序。该模块适用于目前世界上几乎所有主流的 NC 机床和加工中心。该模块在多年的应用实践中已被证明适用于 2～5 轴或更多轴的铣削加工、2～4 轴的车削加工和电火花线切割。

计算机辅助设计制造技术发展与应用极为迅速，软件的技术含量和功能更新速度极快。CAD/CAM 应用的教学模式也逐步转变成“以工作任务为中心，以模块化课程为主体”。为适应新的教学任务开展，以及为帮助读者正确、高效地学习 UG NX 软件新版本的应用，我们在教材结构上，模块内容以工作任务为中心，以技术实践知识为焦点，以技术理论知识为背景，以拓展知识为延伸。这充分体现了高职教材的“职业性”和“高等性”的统一。

本书内容由 5 个模块组成。模块 1：UG NX 三轴加工编程实例。通过具体的加工实例，引导读者掌握 UG NX 加工模块中多种加工操作的刀具路径生成方法。模块 2：UG NX 三轴加工理论知识。通过对 UG NX 软件三轴加工编程各个加工操作中主要加工参数的讲解，指导读者在实践中能够具体应用，巩固和丰富课堂实践教学内容，并为读者课后学习提供帮助。模块 3：UG NX 四轴加工编程实例。通过具体的加工实例，引导读者掌握 UG NX 加工模块中针对四轴编程的操作方法，并对典型的四轴机床后处理器进行设置，生成驱动数控机床的 NC 程序，用于产品实际加工。模块 4：UG NX 五轴加工编程实例。通过具体的加工实例，引导读者掌握 UG NX 加工模块中针对五轴编程的操作方法，并对典型部件进行五轴机床在线模拟加工，验证刀路的准确性。模块 5：多轴加工理论知识。通过对 UG NX 软件多轴加工编程各个加工操作中主要加工参数的讲解，指导读者在实践中能够具体应用，巩固和丰富课堂实践教学内容，并为读者课后学习提供帮助。

本书由刘伟、陶波主编，刘伟编写了模块 1 与模块 2，陶波编写了模块 3，庞雨花编写了模块 4 与模块 5。在教材的编写过程中，得到了江阴鹏锦机械有限公司朱晓平工程师、博世力士乐（常州）有限公司侯军府、徐光月工程师的指导，在此表示衷心感谢！

由于作者水平有限，书中难免有错误与不当之处，恳请读者批评指正。

编　者

目　录

引　　言

CAD/CAM 即 Computer Aided Design/ Manufacturing（计算机辅助设计/制造），是一个含义较广的、泛指的术语，也是自动化和集成制造的核心。CAD/CAM 系统的关键目的在于生成用于产品设计的数据库，该数据库也能为加工过程所使用，使设计与加工之间能共享数据。

如图 0-0-1 所示分析了传统制造方法与应用 CAD/CAM 一体化技术制造的区别。传统制造方法以纸质图纸为介质，产品形状、尺寸等数据的输入与读取完全取决于个人的理解，设计-分析-制造之间各环节就像是隔着堵墙一样，数据容易出现不唯一。而应用 CAD/CAM 一体化技术制造则实现了数据流的统一，从设计到分析及加工制造，数据模型是唯一的，一切都在计算机中完成，最后输出 G 代码，通过数控机床完成产品、模具的加工。

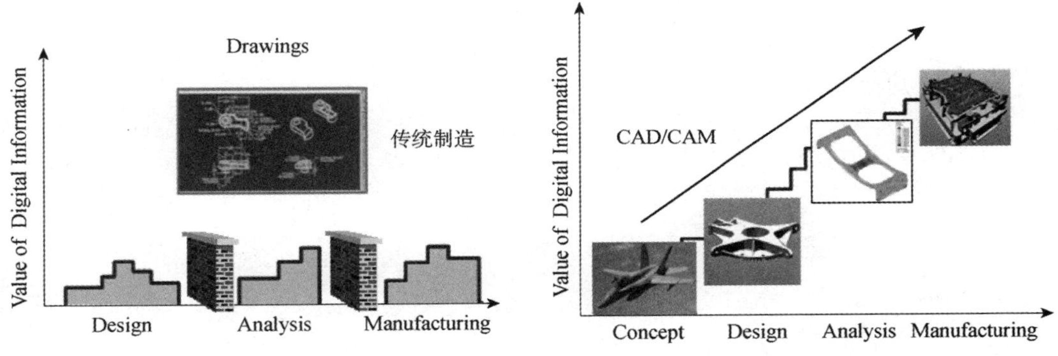

图 0-0-1　传统制造方法与应用 CAD/CAM 的对比

对于机制、数控等机械类专业的读者来说，在校期间应用计算机的课程主要包括 AutoCAD、UG 软件应用、SolidWorks 软件应用、CATIA 软件应用、数控编程等。相对于企业的应用，读者如果能很好地掌握一门或多门设计制造类软件的应用将对其就业提供很好的帮助。

作为一名机床操作员，需要掌握以下技能：

（1）机床的操作。

（2）工件的安装。

（3）工件坐标系的获取（加工坐标系与机床坐标系）。

（4）程序的输送与运行。

（5）加工时的安全事项。

（6）加工质量的评估。

而一名 NC 工程师则必须掌握更多的知识与技能：

（1）掌握一定的基础知识，包括数控机床基本结构、NC 加工基本原理、机械加工工艺等。

（2）全面地理解和掌握 NC 编程的基本过程和关键技术。

（3）熟练运用至少一种 CAD/CAM 软件。

（4）有丰富的实际加工经验。

（5）相关学科的知识和经验（如模具等）。

本书通过具体实例，由浅至深地逐步讲解 UG NX CAM 的应用：如何合理选择操作类型、切削方法、切削参数和加工坐标系的使用；刀具路径的后处理；程序单的制作等。在学习各模块内容前，要求读者先掌握以下课程的相关内容：UG NX CAD 建模、数控铣加工工艺、数控编程、数控铣床的操作及刀具和材料的相关知识。

模块 1　UG NX 三轴加工编程实例

模块介绍

UG NX 三轴加工编程实例模块就是通过具体的加工实例，引导读者掌握 UG NX 加工模块中多种加工操作（型腔铣、等高轮廓铣、平面铣、固定轴曲面轮廓铣）的刀具路径生成方法，并对刀轨进行后置处理，生成驱动数控机床的 NC 程序。UG NX 三轴加工用于产品及模具的实际加工。

实践任务

首先，在 UG NX 建模模块中完成图 1-0-1 所示工件的建模，然后在 UG NX 加工模块中按照粗加工→半精加工→精加工的加工工艺顺序创建加工操作，最后进行通用三轴铣加工后处理，生成驱动数控机床的 NC 程序。

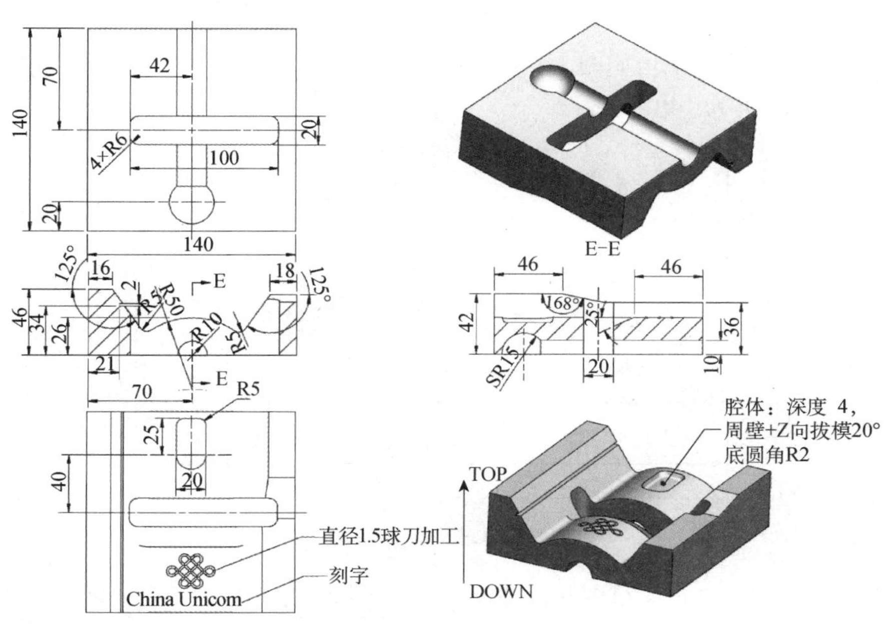

图 1-0-1　UG NX 三轴加工编程实例工程图

实践操作 1.1　加工前的准备工作

在 UG NX 建模模块中完成工件实体三维模型；对工件模型进行质量分析；了解工件的具体加工要求；合理选择数控加工刀具，对待加工工件（毛坯）做装夹准备。

（1）工件实体三维模型的创建。

（2）模型质量分析。

（3）加工要求。

（4）工件（毛坯）的装夹。

一、建立工件实体三维模型

1. 工件建模

新建 UG NX 文件，保存为“Siemens NX CAM.prt”，单位为毫米。在建模模块中完成如图 1-0-1 所示的工件实体建模。建模步骤如下：

（1）在第 21 层建立草图，如图 1-1-1 所示，草图位于 XC-YC 平面。第 1 层作为工作层拉伸草图截面，拉伸距离为 140。

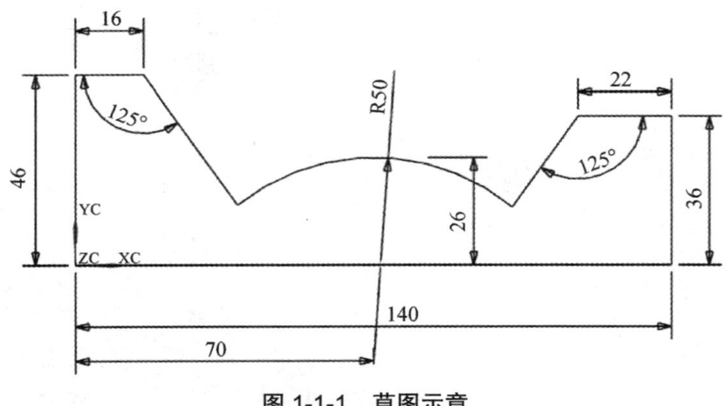

图 1-1-1　草图示意

（2）在第 22 层建立右视图草图并拉伸，利用右侧斜面建立修剪工具平面完成实体的修剪，并做布尔加操作，如图 1-1-2 所示。

（3）在第 23 层建立 20×100 的草图曲线，第 1 层设置为工作层，拉伸曲线建立实体，并做布尔减操作，形成如图 1-1-3 所示型腔。

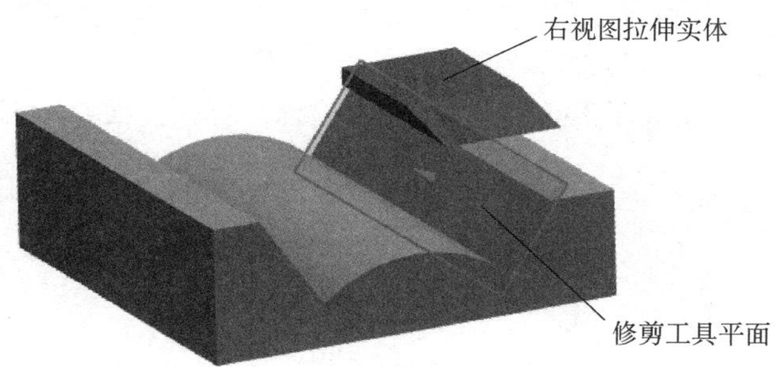

图 1-1-2　修剪示意

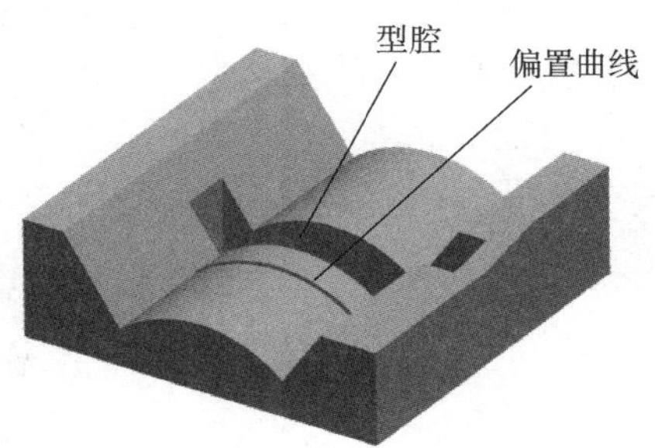

图 1-1-3　型腔与偏置曲线示意

（4）如图 1-1-3 所示，对前侧圆弧边在弧面上 3D 轴向偏置距离 46，利用偏置线分割曲面，然后对分割的小曲面拔模 25°。

（5）利用“腔体”命令在曲面上完成深度 4 的型腔建立。尺寸如图 1-1-1 所示。

（6）完成 TOP 与 DOWN 面其他特征的创建，如图 1-1-4 所示。

注意：有两处特征不需要建模，可以由加工完成。如果此模型源自其他软件，或者没有特征树，可以通过直接建模工具条中“替换面”或者“删除面”命令去除。

提交给加工的实际工件模型如图 1-1-5 所示。

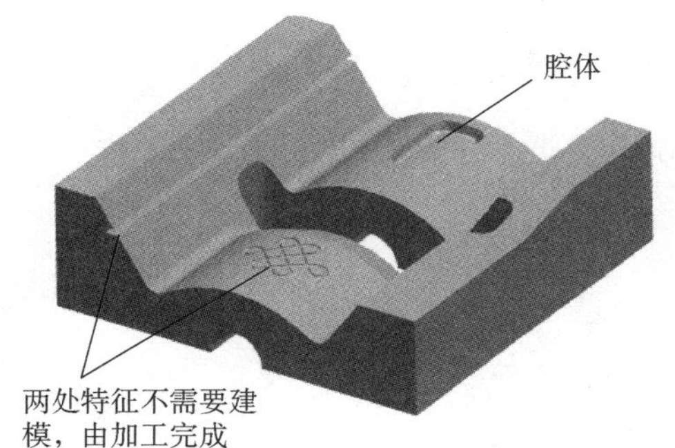

图 1-1-4　工件实体模型

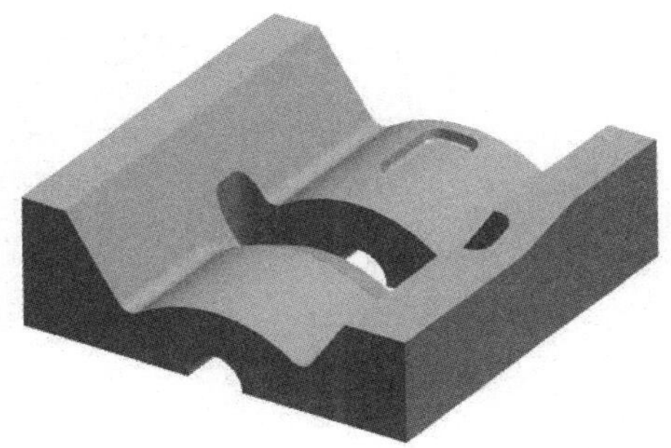

图 1-1-5　加工的实际工件模型

2.毛坯建模

作为 NC 程序员，需要到现场测量实际方坯的尺寸，然后创建立方体作为毛坯。或者不需要建立毛坯模型，在加工模块中由自动块生成亦可。

二、加工前工件模型质量分析

在具体实施 CAM 前，对部件三维数据模型的分析主要包括拔模角、最小凹圆角及曲面质量的分析。

（1）“拔模角”的分析可以通过执行主菜单的“分析”→“形状”→“斜率”命令来完成。“斜率分析”对话框如图 1-1-6 所示。通过分析可以观察模型面颜色的变化情况来判断拔模角是否在刀轴（+Z）方向。

（2）“最小凹圆角”的分析可以通过执行主菜单的“分析”→“形状”→“半径”命令来完成。“半径分析”对话框如图 1-1-7 所示。通过分析可以确定在加工过程中所需刀具的最小底圆角，并且有利于确定在清根操作或者径向走刀方式中球刀的大小。

（3）“曲面碎片”的分析可以通过执行主菜单的“分析”→“检查几何体”命令来完成。“检查几何体”对话框如图 1-1-8 所示。

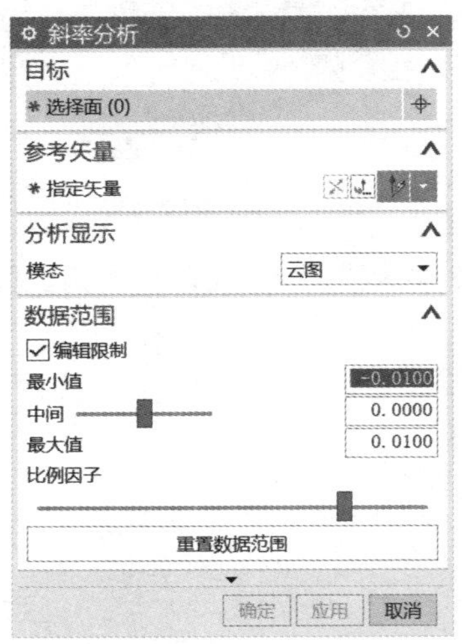

图 1-1-6 “斜率分析”对话框

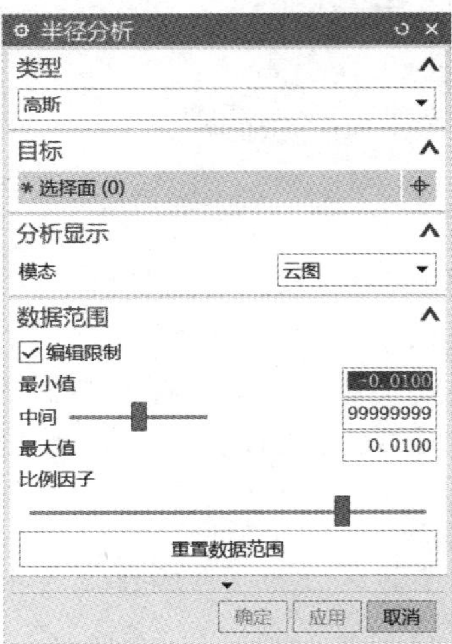

图 1-1-7 “半径分析”对话框

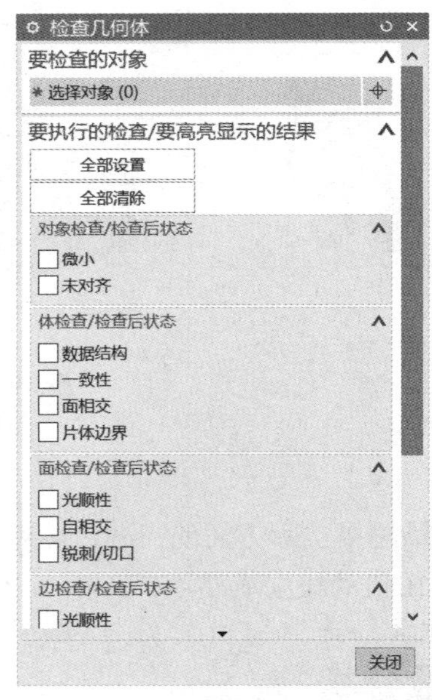

图 1-1-8 “检查几何体”对话框

对于由其他软件建模，然后以 Iges、Step 等格式导入的工件，特别是复杂曲面，必须对其曲面质量进行分析，从而可分析在加工过程中为什么局部会有跳刀过多或者过切等现象。

注意： 在进入加工模块后也可以执行主菜单中的“分析”→“NC 助理”命令来完成切削层的分析。

三、了解工件的具体加工要求

首先明确该工件的材料为碳素合金结构钢，在提交 CAM 前已由普通机床将底面、四周侧面及顶面加工到位，即待加工的毛坯就是 140mm×140mm×46mm 的方坯。

四、了解企业现有刀具库中刀具情况

详见附录 A 中刀具普通切削进给参数表，编程中刀具的转速与进给速度可参考此表来定义。

五、工件（毛坯）的装夹准备

在加工前还需要对待加工工件在机床上的装夹情况有十分清楚的认识，从而在编程过程中可以使刀具做有效的避让。

对于该实例来讲，其装夹可考虑采用如图 1-1-9 所示的方式。

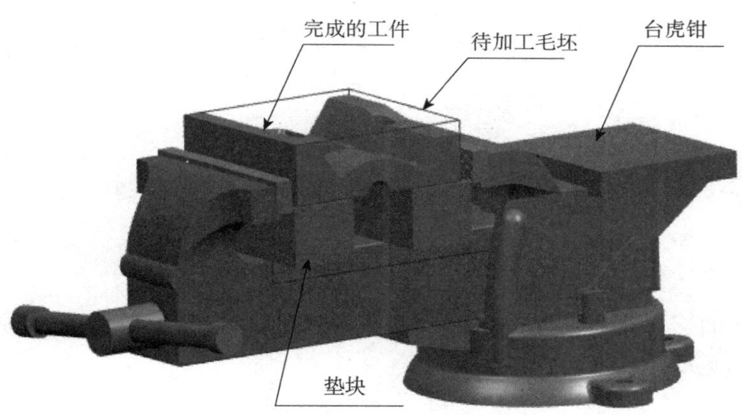

(a) 工件TOP面的装夹

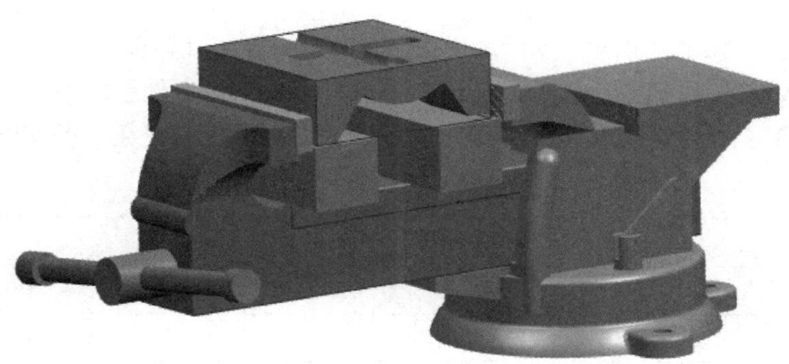

(b) 工件DOWN面的装夹

图 1-1-9　工件 TOP 面与 DOWN 面的装夹

将工件置于垫块上由台虎钳夹紧，台虎钳安装于机床工作台。这种方式是通用的装夹方式，在加工中，夹具对加工的影响较小。

注意：按照加工工艺要求，应该先加工工件的 DOWN 面，为了方便讲解 CAM 命令的使用，本实例先从加工 TOP 面开始。

实践操作 1.2　工件 TOP 面加工编程

在 UG NX 加工模块中运用多种加工操作（型腔铣、等高轮廓铣、平面铣、固定轴曲面轮廓铣），按照粗加工→半精加工→精加工的加工工艺顺序完成工件 TOP 面的加工，然后做通用三轴铣加工后处理，生成驱动数控机床的 NC 程序。

（1）型腔铣加工操作。
（2）等高轮廓铣加工操作。
（3）平面铣加工操作。
（4）固定轴曲面轮廓铣加工操作。
（5）三轴铣加工后处理。

一、加工操作一：型腔铣整体开粗加工

本加工操作涉及如下知识点：MCS（加工坐标系）、加工几何体、刀具组、加工方法组、型腔铣加工操作、加工操作导航器、刀具路径模拟、刀具路径后处理。

在实践操作中，利用型腔铣加工操作完成工件整体粗加工，定义的各项内容见表 1-2-1。

表 1-2-1　TOP 面加工程序 01：型腔铣整体开粗加工

程序名	CAVITY_MILL_01	
定义项	参数	作用
程序	TOP	指定程序归属组
几何体	WORKPIECE_TOP	指定 MCS、加工部件、毛坯
刀具	D20R5	指定直径 20 底半径 R5 圆鼻刀
方法	MILL_ROUGH	指定加工过程保留余量

（续表）

定义项		参数	作用
加工操作	修剪边界	部件底面四条边	约束加工范围，减少刀轨
	切削方式	跟随部件	确定刀具走刀方式
	切削步距	刀具直径的 65%	确定刀具切削横跨距离
	切削层	每一刀深度 0.5	确定层加工量
	切削参数	侧面余量 0.3；底面余量 0.1	确定加工过程余量
		开放刀路：变换切削方向	减少刀具抬刀
	非切削参数	封闭区域进刀：沿形状斜进刀（高度 1，斜坡角 3°） 开放区域进刀：线性进刀 退刀与进刀相同	切削条件好，保护刀具
		切削区域起点：工件外侧，朝向操作员	方便观察
		转移：安全平面	初刀加工确保安全
	进给率	转速 S=1600rpm	确定刀轴转速
		进刀速度 F=1000 第一刀速度 F=500 步进速度 F=1000 切削速度 F=1500 横越速度　快速 退刀速度 F=3000	定义加工中各过程速度 （数值仅做参考，具体加工根据机床功率、部件材料、刀具类型及加工材料来指定）
		其他按默认值	—

1. 熟悉 UG NX 加工模块界面

（1）进入加工。执行主菜单中的“开始”→“加工”命令，即由建模模块进入加工模块。

（2）选择加工模板。如图 1-2-1 所示，选择“CAM 会话配置”中的“cam_general（通用加工配置文件）”选项，再选择“要创建的 CAM 组装”中的“mill_contour（轮廓铣加工模板）”选项，单击“确定”按钮，进入 UG NX 加工环境。

图 1-2-1　加工模板的选择

（3）熟悉 UG NX 加工环境。如图 1-2-2 所示，UG NX 的加工环境包括 4 个工具条。所产生的每个加工操作，在左侧“工序导航器-程序顺序”中有显示，如图 1-2-3 所示。

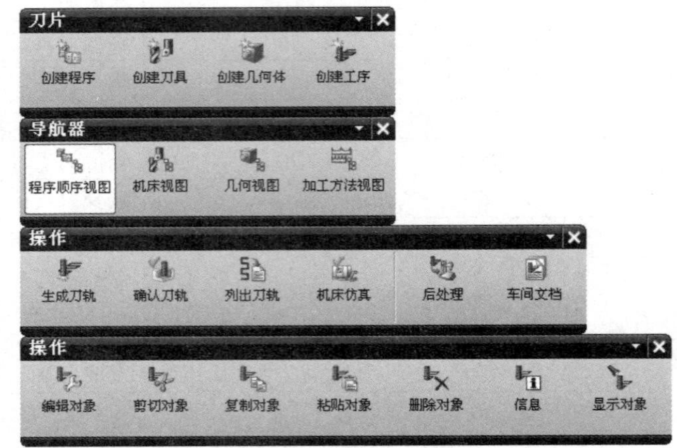

图 1-2-2　UG NX CAM 工具条

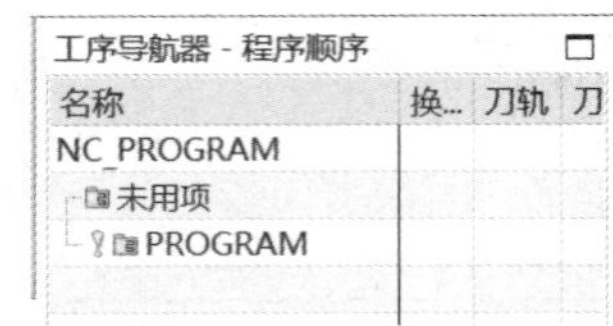

图 1-2-3　加工操作导航器

“工序导航器-程序顺序”（operation navigator）是各加工模块的入口位置，是用户进行交互编程操作的图形界面。它以树形结构显示程序、加工方法、几何对象、刀具等对象及它们的从属关系。“+”“-”可展开或折叠各节点包含的对象。

2.UG CAM 前的准备工作

（1）建立 MCS（加工坐标系）。此时默认 MCS（加工坐标系 XM-YM-ZM）与绝对坐标系（XC-YC-ZC）是重合的，如图 1-2-4 所示。

注意：因为建模时不考虑加工坐标系的位置，所以绝对坐标系的位置不一定在此处，所以必须首先建立加工该工件的 MCS。

单击工具条中的“创建几何体”按钮，弹出“创建几何体”对话框如图 1-2-5 所示。

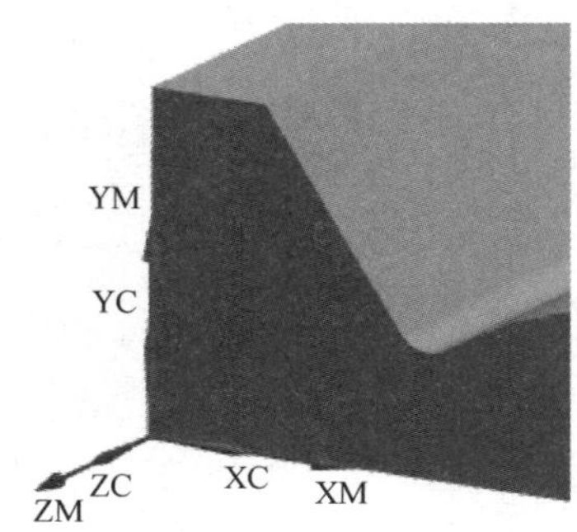

图 1-2-4　MCS 与 WCS

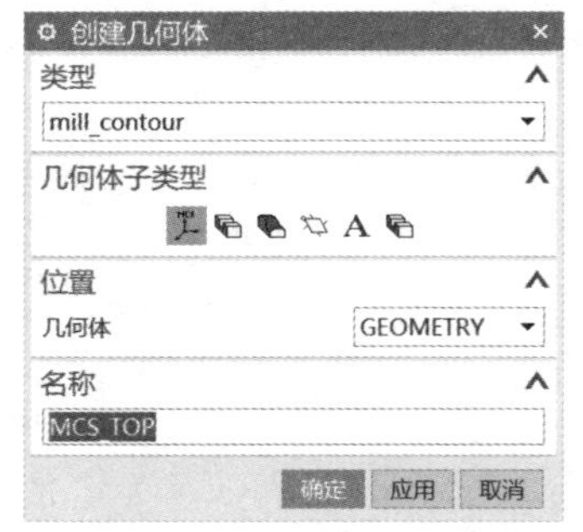

图 1-2-5　“创建几何体”对话框

第一项为 MCS 创建，在“名称”栏内输入“MCS_TOP”，“位置”选项组的“几何体”栏按默认（GEOMETRY）设置。单击“确定”按钮进入“MCS”对话框，如图 1-2-6 所示。

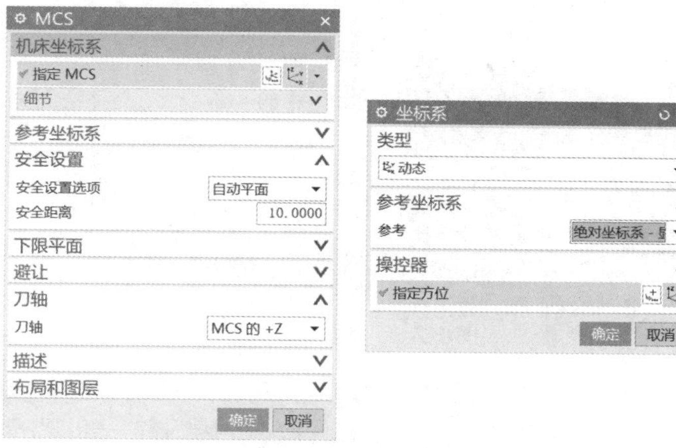

图 1-2-6 “MCS”对话框

通过动态坐标系将 MCS 调整到工件最高面并且居中，如图 1-2-7 所示。此时，XM、YM、ZM 的方向与机床的坐标系方向一致。

注意：建议将 WCS（工作坐标系）也变换为与 MCS（加工坐标系）相同的位置和方向。

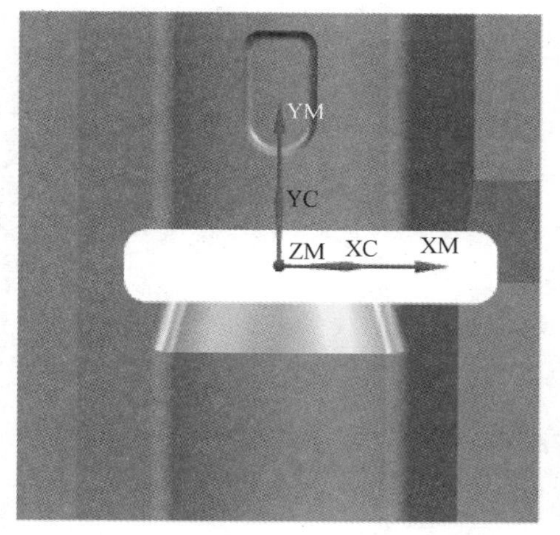

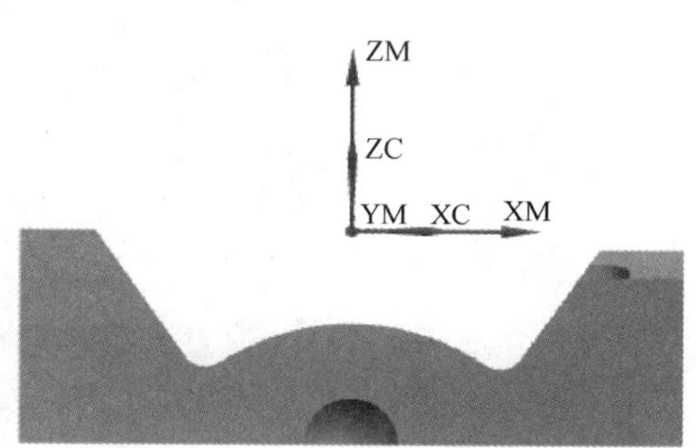

图 1-2-7 MCS 与 WCS 位置

（2）建立安全平面。在此对话框下同时指定安全平面高度为上表面偏置距离 20，如图 1-2-8 所示。

注意：安全平面是以 WCS 坐标系来确定的位置。如果没有定义安全平面，则可以使用一个默认的安全平面。对于平面铣，默认安全平面为部件几何体与毛坯几何体、检查几何体之中较高的平面加上两倍的垂直安全距离；对于型腔铣，默认安全平面为最高切削层（即部件几何体与毛坯几何体之中较高的平面加上毛坯距离值）、检查几何体与用户定义的最高切削层之中最高的平面加上两倍的垂直距离。

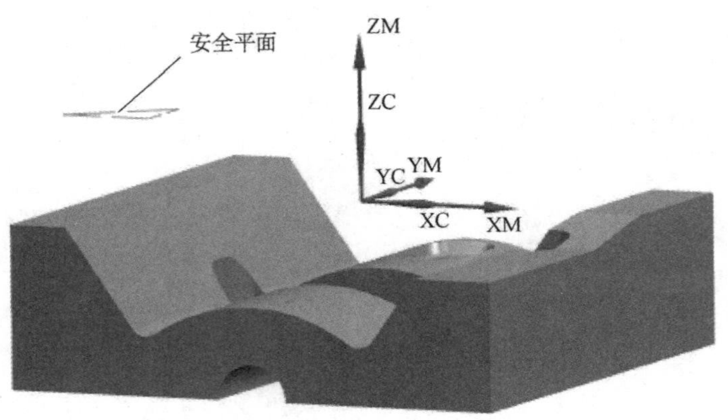

图 1-2-8　安全平面设置

（3）创建加工几何体。继续单击工具条中的“创建几何体”按钮，再选择“创建几何体”对话框选项组中的第二项“WORKPIECE”。在“几何体”栏中选择前一步骤所建立的“MCS_TOP”选项，“名称”定义为“WORKPIECE_TOP”，如图 1-2-9 所示。

单击“确定”按钮进入“工件”对话框，如图 1-2-10 所示。

“指定部件”选择先前建模的工件。“指定毛坯”通过“自动块”生成，如图 1-2-11 所示。

图 1-2-9　铣加工几何体创建

图 1-2-10　“工件”对话框

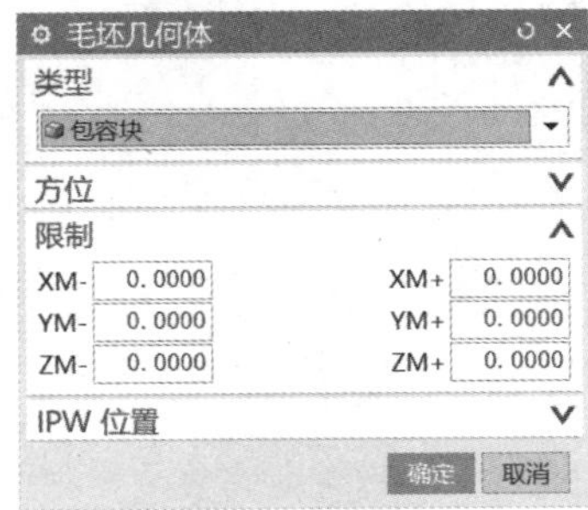

图 1-2-11　毛坯几何体

毛坯尺寸一定要到现场实际测量再设置。

（4）创建刀具组。单击工具条中的“创建刀具”按钮，打开“创建刀具”对话框如图 1-2-12

所示。

刀具“名称”命名为“D20R5”，确定后进入“铣刀-5 参数”对话框，如图 1-2-13 所示。

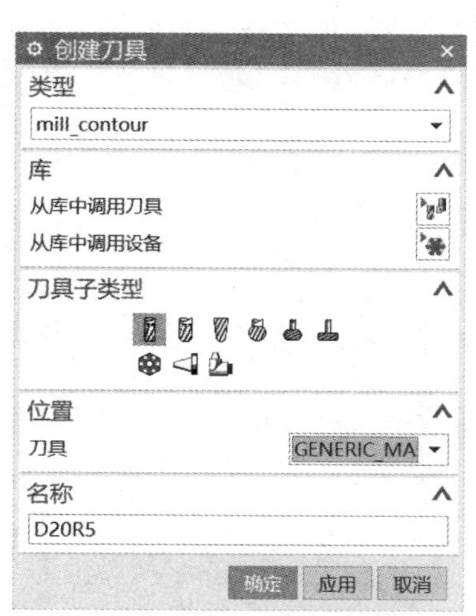

图 1-2-12　“创建刀具”对话框

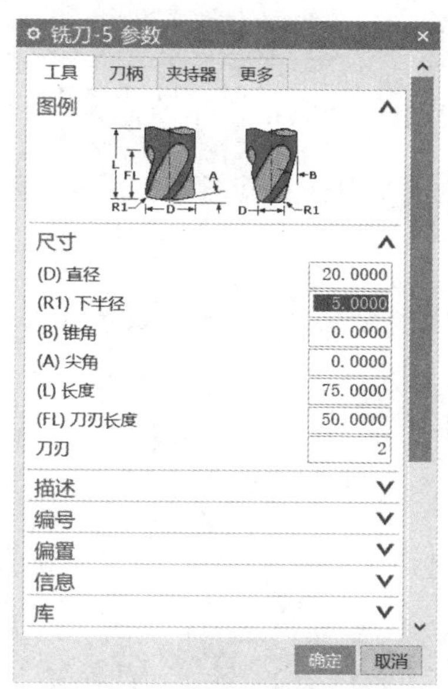

图 1-2-13　“铣刀-5 参数”对话框

刀具“直径”设置为“20”，“下半径”设置为“5”。这是一把圆鼻刀（或称为牛鼻刀），适用于开粗加工。

注意：在创建加工操作时，首先确定加工所需的刀具。如有丰富加工经验，或对当前数控加工车间所具备的各种刀具参数十分熟悉，可以在加工前单击“加工创建”工具条中的“创建刀具组”按钮，将加工该工件所需的各种刀具一同创建；然后，在创建加工操作时，在“刀具”选项内选择所需刀具名称即可。成熟企业一般具备自己的刀具库，关于刀具库的建立方法详见附录 B　UG NX 刀具库的建立。

（5）加工方法组创建。单击“导航器”工具条中的“加工方法视图”按钮，此时右侧操作导航器中，显示方式按加工方法显示，如图 1-2-14 所示。

将光标置于“MILL_ROUGH”（粗加工）上，单击鼠标右键，在弹出的快捷菜单中选择“编辑”命令，或者双击，出现如图 1-2-15 所示的对话框。将“部件余量”的值设为“0.3”（粗加工过程余量）。

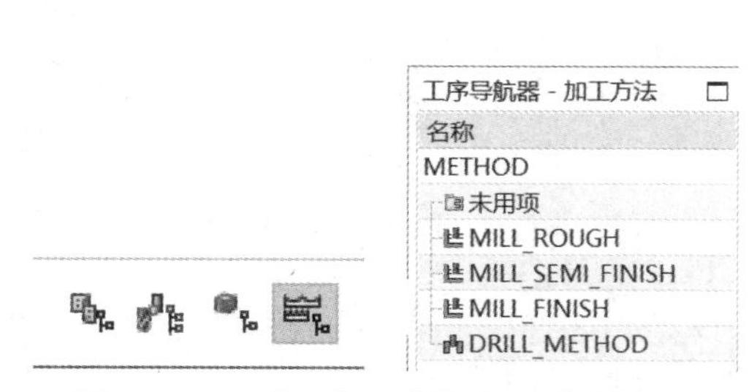

图 1-2-14　“工序导航器-加工方法”显示

图 1-2-15　“铣削粗加工”对话框

采用同样方法将“MILL_SEMI_FINISH”（半精加工）的“部件余量”的值设为“0.1”。将“MILL_FINISH”（精加工）的“部件余量”的值设为“0”。单击“确定”按钮后退出。

（6）建立程序组。因为工件分“TOP”与“DOWN”两面，则加工两个面的 MCS、程序组都需要有所区分。单击工具条中的“创建程序”按钮，打开“创建程序”对话框如图 1-2-16 所示。分别建立“TOP”与“DOWN”两个程序组。

注意：程序组就好像文件夹，而每个加工程序就像是文件。程序组的建立有利于做好程序的管理。

3.建立型腔铣整体开粗加工操作

单击工具条中的“创建工序”按钮，打开“创建工序”对话框，如图 1-2-17 所示，在“类型”中选择“mill_contour”选项。“工序子类型”中单击“Cavity Mill”按钮。

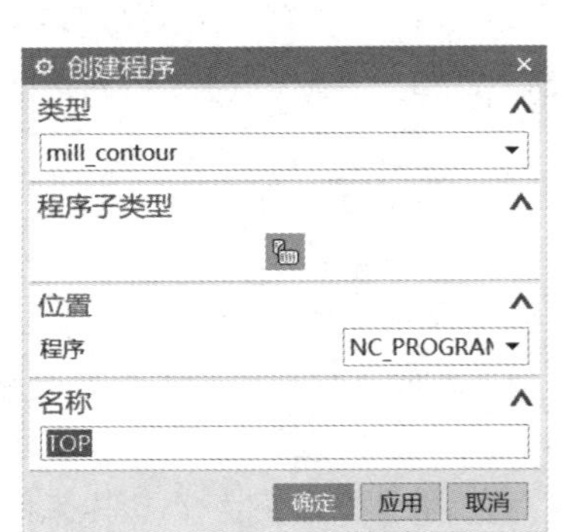

图 1-2-16 “创建程序”对话框

图 1-2-17 “创建工序”对话框

“程序”选择“TOP”选项；“刀具”选择“D20R5（铣刀-5）”选项；“几何体”选择“WORKPIECE_TOP”选项；“方法”选择“MILL_ROUGH”选项；“名称”命名为“CAVITY_MILL_01”，然后进入型腔铣加工环境。

（1）定义加工部件与毛坯。当“几何体”选择“WORKPIECE_TOP”选项后，部件与毛坯几何体就已经由“WORKPIECE_TOP”做了定义。通过单击“指定部件”及“指定毛坯”按钮可以显示部件与毛坯，如图 1-2-18 所示。

（2）创建刀具。在“刀具”框中显示当前刀具为直径 20 底角 R5 的圆鼻刀，如图 1-2-19 所示。

注意：刀具轴方向与 WCS 的 ZC 轴方向是一致的。

（3）定义切削模式。刀具在切削时的走刀方式有很多种，选择主界面“切削模式”为“跟随部件”走刀方式，对话框如图 1-2-20 所示。

（4）定义步距。设置“平面直径百分比”为“65”，即刀具横向进给距离为当前刀具直径的 65%。

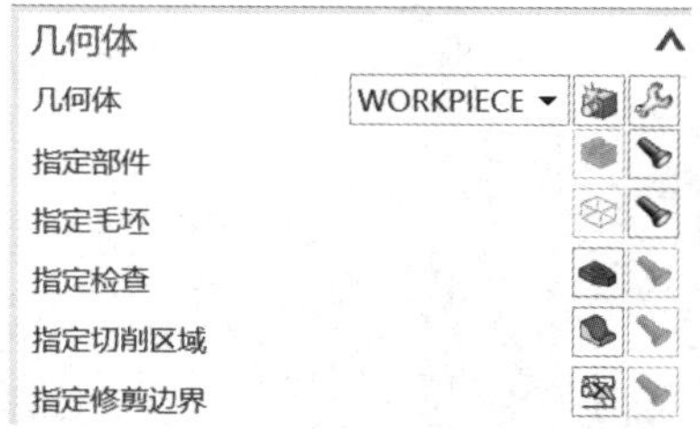

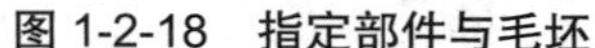

图 1-2-18　指定部件与毛坯

图 1-2-19　指定刀具

（5）定义每层切削量（即层高）。单击主界面中的“切削层”按钮，打开“切削层”对话框，如图 1-2-21 所示。

图 1-2-20　“刀轨设置”对话框

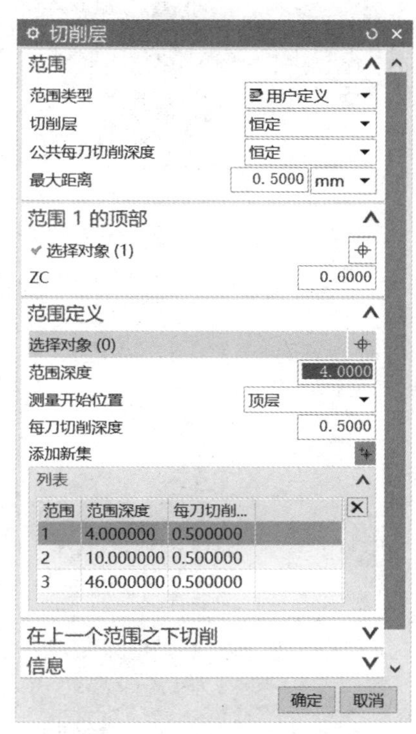

图 1-2-21　“切削层”对话框

系统已经采用“自动”方式划分了加工范围，即“范围类型”为“用户定义”。首先将“每刀切削深度”设置为“0.5”，然后单击“范围定义”框中的“删除”按钮，将系统自动划分的切削层范围全部删除。然后通过单击如图 1-2-22 所示实体边上的圆上四分点按钮，重新定义切削层的最低面；然后通过单击“添加新集”按钮加入图示两个平面为新范围。加工范围的划分结果如图 1-2-22 所示，单击“确定”按钮退出。

注意： 通过两个划分新范围平面确定层切削范围边界，保证该平面的“部件底面余量”为“0.1”。

（6）确定加工余量。打开“切削参数”对话框，如图 1-2-23 所示，因为“方法”选择“MILL_ROUGH”选项，所以部件余量已经设置完成，将“部件侧面余量”与“部件底面余量”分别设置为“0.3”与“0.1”。

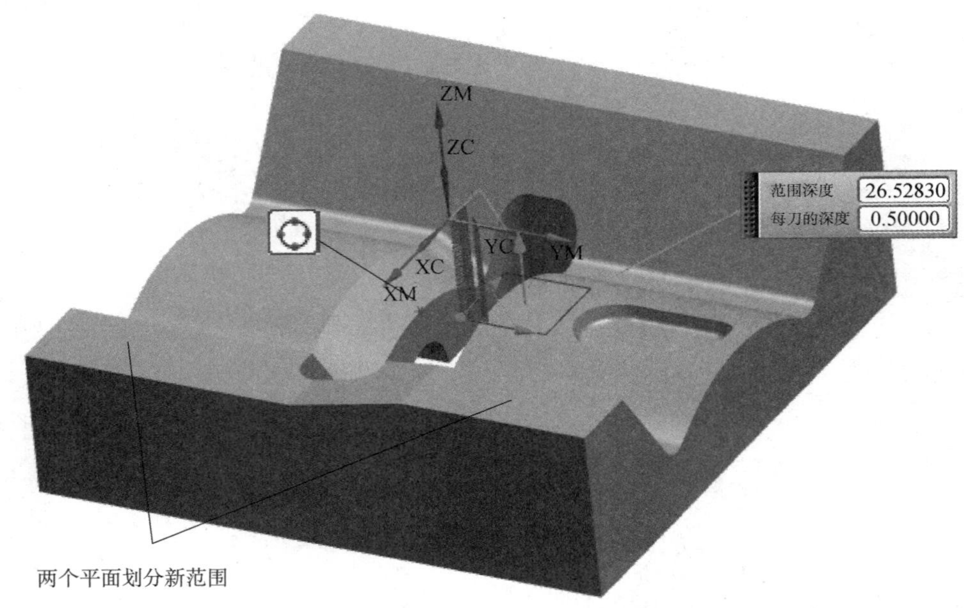

图 1-2-22　加工范围的划分结果

（7）定义非切削移动。打开“非切削移动”对话框，进刀按如图 1-2-24 所示设置，退刀与进刀相同。

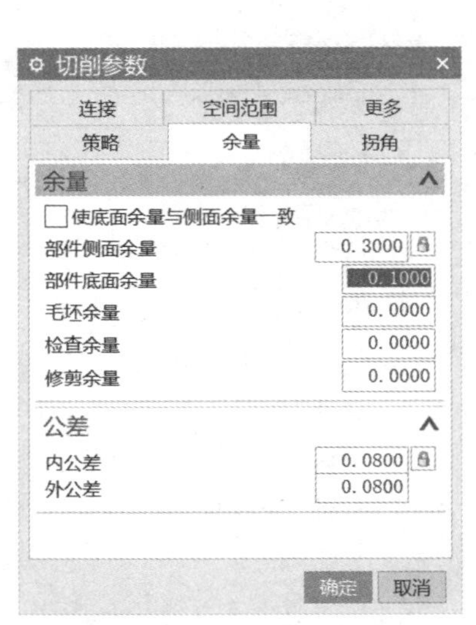

图 1-2-23　部件余量设置

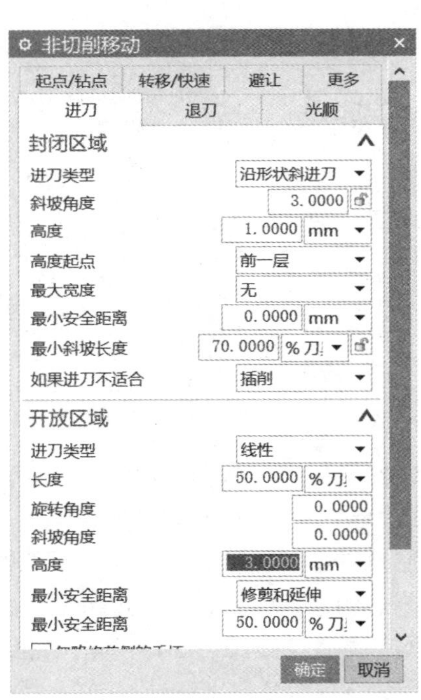

图 1-2-24　进刀设置

在“非切削移动”对话框的“起点/钻点”选项卡中，定义“重叠距离”为“0.5”，如图 1-2-25 所示。

在“区域起点”选项组中通过点构造器设置如图 1-2-26 所示位置为区域起点。

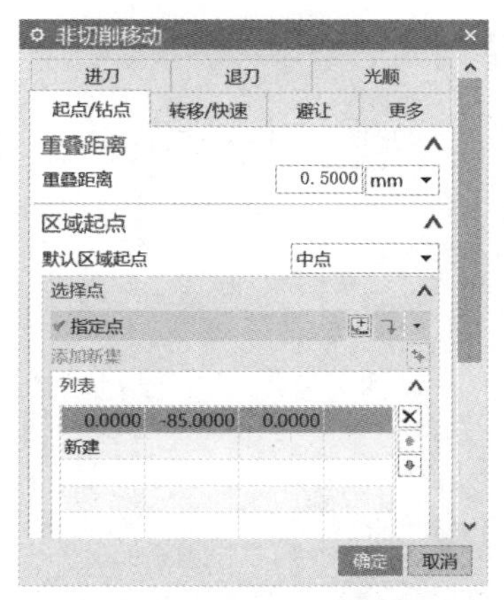

图 1-2-25　“起点/钻点”对话框

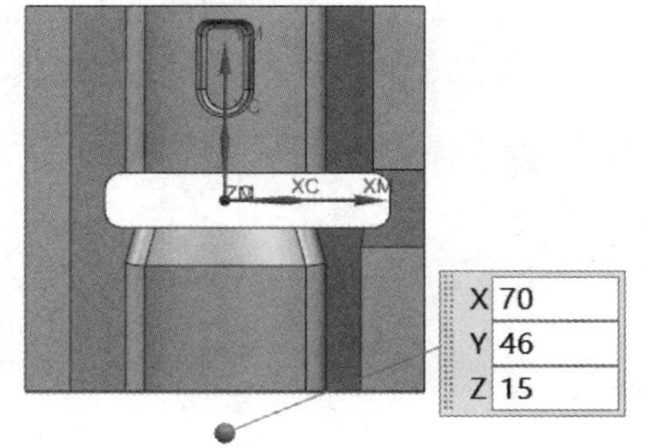

图 1-2-26　区域起点

注意：区域起点应定义在靠近机床操作员一侧，以方便刀具粗刀切削接近工件时操作员的观察。

在“转移/快速”选项卡中设置刀具抬刀时的转移方式，这里将“转移方式”设置为“安全距离”，在“安全设置”选项组中设置“安全设置选项”为“使用继承的”，如图 1-2-27 所示。这样所设置的安全平面就继承前面几何体中的设置，即安全平面高度为上表面偏置距离 20。

（8）定义主轴转速 S 及切削速度 F。单击主界面中的“进给率和速度”按钮，打开“进给率和速度”对话框，如图 1-2-28 所示。

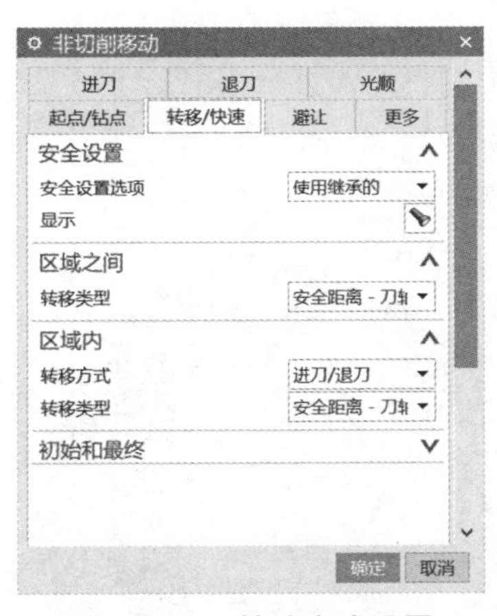

图 1-2-27　转移方式设置

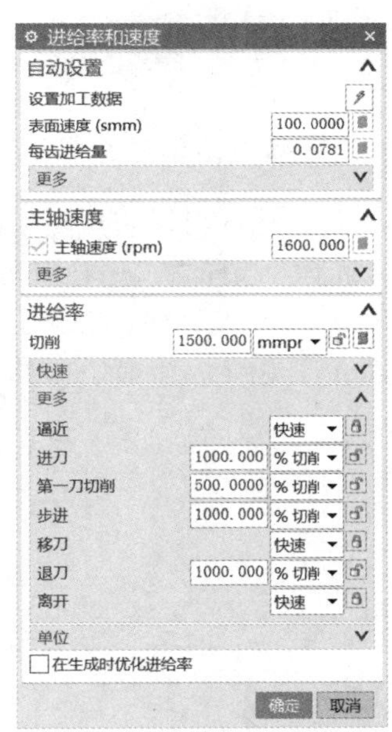

图 1-2-28　“进给率和速度”对话框

根据附录 A“刀具普通切削进给参数表”中数值，定义主轴速度 S、进给速度 F 值如图 1-2-28 所示。

注意：此处的主轴速度 S、进给速度 F 值的设置应该根据机床的实际功率、加工工件的材料、刀具类型与材料等因素来确定，这需要编程人员具有一定的机床实际操作经验。

（9）指定修剪边界。单击主界面中的“指定修剪边界”按钮，打开“修剪边界”对话框，如图 1-2-29 所示。

“修剪侧”定义为“外侧”，“平面”设置为“指定”，然后定义投影平面为“XC-YC”，再通过选择底面四条边，设置的修剪边界如图 1-2-30 所示。

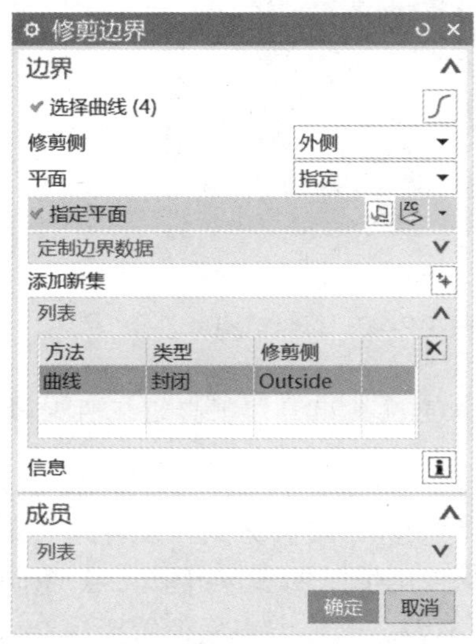

图 1-2-29 “修剪边界”对话框

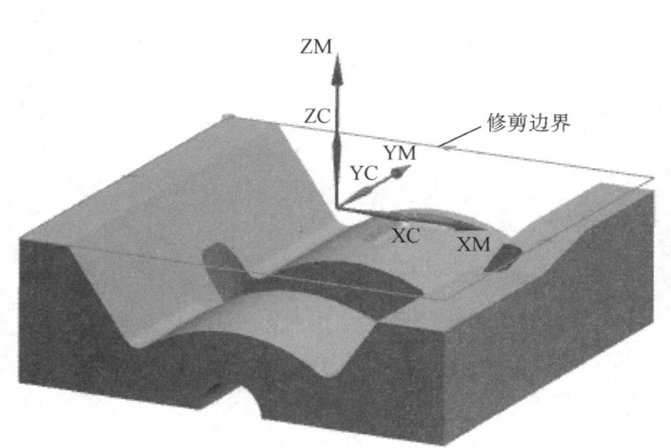

图 1-2-30 修剪边界的定义

（10）其他选项均按默认设置。单击 Cavity Mill 界面底部的“确定”按钮，确保上述设置被保存。因此在“工序导航器-程序顺序”中存在了一个“CAVITY_MILL_01”程序，如图 1-2-31 所示。

注意：此时加工操作前的符号为“⊘”

此时保存文件。这样可以防止生成程序时因计算机死机而丢失数据。

（11）生成加工。选择“工序导航器-程序顺序”中的“CAVITY_MILL_01”程序，再单击“生成”按钮，UG NX CAM 则针对上述设置生成型腔铣加工的原程序。生成程序时间的长短，与计算机的配置相关。生成的刀具轨迹如图 1-2-32 所示。

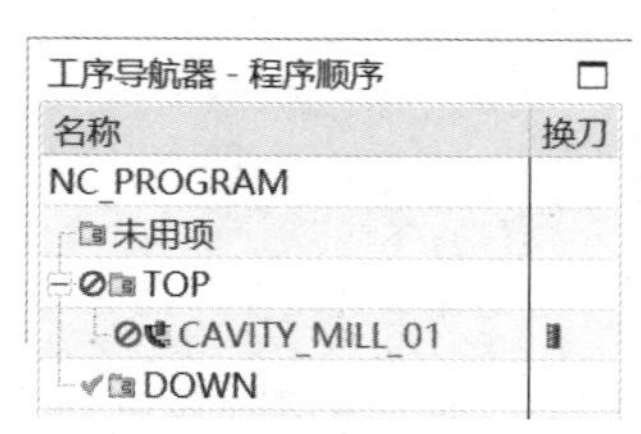

图 1-2-31 工序导航器

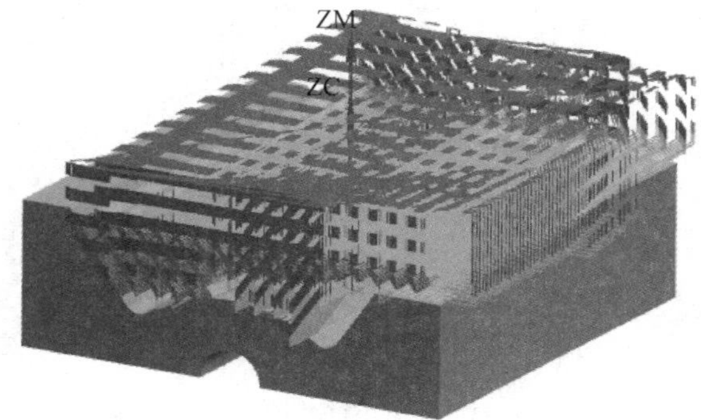

图 1-2-32 刀具轨迹

刀具轨迹中转移过程多，抬刀操作也比较多，可以通过如图 1-2-33 所示的“切削参数”对话框，在“连接”选项卡中定义“开放刀路”为“变换切削方向”，则新的加工路径如图 1-2-34 所示。

图 1-2-33　切削参数对话框

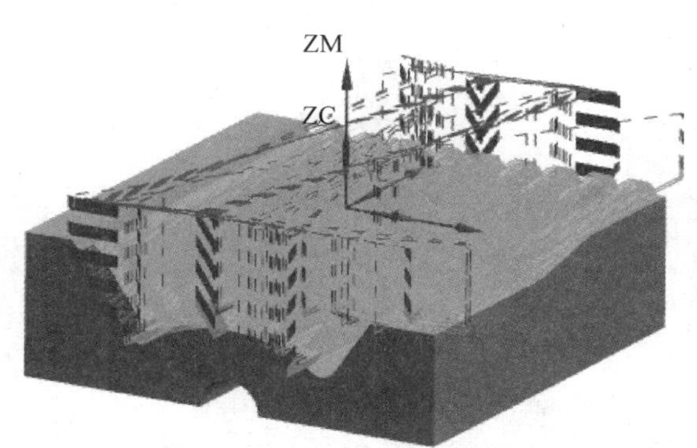

图 1-2-34　整体开粗刀具路径

注意：此选项虽然可以有效减少刀具抬刀操作，但是会导致顺铣与逆铣互相交替，因此不适合于精加工使用。这要根据机床实际条件来确定是否需要定义。

（12）过切检查。选择“工序导航器-程序顺序”中的“CAVITY_MILL_01”程序，再执行“过切检查”命令，打开的“过切和碰撞检查”对话框如图 1-2-35 所示。

图 1-2-35　“过切和碰撞检查”对话框

确保刀具轨迹生成后显示无过切，否则需要检查过切的原因。

（13）刀具轨迹动态模拟。生成程序后单击主界面中的“确定”按钮，在“可视化刀轨轨迹”对话框中选择“3D 动态”选项，然后单击“播放”按钮，则进行模拟加工，加工结果如图 1-2-36 所示。

注意：刀具轨迹生成成功后，此时加工操作前的符号为“♀”。

（14）刀具轨迹后处理。单击工具条中的“后处理”按钮，打开“后处理”对话框，如图 1-2-37 所示。

在“后处理器”栏中列出的可用机床中选择“MILL_3_AXIS”选项（三轴立式数控铣机床），“单位”选择“公制/部件”选项。确定后即可产生由数控机床执行的加工 G 代码。

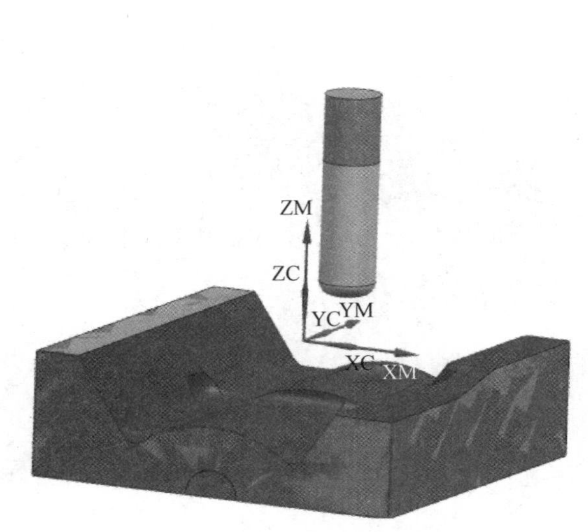

图 1-2-36 模拟加工结果

图 1-2-37 “后处理”对话框

注意：完成“后处理”的加工操作前的符号为“✓”。

“✓”表示刀具路径已经生成，并已输出成刀具位置源文件。

“!”表示刀具路径已经生成，但还没有进行后置处理输出，或刀具路径已改变，需重新进行后置处理。

“⊘”表示该操作从来没有生成过刀具路径，或者生成刀具路径或编辑过参数，需重新生成刀具路径。

二、加工操作二：IPW 二次开粗

本加工操作涉及如下知识点：IPW（残余毛坯）的概念、型腔铣二次开粗的方法、参考刀具的概念、毛坯边界（Blank Boundary）的定义、拐角余量（Corner_Rough）粗加工方法。

经过型腔铣的逐层开粗加工，毛坯的大部分余量已被去除。对于剩余余量的再次粗加工，称为“二次开粗”。在实践操作中，利用 IPW 可以完成残余毛坯的二次开粗，定义的各项内容见表 1-2-2。

表 1-2-2 TOP 面加工程序 02：残余毛坯二次开粗

程序名	CAVITY_MILL_02	
定义项	参数	作用
程序	TOP	指定程序归属组
几何体	WORKPIECE_TOP	指定 MCS、加工部件、毛坯
刀具	D12R1	指定直径 12 底半径 R1 圆鼻刀
方法	MILL_ROUGH	指定加工过程保留余量

（续表）

定义项		参数	作用
加工操作	修剪边界	部件底面四条边	约束加工范围，减少刀轨
	切削方式	跟随部件	确定刀具走刀方式
	切削步距	刀具直径的 65%	确定刀具切削横跨距离
	切削层	每一刀深度 0.5	确定层加工量
	切削参数	侧面余量 0.3；底面余量 0.1	确定加工过程余量
		开放刀路：变换切削方向	减少刀具抬刀
		处理中的工件：使用 3D	定义残余毛坯
	非切削参数	封闭区域进刀：沿形状斜进刀（高度 1，斜坡角 3°），最小斜面长度：刀具直径 20% 开放区域进刀：线性进刀 退刀与进刀相同	切削条件好，保护刀具
		切削区域起点：中点	系统默认设置
		转移：前一平面	缩短刀具转移距离
	进给率	转速 S=1000rpm	确定刀轴转速
		进刀速度 F=600 第一刀速度 F=500 步进速度 F=600 切削速度 F=1000 横越速度　快速 退刀速度 F=3000	定义加工中各过程速度 （数值仅做参考，具体加工根据机床功率、部件材料、刀具类型及加工材料来指定。）
		其他按默认值	—

“二次开粗”采用型腔铣的方法，因此操作步骤可以参考实践操作一。

在“工序导航器-程序顺序”中可以直接将“CAVITY_MILL_01”复制粘贴，重新命名为“CAVITY_MILL_02”。编辑该加工操作，做如下重新参数设置。

1. 更换刀具

将刀具更换为 D12R1 圆鼻刀。

2. 切削参数设置

在“切削参数”对话框中选中“空间范围”选项卡，“过程工件”设置为“使用 3D”，如图 1-2-38 所示。

3. 非切削参数

（1）在“非切削移动”对话框的“进刀”选项卡中将“封闭区域”中的“最小斜坡长度”设置为 20%刀具直径，如图 1-2-39 所示。其他参数按默认设置。

（2）在“非切削移动”对话框的“起点/钻点”选项卡中“默认区域起点”设为“中点”，不需要手工定义。

（3）在“非切削移动”对话框的“转移/快速”选项卡中“转移方式”设置为“前一平面”，以减少抬刀距离。

图 1-2-38　设置“切削参数”对话框

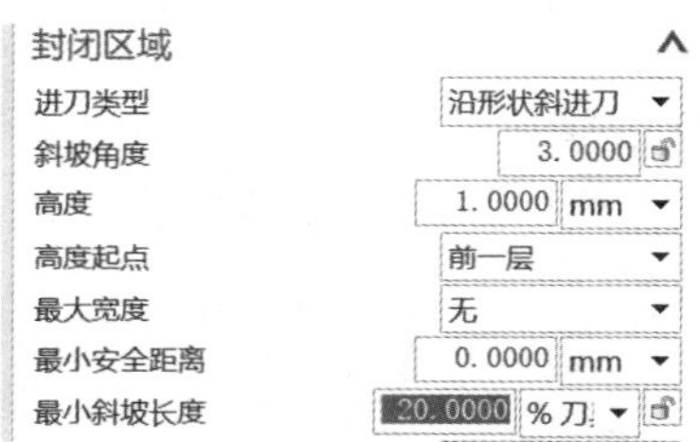

图 1-2-39　设置最小斜面长度

4.残余毛坯二次开粗刀具路径及 2D 模拟动态加工结果

“CAVITY_MILL_02”加工操作的刀具路径如图 1-2-40 所示。

型腔铣“二次开粗”加工完成后，可以与前一步型腔铣共同完成模拟切削。在操作导航器中选择“CAVITY_MILL_01”加工操作，然后按住键盘上的 Ctrl 键再选择“CAVITY_MILL_02”选项，此时选中了两个加工操作，单击“加工操作”工具条中的“确认刀轨”按钮。

“CAVITY_MILL_02”3D 模拟动态加工的结果如图 1-2-41 所示。

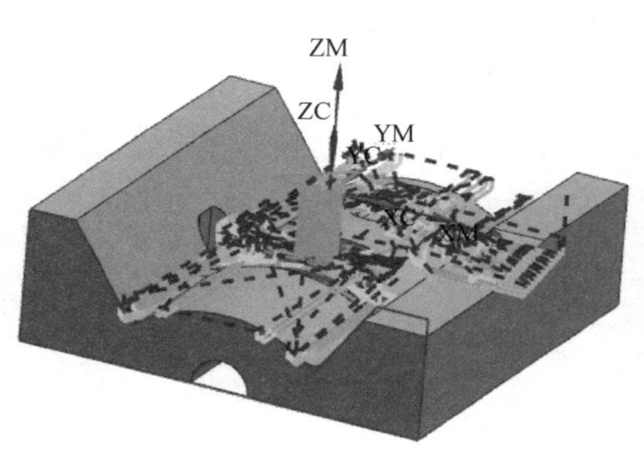

图 1-2-40　二次开粗刀具路径

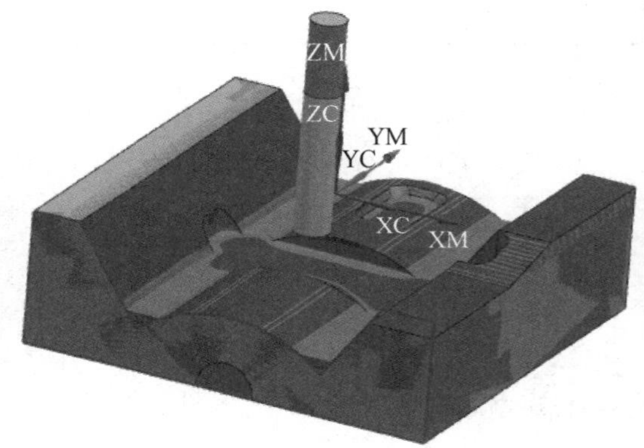

图 1-2-41　二次开粗动态模拟加工结果

三、加工操作三：钻孔加工操作

本加工操作涉及如下知识点：钻头的定义、钻孔操作的定义、钻孔的类型。

因为在加工深腔时进刀条件差，所以要为下一操作准备预钻孔进刀点。本操作将使用 D16 钻头钻穿工件，下一操作中 D12 铣刀将在此位置垂直下刀，这样可以有效改善刀具在进刀过程中的受力情况。

在实践操作中，钻孔操作定义的各项内容见表 1-2-3。

表 1-2-3　TOP 面加工程序 03：钻孔操作

程序名		DRILLING_01	
定义项		参数	作用
程序		TOP	指定程序归属组
几何体		WORKPIECE_TOP	指定 MCS、加工部件、毛坯
刀具		DRILLING_TOOL_D16	指定直径 16 钻头
方法		DRILL_METHOD	指定加工模式
加工操作	指定孔	WCS 原点	定义钻孔位置
	指定底面	工件底面	定义钻孔深度
	循环类型	标准钻 Thru Bottom	钻透底面
	进给率	转速 S=1000rpm	确定刀轴转速
		切削速度 F=300 进刀速度 F=300 退刀速度 F=300	定义加工中各过程速度 （数值仅做参考，具体加工根据机床功率、部件材料、刀具类型及加工材料来指定）
		其他按默认值	—

1. 定义钻头

单击工具条中的“创建刀具”按钮，打开“创建刀具”对话框，选择刀具“类型”为“hole_making”孔加工，如图 1-2-42 所示，再定义钻头“直径”为“16”，其他参数按默认设置。

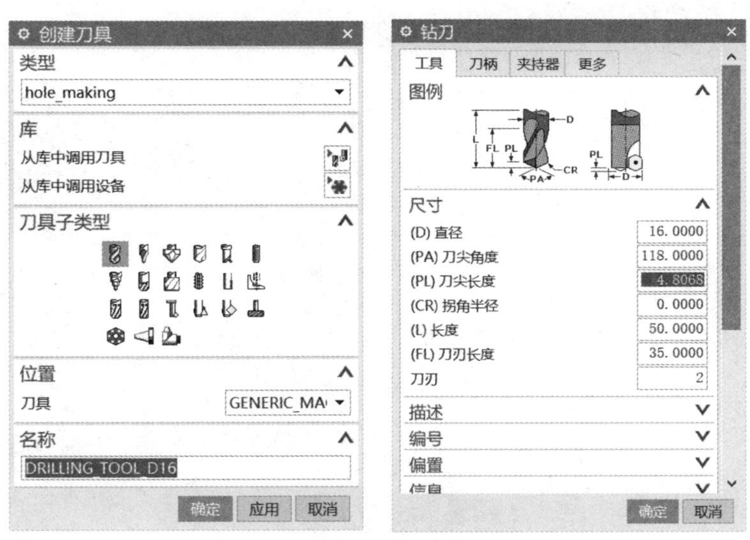

图 1-2-42　定义钻头

2. 创建钻孔操作

（1）钻孔操作类型的选择。单击工具条中的“创建工序”按钮，打开“创建工序”对话框。“工序子类型”选项组中选择普通钻削，如图 1-2-43 所示。

（2）钻削参数设置。钻削参数在“钻孔”对话框中进行设置如图 1-2-44 所示。

（3）指定特征几何体。在“指定特征几何体”选项组中通过点构造器指定钻孔位置为当前 WCS 原点，如图 1-2-45 所示。

（4）指定底面。指定图 1-2-45 中的“深度限制”为“通孔”，钻透底面。

图 1-2-43　钻削的选择

图 1-2-44　“钻孔”对话框

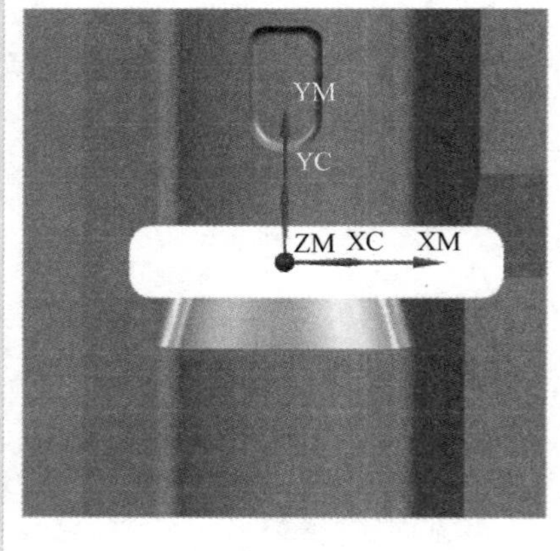

图 1-2-45　钻孔位置

3. 钻孔操作刀具路径及 3D 模拟动态加工结果

“DRILLING_01”加工操作的刀具路径如图 1-2-46 所示。

“DRILLING_01”加工操作 2D 模拟动态加工的结果如图 1-2-47 所示。

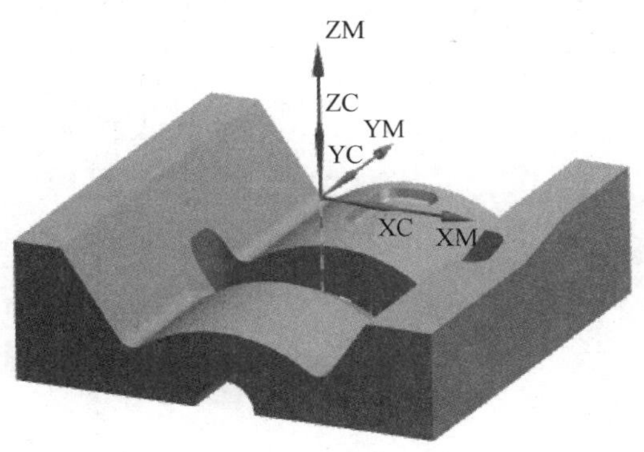

图 1-2-46　钻孔刀具路径

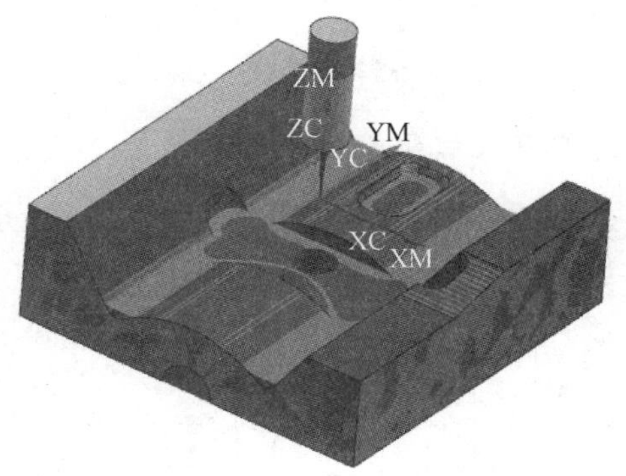

图 1-2-47　钻孔动态加工结果

四、加工操作四：型腔铣加工深腔

本加工操作涉及如下知识点：自定义切削层、预钻孔进刀点。

深腔的加工主要考虑刀具要在前一钻孔处垂直下刀。在实践操作中，深腔粗加工定义的各项内容见表 1-2-4。

表 1-2-4　TOP 面加工程序 04：深腔粗加工

程序名		CAVITY_MILL_03	
定义项		参数	作用
程序		TOP	指定程序归属组
几何体		WORKPIECE_TOP	指定 MCS、加工部件、毛坯
刀具		D12R1	指定直径 12 底半径 R1 圆鼻刀
方法		MILL_ROUGH	指定加工过程保留余量
加工操作	修剪边界	部件底面四条边	约束加工范围，减少刀轨
	切削方式	跟随周边	确定刀具走刀方式
	切削步距	刀具直径的 40%	确定刀具切削横跨距离
	切削层	每一刀深度 0.3	确定层加工量
	切削参数	侧面余量 0.3；底面余量 0.1	确定加工过程余量
		刀路方向：由内向外	刀具切削方式
	非切削参数	封闭区域进刀：无 开放区域进刀：无 退刀与进刀相同	—
		预钻孔点：WCS 原点	刀具由预钻孔位置垂直下刀
		转移：前一平面	缩短刀具转移距离
	进给率	转速 S=1000rpm	确定刀轴转速
		进刀速度 F=600 第一刀速度 F=500 步进速度 F=600 切削速度 F=1000 横越速度　快速 退刀速度 F=3000	定义加工中各过程速度 （数值仅做参考，具体加工根据机床功率、部件材料、刀具类型及加工材料来指定。）
		其他按默认值	—

在“工序导航器”中直接将实践操作一“CAVITY_MILL_01”复制粘贴，重新命名为“CAVITY_MILL_03”。编辑该加工操作，做如下重新参数设置。

1.自定义切削层范围

深腔需要加工的层范围如图1-2-48所示。切削层的定义方式如下。

（1）删除所有层范围。

（2）选择如图1-2-49所示对话框中的“范围1的顶部”选项（即“测量开始位置”设为“顶部”），则可以定义最高层位置。

（3）在“范围定义”选项组中添加新集为工件底面。

（4）定义“每刀切削深度”为“0.3”。

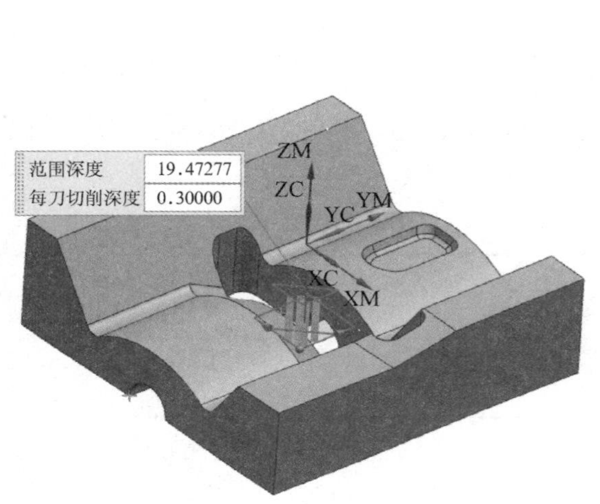

图1-2-48　加工的层范围

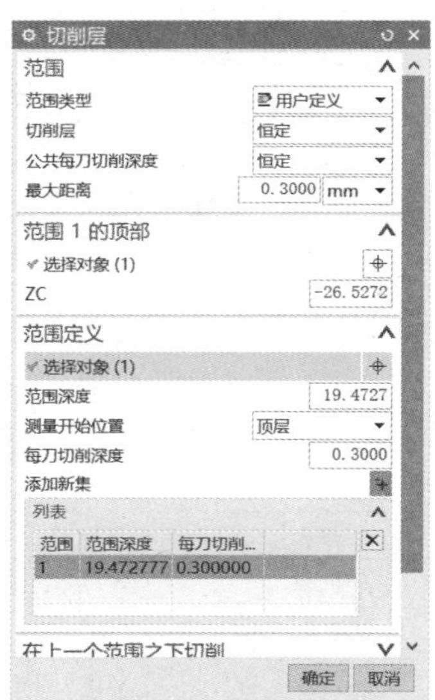

图1-2-49　“切削层”对话框

2.设置预钻孔点

在“非切削移动”对话框（图1-2-50）的“起点/钻点”选项卡中定义预钻孔点的位置如图1-2-51所示。

图1-2-50　“非切削移动”对话框

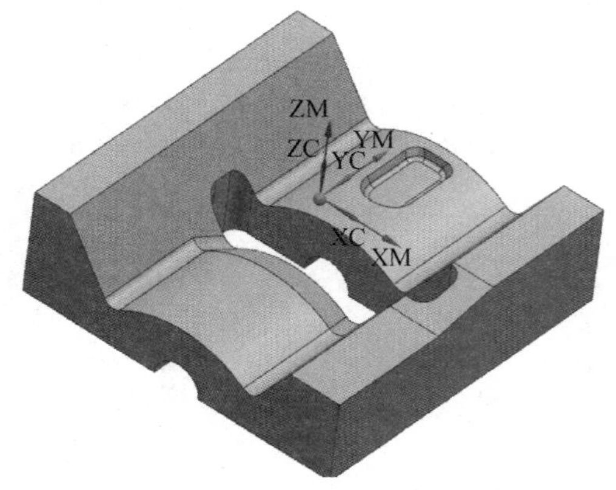

图1-2-51　预钻孔点位置

3.深腔粗加工刀具路径及 3D 模拟动态加工结果

“CAVITY_MILL_03”加工操作的刀具路径如图 1-2-52 所示。

“CAVITY_MILL_03”加工操作 3D 模拟动态加工的结果如图 1-2-53 所示。

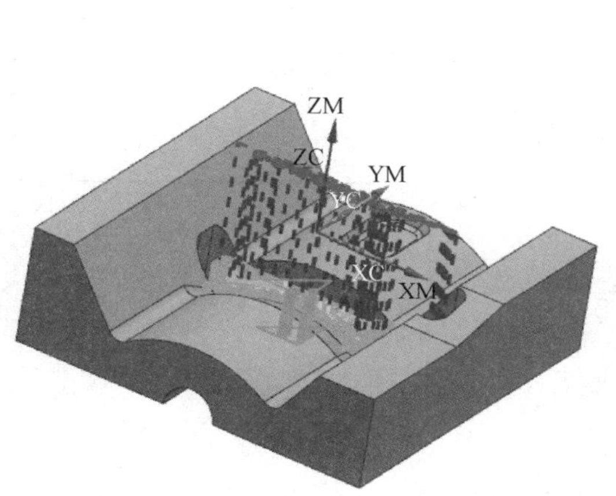

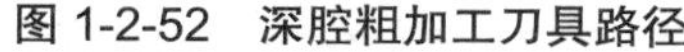

图 1-2-52　深腔粗加工刀具路径

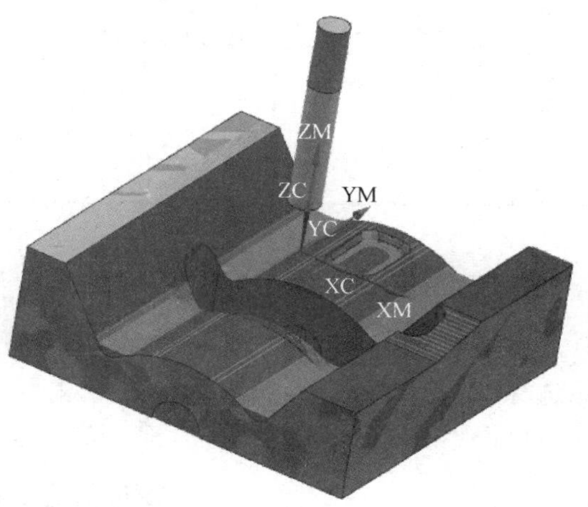

图 1-2-53　深腔粗加工动态加工结果

五、加工操作五：固定轴曲面轮廓铣清根驱动完成 R5 圆角开粗

本加工操作涉及如下知识点：清跟驱动的创建、单路清根、多路清根、参考刀具清根。

由如图 1-2-53 所示深腔动态加工结果可以看出，R5 圆角区域在型腔铣中没有被加工到位，所剩的加工余量也不容易估算，因此适合采用多刀路清根的加工方式，由外向内来完成开粗。

在实践操作中，D10R5 球刀进行多路清根定义的各项内容见表 1-2-5。

表 1-2-5　TOP 面加工程序 05：R5 圆角清根开粗

程序名		FLOWCUT_MULTIPLE_01	
定义项		参数	作用
程序		TOP	指定程序归属组
几何体		WORKPIECE_TOP	指定 MCS、加工部件、毛坯
刀具		D10R5	指定直径 20 底半径 R5 圆鼻刀
方法		MILL_ROUGH	指定加工过程保留余量
加工操作	切削区域	R5 圆角及周边曲面	约束加工范围
	非陡峭切削模式	往复	确定刀具走刀方式
	步距	1mm	确定刀具切削横跨距离
	每侧步距数	5	确定切削次数
	顺序	由外向内交替	先切削侧，逐步向内切削
	切削参数	切削方向：顺铣	确定刀具加工方向
		多个刀路：0	直接针对实际尺寸加工
	非切削参数	开放区域进刀：圆弧进刀 退刀与进刀相同	切削条件好，保护刀具
		转移：安全平面	确保安全

（续表）

定义项		参数	作用
加工操作		转速 S=3000rpm	确定刀轴转速
	进给率	进刀速度 F=1000 第一刀速度 F=500 步进速度 F=1000 切削速度 F=1500 横越速度　快速 退刀速度 F=3000	定义加工中各过程速度 （数值仅做参考，具体加工根据机床功率、部件材料、刀具类型及加工材料来指定。）
		其他按默认值	—

1.创建多刀路清根加工操作

单击工具条中的“创建工序”按钮，打开“创建工序”对话框如图 1-2-54 所示，在“类型”中选择“mill_contour”选项。“工序子类型”中选择“FLOWCUT_MULTIPLE”选项。

单击“确定”按钮即进入“多刀路清根”对话框。

图 1-2-54　创建多刀路清根

2.设置加工参数

“多刀路清根”对话框如图 1-2-55 所示。

（1）指定切削区域。通过选择如图 1-2-56 所示曲面来定义需要清根的区域。所选区域就是 R5 圆角及周边曲面。

（2）驱动设置。系统能自动找出在指定切削区域内的“根部”，从而完成定义刀具在 R5 圆角两侧由外向内交替清根加工。

3.R5 圆角清根开粗刀具路径及 3D 模拟动态加工结果

“FLOWCUT_MULTIPLE_01”加工操作的刀具路径如图 1-2-57 所示。

图 1-2-55　“多刀路清根”对话框

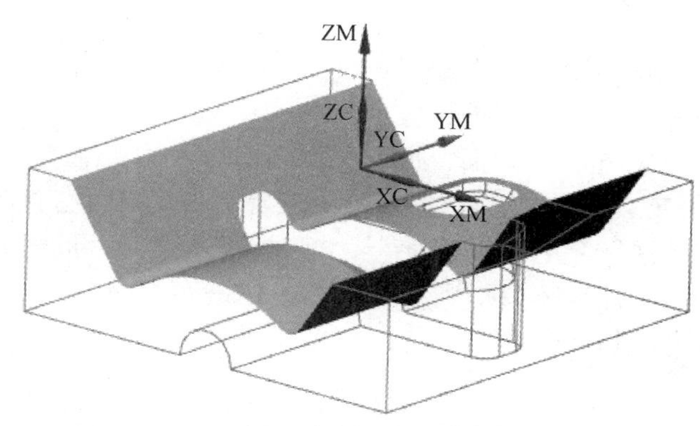

图 1-2-56　指定切削区域

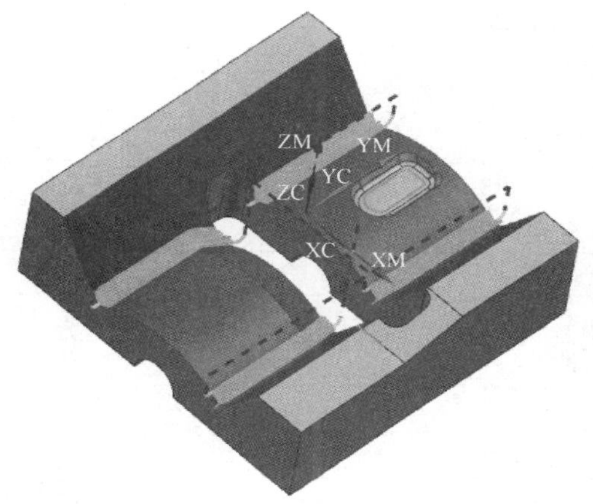

图 1-2-57　多路清根刀具路径

“FLOWCUT_MULTIPLE_01”加工操作 3D 模拟动态加工的结果如图 1-2-58 所示。

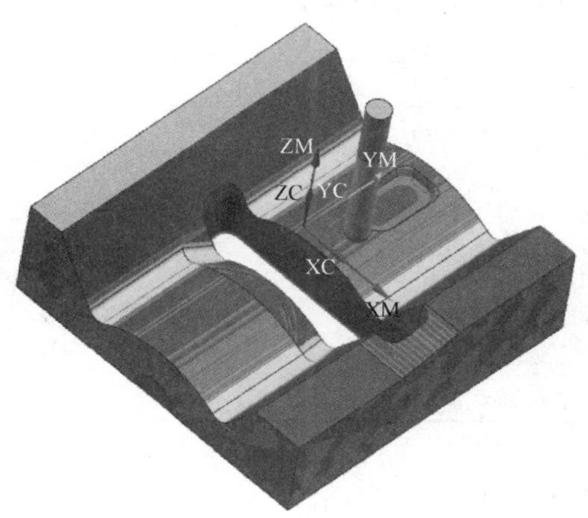

图 1-2-58　多路清根动态加工结果

以上完成工件粗加工操作，下面开始半精加工操作。

六、加工操作六：固定轴曲面轮廓铣区域铣削驱动完成斜面与曲面半精加工

本加工操作涉及如下知识点：固定轴曲面轮廓铣的特点、区域铣削驱动的创建、区域铣削的特点、切削角度的设置。

对于非陡峭斜面、曲面等区域，利用固定轴曲面轮廓铣中的区域铣削驱动来进行加工最方便，定义方式也较简单；但一定要充分理解其内在的含义，即“部件几何体”-“驱动方式”-“加工区域”-“部件余量”-“部件余量偏置”之间的关系。

在实践操作中，利用 Fixed_Contour（固定轴曲面轮廓铣）区域铣削驱动完成非陡峭斜面与曲面区域的整体半精加工，定义各项内容见表 1-2-6。

表 1-2-6　TOP 面加工程序 06：非陡峭斜面与曲面区域的整体半精加工

程序名		CONTOUR_AREA_01	
定义项		参数	作用
程序		TOP	指定程序归属组
几何体		WORKPIECE_TOP	指定 MCS、加工部件、毛坯
刀具		D10R5	指定直径 10 球刀
方法		MILL_SEMI_FINISH	指定加工过程保留余量
加工操作	切削区域	非陡峭斜面与曲面	约束加工范围
	驱动方法	区域铣削	定义加工方法
	切削模式	往复	确定刀具走刀方式
	切削方向	顺铣	确定刀具加工方向
	切削步距	0.3	确定刀具切削横跨距离
	切削角度	与 XC 夹角 45°	确定走刀方向
	切削参数	余量 0.1	确定加工过程余量
		内公差 0.03 外公差 0.03	确定加工精度
	非切削参数	开放区域进刀：圆弧进刀 退刀与进刀相同	切削条件好，保护刀具
		转移：安全平面	确保安全
	进给率	转速 S=3000rpm	确定刀轴转速
		进刀速度 F=1000 第一刀速度 F=500 步进速度 F=1000 切削速度 F=1500 横越速度　快速 退刀速度 F=3000	定义加工中各过程速度 （数值仅做参考，具体加工根据机床功率、部件材料、刀具类型及加工材料来指定）
		其他按默认值	—

1. 进入固定轴曲面轮廓铣加工

单击工具条中的“创建工序”按钮，打开“创建工序”对话框。在“类型”中选择“mill_contour”选项；“工序子类型”中选择“CONTOUR_AREA”区域铣削。

如图 1-2-59 所示，“程序”选择“TOP”选项；“几何体”选择“WORKPIECE_ TOP”选项；“刀具”选择“D10R5”选项；“方法”选择“MILL_SEMI_FINISH”选项；“名称”命名为“CONTOUR_AREA_01”。单击“确定”按钮后进入“区域轮廓铣”对话框，如图 1-2-60 所示。

2.定义切削区域

在“区域轮廓铣”对话框中选择“指定切削区域”选项组，通过选择如图 1-2-61 所示非陡峭斜面与曲面来定义需要加工的区域。

3.定义区域铣削驱动方法

在“区域轮廓铣”对话框的“驱动方法”选项组中单击按钮，即进入“区域铣削驱动方法”对话框，如图 1-2-62 所示。在该对话框中按照要求定义切削模式、步距及切削角等参数。

图 1-2-59　创建区域铣削加工操作

图 1-2-60　“区域轮廓铣”对话框

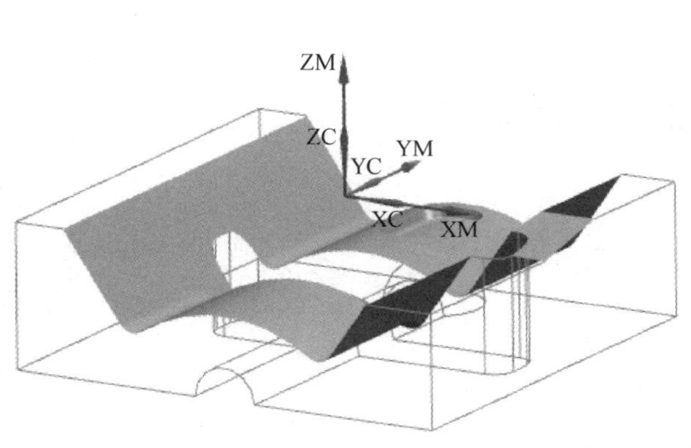

图 1-2-61　切削区域

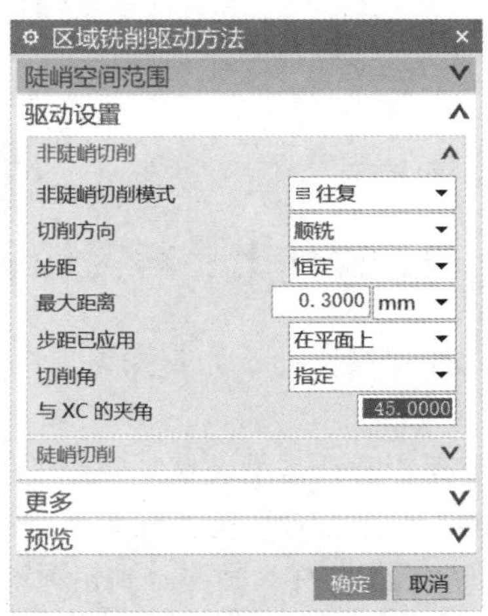

图 1-2-62　“区域铣削驱动”对话框

4. 非陡峭斜面与曲面区域的整体半精加工刀具路径及 3D 模拟动态加工结果

“CONTOUR_AREA_01”加工操作的刀具路径如图 1-2-63 所示。

“CONTOUR_AREA_01”加工操作 2D 模拟动态加工的结果如图 1-2-64 所示。

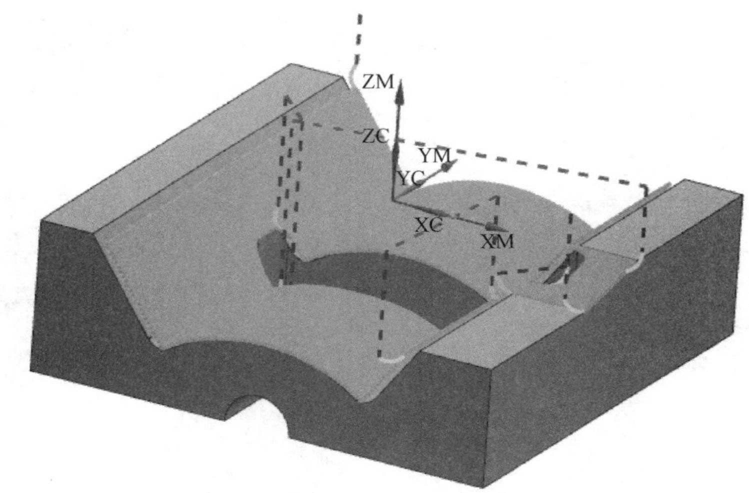

图 1-2-63 区域铣削刀具路径

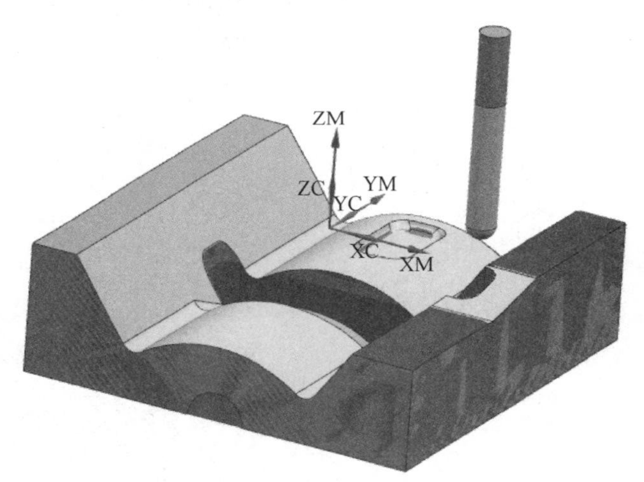

图 1-2-64 区域铣削动态加工的结果

七、加工操作七：等高轮廓铣完成深腔侧壁半精加工

本加工操作涉及如下知识点：陡峭角度的概念、等高轮廓铣的创建方法、陡峭与非陡峭区域。

等高轮廓铣是型腔铣加工中的特殊形式，它只针对符合陡角条件的侧壁生成加工轨迹。深腔的侧壁最适合使用等高轮廓铣来完成加工。

在实践操作中，利用等高轮廓铣加工完成深腔侧壁的半精加工，定义的各项内容见表 1-2-7。

表 1-2-7　TOP 面加工程序 07：深腔侧壁等高轮廓铣半精加工

程序名		ZLEVEL_PROFILE_01	
定义项		参数	作用
程序		TOP	指定程序归属组
几何体		WORKPIECE_TOP	指定 MCS、加工部件、毛坯
刀具		D10	指定直径 10 平底刀
方法		MILL_SEMI_FINISH	指定加工过程保留余量
加工操作	切削区域	深腔侧面	约束加工范围
	陡峭空间范围	仅陡峭 角度 65°	约束陡峭面
	每刀深度	0.5mm	确定层加工量
	切削层	系统默认	确定层加工量
	切削参数	余量 0.1	确定加工过程余量
		切削顺序：深度优先	多区域切削时应用
	非切削参数	封闭区域进刀：沿形状斜进刀 高度 1，斜坡角 3° 开放区域进刀：线性进刀 退刀与进刀相同	切削条件好，保护刀具
		切削区域起点：系统默认	系统优化
		转移：前一平面	缩短刀具转移距离
	进给率	转速 S=2000rpm	确定刀轴转速
		进刀速度 F=600 第一刀速度 F=500 步进速度 F=600 切削速度 F=1000 横越速度　快速 退刀速度 F=3000	定义加工中各过程速度 （数值仅做参考，具体加工根据机床功率、部件材料、刀具类型及加工材料来指定。）
		其他按默认值	—

1.进入等高轮廓铣加工

单击工具条中的“创建工序”按钮，打开“创建工序”对话框。在“类型”中选择“mill_contour”选项；“工序子类型”中选择“ZLEVEL_PROFILE”选项（陡峭壁等高轮廓铣）。

如图 1-2-65 所示，“程序”选择“TOP”选项；“几何体”选择“WORKPIECE_ TOP”选项；“刀具”选择“D10”选项；“方法”选择“MILL_SEMI_FINISH”选项；“名称”命名为“ZLEVEL_PROFILE_01”。 单击“确定”按钮后进入“深度轮廓铣”对话框，如图 1-2-66 所示。

2.定义切削区域

通过选择如图 1-2-67 所示陡峭面来定义需要加工的区域。“合并距离”与“最小切削长度”选项按默认值，“公共每刀切削深度”值设置为“恒定”，数值为“0.5”。其他项按表 1-2-7 所列定义。

图 1-2-65　创建等高轮廓铣加工操作

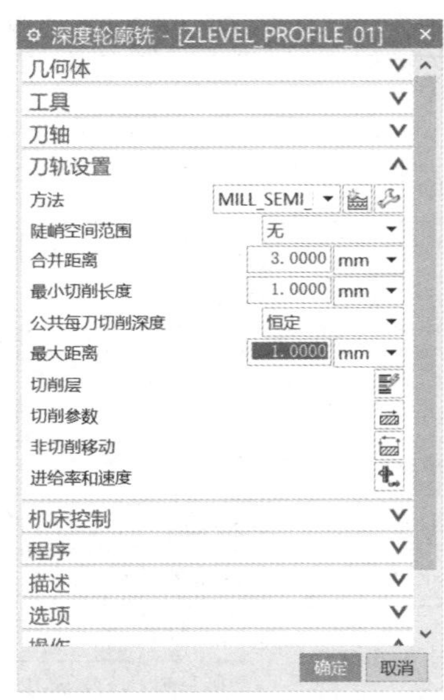

图 1-2-66　“深度轮廓铣”对话框

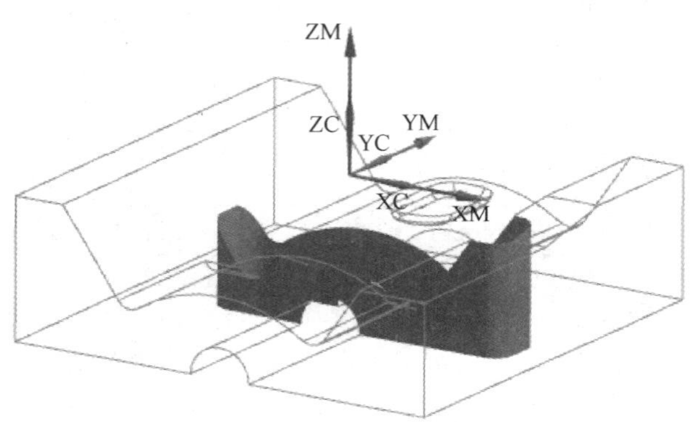

图 1-2-67　切削区域选择面

3.深腔侧壁等高轮廓铣半精加工刀具路径及 3D 模拟动态加工结果

“ZLEVEL_PROFILE_01”加工操作的刀具路径如图 1-2-68 所示。

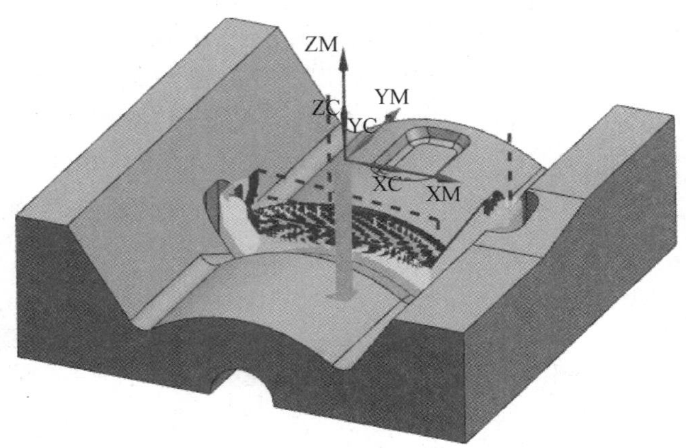

图 1-2-68　等高轮廓铣刀具路径

“ZLEVEL_PROFILE_01”加工操作 3D 模拟动态加工的结果如图 1-2-69 所示。

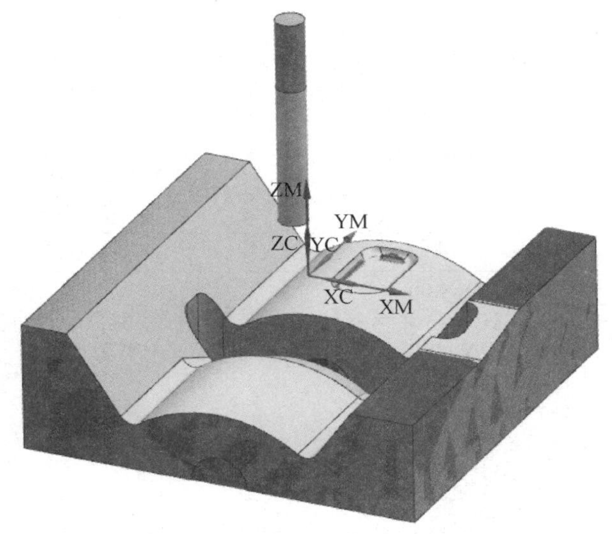

图 1-2-69　等高轮廓铣动态加工的结果

以上操作完成了工件的半精加工，下面开始精加工操作。

八、加工操作八：平面铣加工工件上表面

本加工操作涉及如下知识点：平面铣加工参数的定义、平面铣加工的特点、毛坯距离概念。

平面铣加工参数的定义有很多项与型腔铣加工相同，但在本质上有着较大的区别。平面铣属于 2D 加工模式，参数定义较简单，程序生成迅速。对于平面区域，适合使用平面铣操作来完成加工。

在实践操作中，利用平面铣加工完成工件平面的半精加工，定义的各项内容见表 1-2-8。

表 1-2-8　TOP 面加工程序 08：平面精加工

<table>
<tr><td colspan="2">程序名</td><td colspan="2">FACE_MILLING _01</td></tr>
<tr><td colspan="2">定义项</td><td>参数</td><td>作用</td></tr>
<tr><td colspan="2">程序</td><td>TOP</td><td>指定程序归属组</td></tr>
<tr><td colspan="2">几何体</td><td>WORKPIECE_TOP</td><td>指定 MCS、加工部件、毛坯</td></tr>
<tr><td colspan="2">刀具</td><td>D20R5</td><td>指定直径 20 底半径 R5 圆鼻刀</td></tr>
<tr><td colspan="2">方法</td><td>MILL_FINISH</td><td>指定加工过程余量</td></tr>
<tr><td rowspan="8">加工操作</td><td>切削区域</td><td>三处平面</td><td>约束加工范围</td></tr>
<tr><td>切削模式</td><td>单向</td><td>确定刀具走刀方式</td></tr>
<tr><td>切削步距</td><td>刀具直径的 70%</td><td>确定刀具切削横跨距离</td></tr>
<tr><td>毛坯距离</td><td>数值 3（实际余量 0.1）</td><td>指定部件表面假想余量</td></tr>
<tr><td>每一刀深度</td><td>0（一刀切到实际尺寸）</td><td>确定层加工量</td></tr>
<tr><td>最终底面余量</td><td>0</td><td>指定加工过程保留余量</td></tr>
<tr><td rowspan="2">切削参数</td><td>余量 0</td><td>确定加工过程余量</td></tr>
<tr><td>切削角度：0°</td><td>确定刀具加工方向</td></tr>
</table>

（续表）

定义项		参数	作用
加工操作	非切削参数	封闭区域进刀：沿形状斜进刀 高度 1，斜坡角 3° 开放区域进刀：线性进刀 退刀与进刀相同	切削条件好，保护刀具
		切削区域起点：系统默认	系统优化
		转移：前一平面	缩短刀具转移距离
	进给率	转速 S=2400rpm	确定刀轴转速
		进刀速度 F=1000 第一刀速度 F=800 步进速度 F=1000 切削速度 F=2000 横越速度　快速 退刀速度 F=3000	定义加工中各过程速度 （数值仅做参考，具体加工根据机床功率、部件材料、刀具类型及加工材料来指定。）
		其他按默认值	—

1.进入平面铣加工

单击工具条中的“创建工序”按钮，打开“创建工序”对话框。在“类型”中选择“mill_planar”选项。在“工序子类型”中选择“FACE_MILLING”选项（面铣削）。

如图 1-2-70 所示，“程序”选择“TOP”选项；“几何体”选择“WORKPIECE_ TOP”选项；“刀具”选择“D20R5”选项；“方法”选择“MILL_FINISH”选项；“名称”命名为“FACE_MILLING_ 01”。单击“确定”按钮后进入“面铣”对话框，如图 1-2-71 所示。

图 1-2-70　创建平面铣加工操作

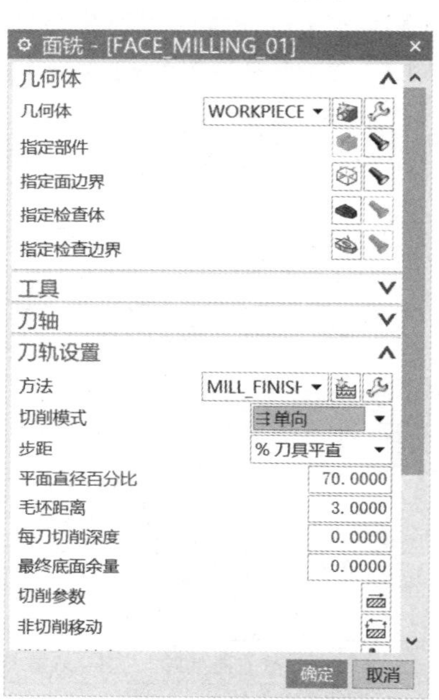

图 1-2-71　“面铣”对话框

2.定义切削区域

通过选择如图 1-2-72 所示的平面来“指定面边界”（定义需要加工的区域）。“毛坯距离”

与“每刀切削深度”按默认值设置，其他项按表 1-2-8 所列定义。切削深度的定义是通过“毛坯距离”来完成的，即假想待加工平面上有指定数值的毛坯待加工。三个待加工平面上方的余量在 0.1 左右。

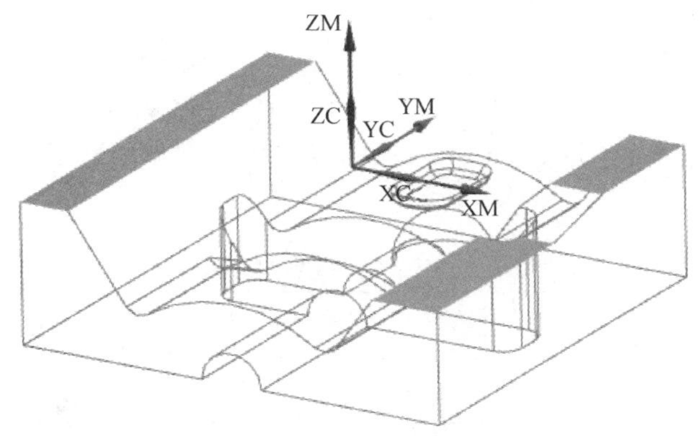

图 1-2-72　待加工平面的选取

3. 平面精加工刀具路径及 3D 模拟动态加工结果

“FACE_MILLING_AREA_01”加工操作的刀具路径如图 1-2-73 所示。

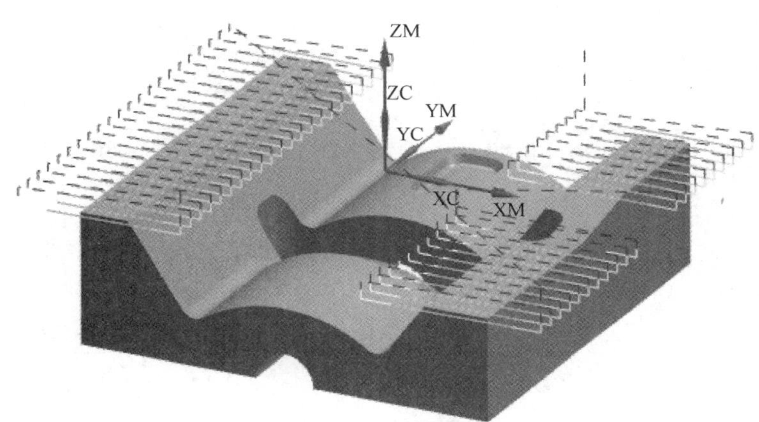

图 1-2-73　平面铣刀具路径

“FACE_MILLING_ 01”加工操作 3D 模拟动态加工的结果如图 1-2-74 所示。

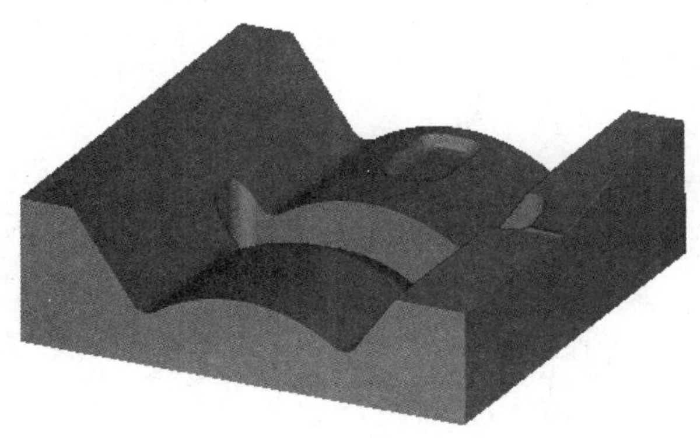

图 1-2-74　平面铣动态加工的结果

九、加工操作九：固定轴曲面轮廓铣径向切削驱动完成小型腔侧壁及 R2 底圆角的精加工

本加工操作涉及如下知识点：径向切削驱动的创建、径向驱动的特点、驱动路径概念。

径向切削加工也是一种很适合“清角”的加工方式，对于小型腔底部 R2 的圆角可以选择该驱动方式完成。在实践操作中，利用径向切削完成小型腔侧壁及 R2 底圆角的精加工，所定义的各项内容见表 1-2-9。

表 1-2-9　TOP 面加工程序 09：小型腔侧壁及 R2 底圆角精加工

<table>
<tr><td colspan="2">程序名</td><td colspan="2">FIXED_CONTOUR_RADIALCUT_01</td></tr>
<tr><td colspan="2">定义项</td><td>参数</td><td>作用</td></tr>
<tr><td colspan="2">程序</td><td>TOP</td><td>指定程序归属组</td></tr>
<tr><td colspan="2">几何体</td><td>WORKPIECE_TOP</td><td>指定 MCS、加工部件、毛坯</td></tr>
<tr><td colspan="2">刀具</td><td>D4R2</td><td>指定直径 4 的球刀</td></tr>
<tr><td colspan="2">方法</td><td>MILL_FINISH</td><td>指定加工过程余量</td></tr>
<tr><td rowspan="15">加工操作</td><td>驱动方式</td><td>径向切削</td><td>定义切削范围</td></tr>
<tr><td>驱动几何体</td><td>型腔顶部轮廓</td><td>定义切削深度</td></tr>
<tr><td rowspan="2">带宽</td><td>材料侧为 3</td><td>定义切削范围</td></tr>
<tr><td>另一侧为 1</td><td>—</td></tr>
<tr><td>切削类型</td><td>往复</td><td>定义走刀方式</td></tr>
<tr><td>步进</td><td>恒定的，数值 0.1</td><td>确定刀具切削横跨距离</td></tr>
<tr><td>投影矢量</td><td>刀轴</td><td>定义驱动点的投影方向</td></tr>
<tr><td rowspan="3">切削参数</td><td>余量 0</td><td>确定加工过程余量</td></tr>
<tr><td>切削方向：顺铣</td><td>确定刀具加工方向</td></tr>
<tr><td>内公差 0.01
外公差 0.01</td><td>确定加工精度</td></tr>
<tr><td rowspan="2">非切削参数</td><td>开放区域进刀：线性进刀
退刀与进刀相同</td><td>切削条件好，保护刀具</td></tr>
<tr><td>转移：安全平面</td><td>确保安全</td></tr>
<tr><td rowspan="2">进给率</td><td>转速 S=3800rpm</td><td>确定刀轴转速</td></tr>
<tr><td>进刀速度 F=600
第一刀速度 F=500
步进速度 F=600
切削速度 F=1000
横越速度 F=1000
退刀速度 F=3000</td><td>定义加工中各过程速度
（数值做参考，具体加工根据机床功率、部件材料、刀具类型及材料来指定。）</td></tr>
<tr><td></td><td>其他按默认值</td><td>—</td></tr>
</table>

1.进入固定轴曲面轮廓铣加工

单击工具条中的“创建工序”按钮，打开“创建工序”对话框。在“类型”中选择“mill_contour”选项；“工序子类型”中选择“Fixed_Contour”固定轴曲面轮廓铣。“程序”选择“TOP”选项；“几何体”选择“WORKPIECE_TOP”选项；“刀具”选择“D4R2”选项；“方法”选择“MILL_FINISH”

选项；“名称”命名为“FIXED_CONTOUR_RADIALCUT_01”，如图 1-2-75 所示。

2.定义驱动方法

在“固定轴曲面轮廓铣”对话框的“驱动方法”选项组中选择“径向切削”选项。

3.定义驱动几何体

在“径向切削驱动方法”对话框中选择“指定驱动几何体”选项，选择小型腔顶部边缘，定义“类型”是“封闭的”；定义“平面”为“XC-YC”，如图 1-2-76 所示。

图 1-2-75　创建径向切削加工操作

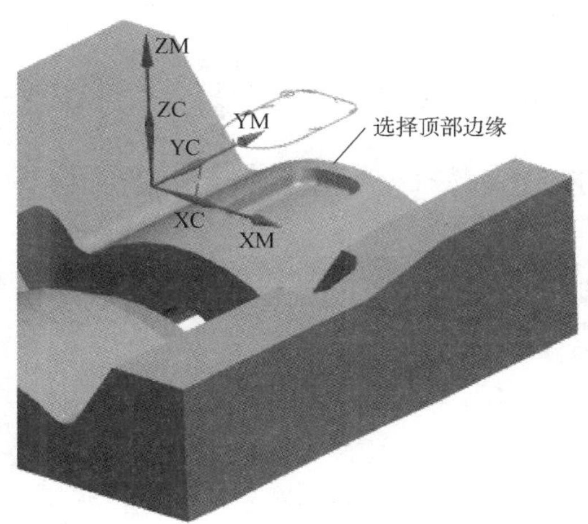

图 1-2-76　驱动几何体选取

4.定义径向切削参数

在“径向切削驱动方法”对话框中定义各参数，如图 1-2-77 所示。

5.小型腔侧壁及 R2 底圆角精加工刀具路径及 3D 模拟动态加工结果

“FIXED_CONTOUR_RADIALCUT_01”加工操作的刀具路径如图 1-2-78 所示。

“FIXED_CONTOUR_RADIALCUT_01”加工操作 2D 模拟动态加工的结果如图 1-2-79 所示。

图 1-2-77　“径向切削驱动方法”对话框

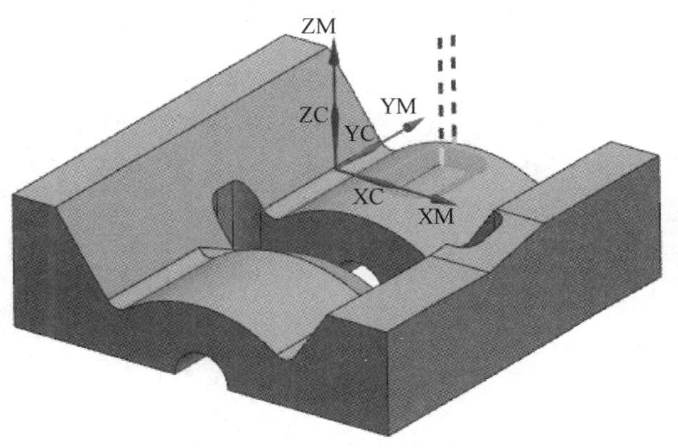

图 1-2-78　径向切削刀具路径

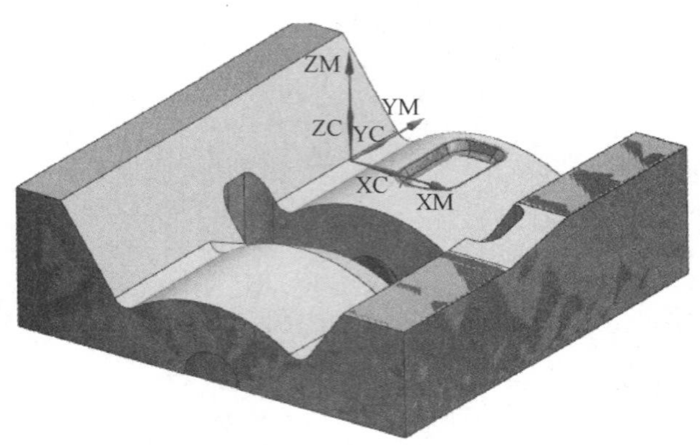

图 1-2-79　径向切削动态加工的结果

十、加工操作十：固定轴曲面轮廓铣区域铣削驱动完成斜面与曲面精加工

在实践操作中，利用 Fixed_Contour（固定轴曲面轮廓铣）区域铣削驱动完成非陡峭斜面与曲面区域的整体精加工，定义各项内容见表 1-2-10。

表 1-2-10　TOP 面加工程序 10：非陡峭斜面与曲面区域的整体精加工

<table>
<tr><td colspan="2">程序名</td><td colspan="2">CONTOUR_AREA_02</td></tr>
<tr><td colspan="2">定义项</td><td>参数</td><td>作用</td></tr>
<tr><td colspan="2">程序</td><td>TOP</td><td>指定程序归属组</td></tr>
<tr><td colspan="2">几何体</td><td>WORKPIECE_TOP</td><td>指定 MCS、加工部件、毛坯</td></tr>
<tr><td colspan="2">刀具</td><td>D10R5</td><td>指定直径 10 底半径 R5 球刀</td></tr>
<tr><td colspan="2">方法</td><td>MILL_FINISH</td><td>指定加工过程保留余量</td></tr>
<tr><td rowspan="11">加工操作</td><td>切削区域</td><td>非陡峭斜面与曲面</td><td>约束加工范围</td></tr>
<tr><td>驱动方法</td><td>区域铣削</td><td>定义加工方法</td></tr>
<tr><td>切削模式</td><td>往复</td><td>确定刀具走刀方式</td></tr>
<tr><td>切削方向</td><td>顺铣</td><td>确定刀具加工方向</td></tr>
<tr><td>切削步距</td><td>0.15</td><td>确定刀具切削横跨距离</td></tr>
<tr><td>切削角度</td><td>与 XC 夹角 135°</td><td>确定走刀方向</td></tr>
<tr><td rowspan="2">切削参数</td><td>余量 0</td><td>确定加工过程余量</td></tr>
<tr><td>内公差 0.01
外公差 0.01</td><td>确定加工精度</td></tr>
<tr><td rowspan="2">非切削参数</td><td>开放区域进刀：圆弧进刀
退刀与进刀相同</td><td>切削条件好，保护刀具</td></tr>
<tr><td>转移：安全平面</td><td>确保安全</td></tr>
<tr><td rowspan="3">加工操作</td><td rowspan="2">进给率</td><td>转速 S=3000rpm</td><td>确定刀轴转速</td></tr>
<tr><td>进刀速度 F=1000
第一刀速度 F=500
步进速度 F=1000
切削速度 F=1500
横越速度　快速
退刀速度 F=3000</td><td>定义加工中各过程速度
（数值仅做参考，具体加工根据机床功率、部件材料、刀具类型及加工材料来指定。）</td></tr>
<tr><td></td><td>其他按默认值</td><td>—</td></tr>
</table>

“CONTOUR_AREA_02”加工操作的刀具路径如图 1-2-80 所示。

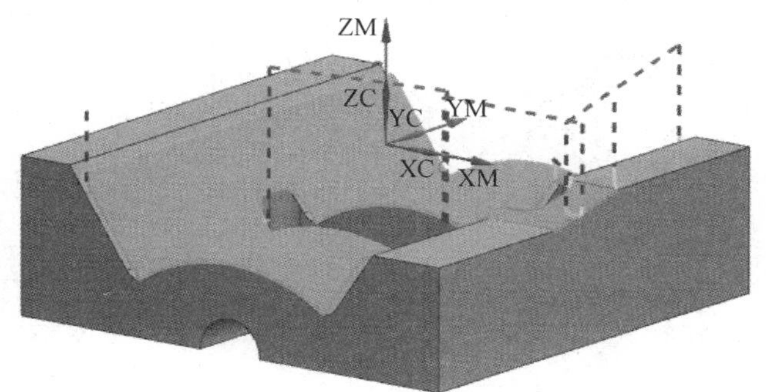

图 1-2-80　区域铣削刀具路径

“CONTOUR_AREA_02”加工操作 2D 模拟动态加工的结果如图 1-2-81 所示。

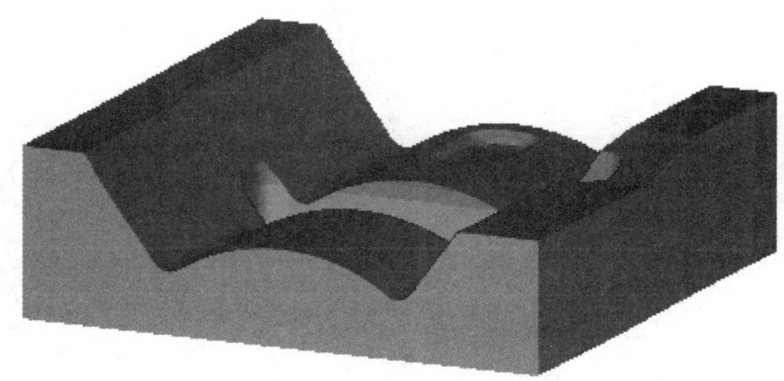

图 1-2-81　区域铣削动态加工的结果

十一、加工操作十一：等高轮廓铣完成深腔侧壁精加工

在实践操作中，利用等高轮廓铣加工完成深腔侧壁的精加工，定义的各项内容见表 1-2-11。

表 1-2-11　TOP 面加工程序 11：深腔侧壁等高轮廓铣精加工

<table>
<tr><td colspan="2">程序名</td><td colspan="2">ZLEVEL_PROFILE_02</td></tr>
<tr><td colspan="2">定义项</td><td>参数</td><td>作用</td></tr>
<tr><td colspan="2">程序</td><td>TOP</td><td>指定程序归属组</td></tr>
<tr><td colspan="2">几何体</td><td>WORKPIECE_TOP</td><td>指定 MCS、加工部件、毛坯</td></tr>
<tr><td colspan="2">刀具</td><td>D10</td><td>指定直径 10 平底刀</td></tr>
<tr><td colspan="2">方法</td><td>MILL_FINISH</td><td>指定加工过程保留余量</td></tr>
<tr><td rowspan="7">加工操作</td><td>切削区域</td><td>深腔侧面</td><td>约束加工范围</td></tr>
<tr><td>陡峭空间范围</td><td>仅陡峭（角度 65°）</td><td>约束陡峭面</td></tr>
<tr><td>每刀深度</td><td>0.25mm</td><td>确定层加工量</td></tr>
<tr><td>切削层</td><td>系统默认</td><td>确定层加工量</td></tr>
<tr><td rowspan="3">切削参数</td><td>余量 0</td><td>确定加工过程余量</td></tr>
<tr><td>内公差 0.01
外公差 0.01</td><td>确定加工精度</td></tr>
<tr><td>切削顺序：深度优先</td><td>多区域切削时应用</td></tr>
</table>

（续表）

定义项		参数	作用
加工操作	非切削参数	封闭区域进刀：沿形状斜进刀（高度 1，斜坡角 3° ） 开放区域进刀：线性进刀 退刀与进刀相同	切削条件好，保护刀具
		切削区域起点：系统默认	系统优化
		转移：前一平面	缩短刀具转移距离
	进给率	转速 S=1500rpm	确定刀轴转速
		进刀速度 F=600 第一刀速度 F=500 步进速度 F=600 切削速度 F=1000 横越速度　快速 退刀速度 F=3000	定义加工中各过程速度 （数值仅做参考，具体加工根据机床功率、部件材料、刀具类型及加工材料来指定。）
		其他按默认值	—

“ZLEVEL_PROFILE_02”加工操作的刀具路径如图 1-2-82 所示。

“ZLEVEL_PROFILE_02”加工操作 2D 模拟动态加工的结果如图 1-2-83 所示。

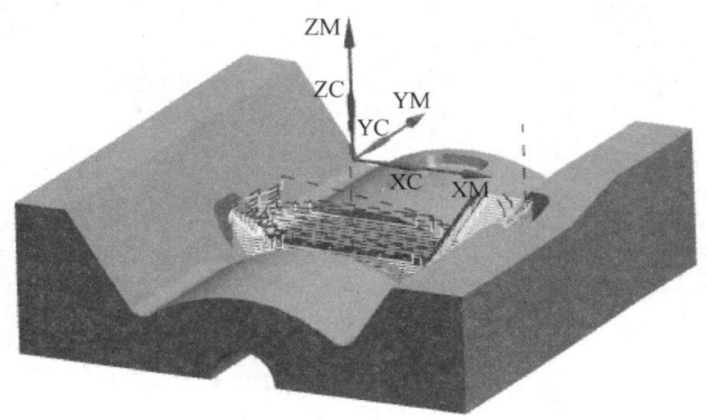

图 1-2-82　等高轮廓铣精加工刀具路径

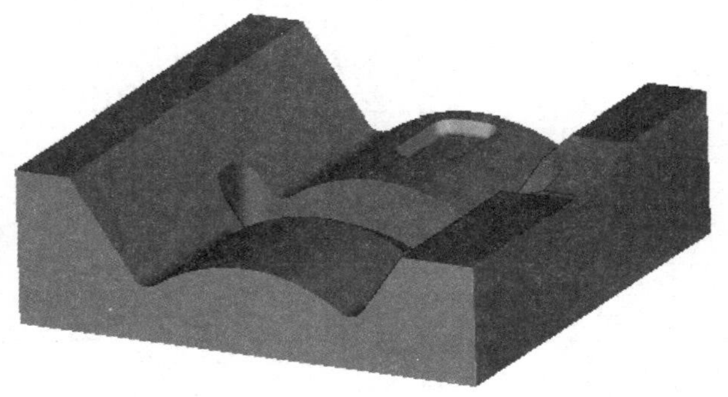

图 1-2-83　等高轮廓铣精加工结果

十二、加工操作十二：固定轴曲面轮廓铣曲线驱动完成 2mm 切槽加工

本加工操作涉及如下知识点：驱动曲线的创建、驱动曲线的选取方法、曲线驱动的特点、T 型刀的定义。

“曲线驱动”就是定义刀具的刀位点沿曲线移动形成刀具加工路径，即通过定义曲线来指定刀具路径。在实践操作中，利用固定轴曲面轮廓铣曲线驱动完成 2mm 切槽加工，所定义的各项内容见表 1-2-12。

表 1-2-12 TOP 面加工程序 12：曲线驱动完成 2mm 切槽加工

程序名		FIXED_CONTOUR_CURVE_01	
定义项		参数	作用
程序		TOP	指定程序归属组
几何体		MCS_TOP	指定 MCS
刀具		T_CUTTER_D10	指定直径 10 的 T 型刀
方法		MILL_FINISH	指定加工过程余量
加工操作	驱动方式	曲线驱动	定义切削范围
	驱动几何体	三段曲线	指定刀具路径
	投影矢量	刀轴	定义驱动点的投影方向
	切削参数	余量 0	确定加工过程余量
		内公差 0.01 外公差 0.01	确定加工精度
	非切削参数	开放区域进刀：线性进刀 退刀与进刀相同	切削条件好，保护刀具
		转移：安全平面	确保安全
	进给率	转速 S=2000rpm	确定刀轴转速
		进刀速度 F=600 第一刀速度 F=500 步进速度 F=600 切削速度 F=1000 横越速度 F=1000 退刀速度 F=3000	定义加工中各过程速度 （数值做参考，具体加工根据机床功率、部件材料、刀具类型及材料来指定。）
		其他按默认值	—

1. 创建驱动曲线

（1）在建模模块通过“偏置曲线”命令得到如图 1-2-84 所示曲线。尺寸 34 与 26（21+刀具半径）可参考图纸。

（2）延伸曲线。通过执行主菜单的“编辑”→“曲线”→“长度”命令将曲线两端延伸距离设置为“8”（大于刀具半径），如图 1-2-85 所示。

（3）作辅助路径。分别做出如图 1-2-86 所示两段辅助曲线路径。

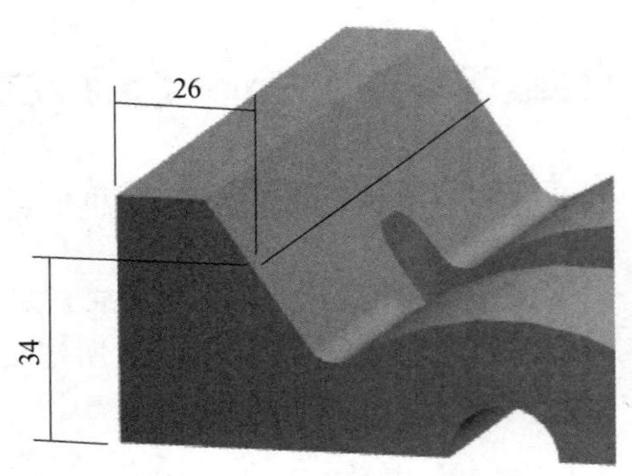

图 1-2-84　尺寸 34 与 26 示意

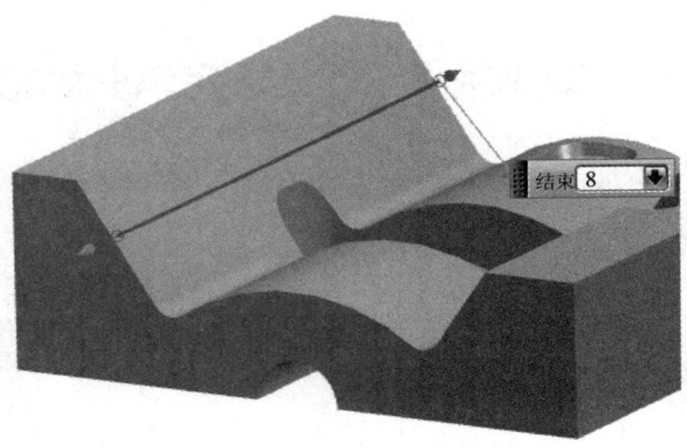

图 1-2-85　延伸曲线示意

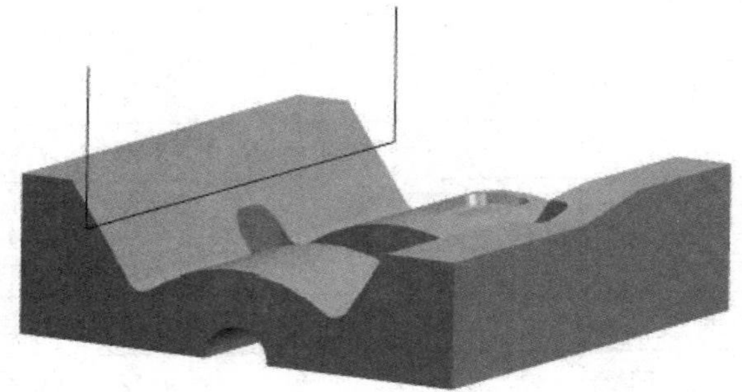

图 1-2-86　辅助曲线路径

2. 创建 T 型刀

T 型刀的创建与尺寸如图 1-2-87 所示。其中重要尺寸是（“直径”数值减“颈部直径”数值）/2 要大于图纸中 2mm 槽上端长度。

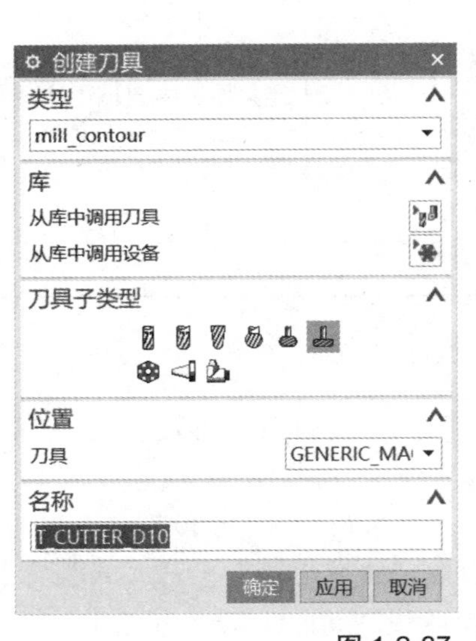

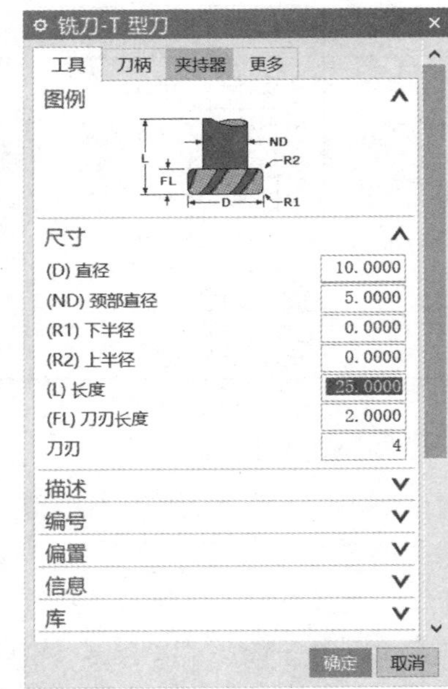

图 1-2-87　T 型刀尺寸

3. 进入固定轴曲面轮廓铣加工

单击工具条中的“创建工序”按钮，打开“创建工序”对话框。在“类型”中选择“mill_contour”选项；“工序子类型”中选择“Fixed_Contour”固定轴曲面轮廓铣。

“程序”选择“TOP”选项；“几何体”选择“MCS_TOP”选项；“刀具”选择“T_CUTTER_D10”选项；“方法”选择“MILL_FINISH”选项；“名称”命名为“FIXED_CONTOUR_CURVE”，如图 1-2-88 所示。

4. 定义驱动方法

在“驱动方法”选项组中选择“曲线/点”选项。

5. 定义驱动几何体

选择已经准备好的三段曲线作为驱动几何体。选择曲线时注意鼠标在曲线上的选择位置。

6. 刀具路径及 2D 模拟动态加工结果

“FIXED_CONTOUR_CURVE”加工操作的刀具路径如图 1-2-89 所示。

“FIXED_CONTOUR_CURVE”加工操作 2D 模拟动态加工的结果如图 1-2-90 所示。

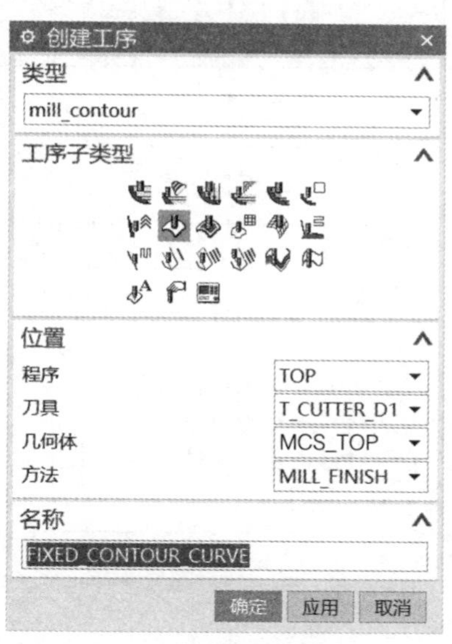

图 1-2-88　创建曲线驱动加工操作

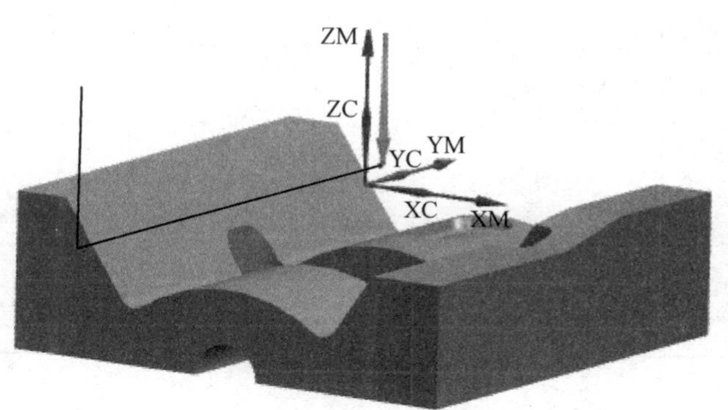

图 1-2-89　曲线驱动刀具路径

图 1-2-90　曲线驱动动态加工的结果

十三、加工操作十三：固定轴曲面轮廓铣曲线驱动完成标识的加工

本加工操作涉及如下知识点：投影加工概念、多段驱动曲线的选取方法、负余量的概念。

在图纸中，"标志"被要求用直径 1.5 球刀加工。需要先把标志形状投影在曲面，然后定义球刀沿标志曲线走刀。要想在曲面形成凹痕，部件余量必须被设置为负值。在实践操作中，利用固定轴曲面轮廓铣曲线驱动完成标志加工，所定义的各项内容见表 1-2-13。

表 1-2-13　TOP 面加工程序 13：曲线驱动完成标识加工

<table>
<tr><td colspan="2">程序名</td><td colspan="2">FIXED_CONTOUR_CURVE_02</td></tr>
<tr><td colspan="2">定义项</td><td>参数</td><td>作用</td></tr>
<tr><td colspan="2">程序</td><td>TOP</td><td>指定程序归属组</td></tr>
<tr><td colspan="2">几何体</td><td>WORKPIECE _TOP</td><td>指定 MCS、加工部件、毛坯</td></tr>
<tr><td colspan="2">刀具</td><td>D1.5R0.75</td><td>指定直径 1.5 球刀</td></tr>
<tr><td colspan="2">方法</td><td>MILL_FINISH</td><td>指定加工过程余量</td></tr>
<tr><td rowspan="13">加工操作</td><td>驱动方式</td><td>曲线驱动</td><td>定义切削范围</td></tr>
<tr><td>驱动几何体</td><td>投影在曲面的标志曲线</td><td>指定刀具路径</td></tr>
<tr><td>投影矢量</td><td>刀轴</td><td>定义驱动点的投影方向</td></tr>
<tr><td rowspan="2">切削参数</td><td>余量-0.5</td><td>确定加工过程余量</td></tr>
<tr><td>内公差 0.01
外公差 0.01</td><td>确定加工精度</td></tr>
<tr><td rowspan="2">非切削参数</td><td>开放区域进刀：线性进刀
退刀与进刀相同</td><td>切削条件好，保护刀具</td></tr>
<tr><td>转移：安全平面</td><td>确保安全</td></tr>
<tr><td rowspan="2">进给率</td><td>转速 S=4000rpm</td><td>确定刀轴转速</td></tr>
<tr><td>进刀速度 F=500
第一刀速度 F=500
步进速度 F=500
切削速度 F=500
横越速度 F=500
退刀速度 F=3000</td><td>定义加工中各过程速度
（数值做参考，具体加工根据机床功率、部件材料、刀具类型及材料来指定。）</td></tr>
<tr><td></td><td>其他按默认值</td><td>—</td></tr>
</table>

1. 创建驱动曲线

在建模模块做出标志曲线并投影到曲面，如图 1-2-91 所示。

图 1-2-91　标志曲线

2.进入固定轴曲面轮廓铣加工，定义驱动方法和驱动几何体

选择投影的标志曲线作为驱动几何体。注意选择曲线时设置为多段曲线，这样每段曲线均有一次抬刀和进刀过程。

3.曲线驱动完成标识加工刀具路径及2D模拟动态加工结果

“FIXED_CONTOUR_CURVE_02”加工操作的刀具路径如图1-2-92所示。

“FIXED_CONTOUR_CURVE_02”加工操作2D模拟动态加工的结果如图1-2-93所示。

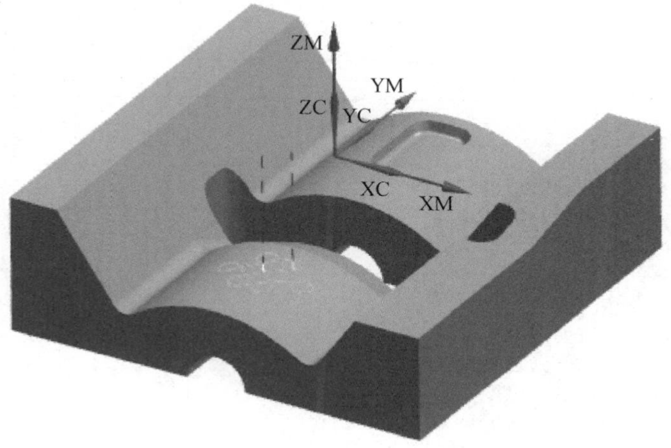

图1-2-92 曲线驱动刀具路径

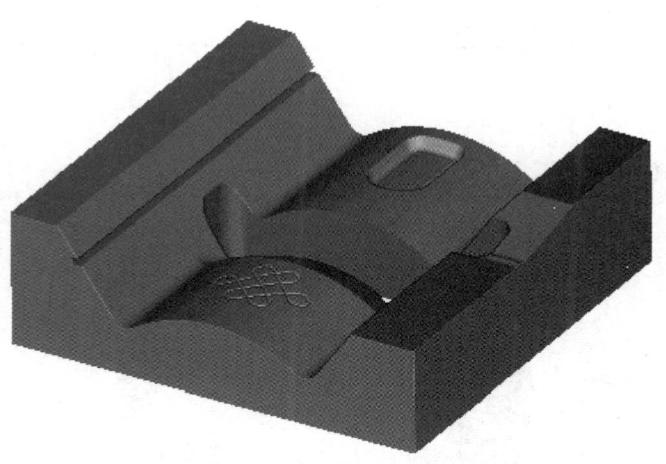

图1-2-93 曲线驱动动态加工的结果

十四、加工操作十四：刻字加工

本加工操作涉及如下知识点：文字的书写、刻字加工的定义。

“刻字”加工操作本质上就是“曲线驱动”，即驱动的曲线是文字。在实践操作中，利用固定轴曲面轮廓铣刻字加工操作完成文字的加工，所定义的各项内容见表1-2-14。

表 1-2-14　TOP 面加工程序 14：刻字加工

程序名		CONTOUR_TEXT	
定义项		参数	作用
程序		TOP	指定程序归属组
几何体		WORKPIECE _TOP	指定 MCS、加工部件、毛坯
刀具		D1.5R0.75	指定直径 1.5 球刀
方法		MILL_FINISH	指定加工过程余量
加工操作	制图文本	China unicom	定义切削范围
	文本深度	0.5	指定刀具切深
	投影矢量	刀轴	定义驱动点的投影方向
	切削参数	余量 0	确定加工过程余量
		内公差 0.01 外公差 0.01	确定加工精度
	非切削参数	开放区域进刀：线性进刀 退刀与进刀相同	切削条件好，保护刀具
		转移：安全平面	确保安全
	进给率	转速 S=4000rpm	确定刀轴转速
		进刀速度 F=200 第一刀速度 F=200 步进速度 F=200 切削速度 F=400 横越速度 F=600 退刀速度 F=3000	定义加工中各过程速度 （数值做参考，具体加工根据机床功率、部件材料、刀具类型及材料来指定）
		其他按默认值	—

1. 制图文本

在制图模块，在“XC-YC”平面书写文本，位置如图 1-2-94 所示。

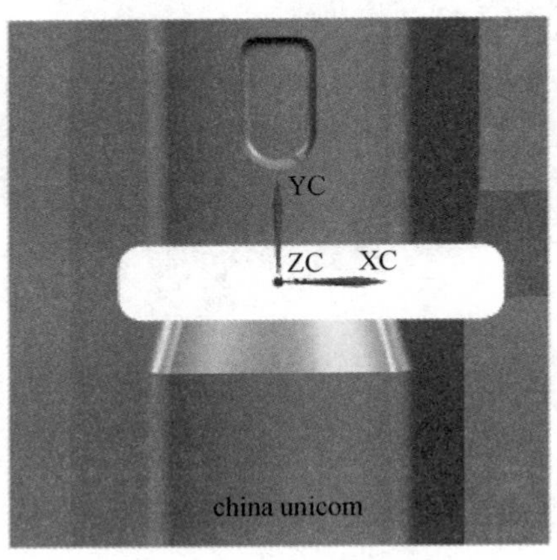

图 1-2-94　文本示意

2. 轮廓文本加工操作

单击工具条中的“创建工序”按钮，打开“创建工序”对话框。在“类型”中选择“mill_contour”

选项；"工序子类型"中选择"CONTOUR_TEXT"轮廓文本加工。"程序"选择"TOP"选项；"几何体"选择"WORKPIECE_TOP"选项；"刀具"选择"D1.5R0.75"选项；"方法"选择"MILL_FINISH"选项；"名称"命名为"CONTOUR_TEXT"，如图 1-2-95 所示。

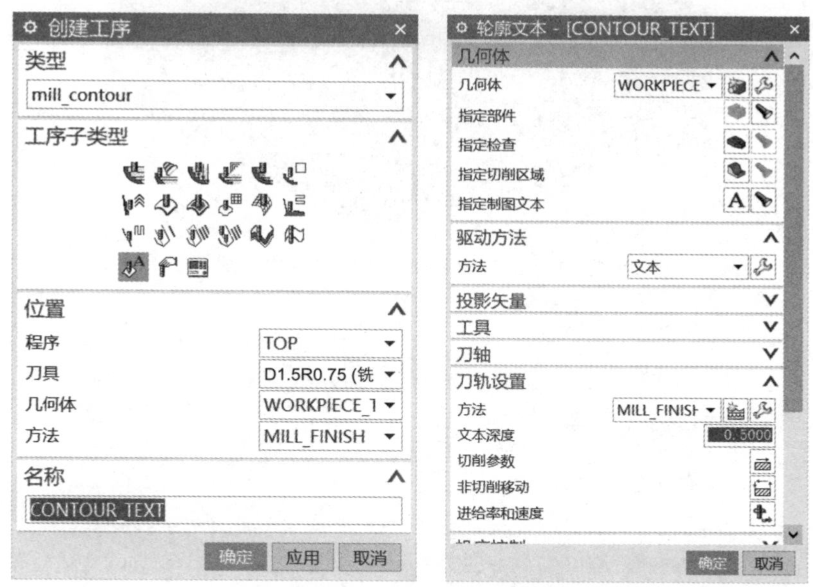

图 1-2-95　轮廓文本设置

3. 定义"文本深度"

通过"指定制图文本"选项组选择文字，定义"文本深度"为"0.5"。

4. 刻字加工刀具路径及 2D 模拟动态加工结果

"CONTOUR_TEXT"加工操作的刀具路径如图 1-2-96 所示。

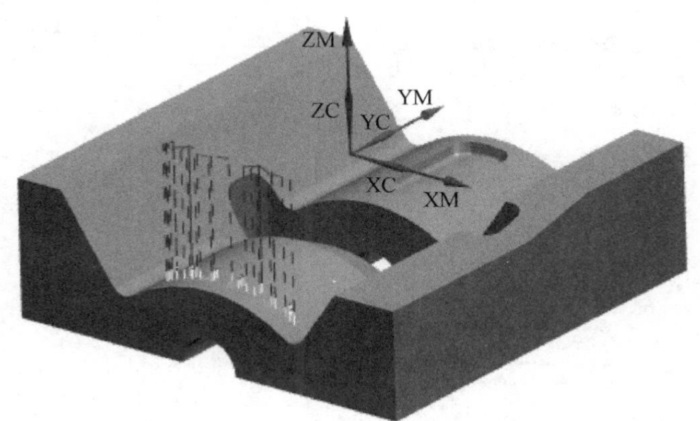

图 1-2-96　刻字刀具路径

"CONTOUR_TEXT"加工操作 2D 模拟动态加工的结果如图 1-2-97 所示。

至此 TOP 面加工操作全部完成，分别以"程序顺序视图""机床视图""几何视图""加工方法视图"显示"加工操作导航器"，如图 1-2-98 所示。

图 1-2-97　刻字加工动态加工的结果

NC_PROGRAM
未用项
TOP
CAVITY_MILL_01
CAVITY_MILL_02
DRILLING
CAVITY_MILL_03
FLOWCUT_MULTIPLE_...
CONTOUR_AREA_01
ZLEVEL_PROFILE_01
FACE_MILLING_01
FIXED_CONTOUR_RA...
CONTOUR_AREA_02
ZLEVEL_PROFILE_02
FIXED_CONTOUR_CU...
FIXED_CONTOUR_CU...
CONTOUR_TEXT
DOWN

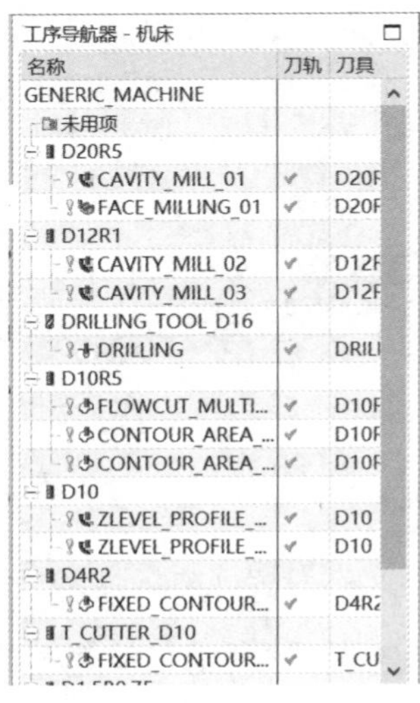

（a）程序顺序视图　　（b）机床视图

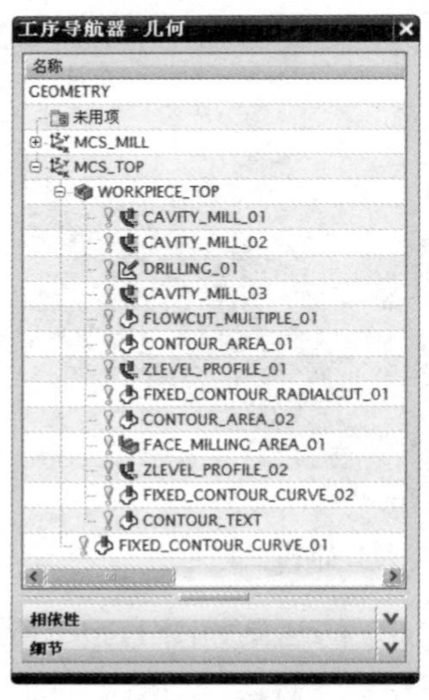

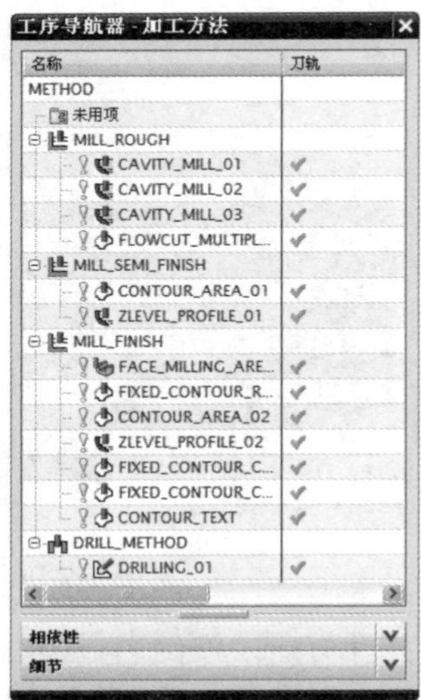

（c）几何视图　　（d）加工方法视图

图 1-2-98　TOP 面加工操作相关视图

实践操作 1.3　工件 DOWN 面加工编程

运用平面铣分层、固定轴曲面轮廓铣螺旋驱动等加工操作完成工件 DOWN 面的半圆流道及半球型腔加工。

（1）MCS 的变换。
（2）平面铣分层加工流道。
（3）固定轴曲面轮廓铣螺旋驱动。

一、加工操作一：平面铣分层加工流道

在实践操作中，利用平面铣加工分层加工 R10 流道定义的各项内容见表 1-3-1。

表 1-3-1　DOWN 面加工程序 01：平面铣分层精加工 R10 流道

程序名		PLANAR_MILL	
定义项		参数	作用
程序		DOWN	指定程序归属组
几何体		WORKPIECE_DOWN	指定 MCS、加工部件
刀具		D20R10	指定直径 20 球刀
方法		MILL_FINISH	指定加工过程余量
加工操作	部件边界	自定义直线段	约束加工范围
		类型：开放	指定边界类型
		刀具位置：对中	指定刀具位置
	指定底面	Z=-10	切削最底面
	切削模式	轮廓加工	确定刀具走刀方式
	每一刀深度	0.5	确定层加工量
	切削参数	余量 0	确定加工过程余量
		内公差 0.01 外公差 0.01	确定加工精度
	非切削参数	封闭区域进刀：同开发区域 开放区域进刀：线性进刀 退刀：抬刀	切削条件好，保护刀具
		转移：安全平面	确保安全

（续表）

定义项		参数	作用
加工操作		转速 S=2200rpm	确定刀轴转速
	进给率	进刀速度 F=1000 第一刀速度 F=800 步进速度 F=1000 切削速度 F=2000 横越速度　快速 退刀速度 F=3000	定义加工中各过程速度 （数值仅做参考，具体加工根据机床功率、部件材料、刀具类型及加工材料来指定。）
		其他按默认值	—

单击工具条中的“创建工序”按钮，打开“创建工序”对话框。在“类型”中选择“mill_planar”选项。在“工序子类型”中选择“PLANAR_MILL”（平面铣分层加工）选项。

如图 1-3-1 所示，“程序”选择“DOWN”选项；“几何体”选择“WORKPIECE_DOWN”选项；“刀具”选择“D20R10”选项；“方法”选择“MILL_FINISH”选项；“名称”命名为“PLANAR_MILL”，如图 1-3-1 所示。

图 1-3-1　创建平面铣加工

在“平面铣”对话框的“指定部件边界”选项组中指定边界，打开的对话框如图 1-3-2 所示。

选择如图 1-3-3 所示直线段。直线段在工件外侧距离大于刀具半径。“边界类型”设置为“开放”；“刀具位置”设置为“对中”。

“指定底面”设为当前 WCS Z=-10

“切削模式”设为“轮廓加工”，退刀按沿+Z 矢量退刀。

“PLANAR_MILL”加工操作的刀具路径如图 1-3-4 所示。

图 1-3-2　“部件边界”对话框

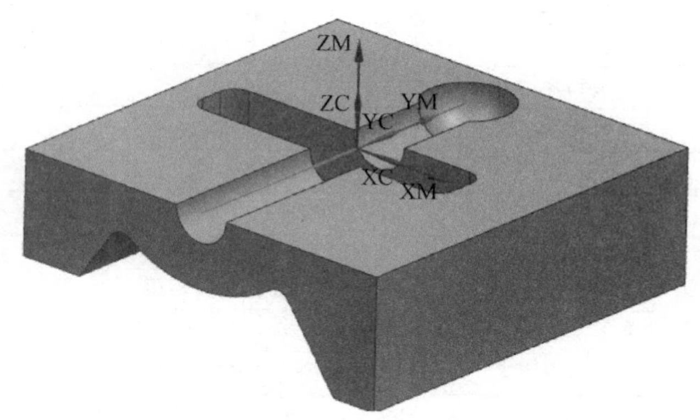

图 1-3-3　指定边界示意

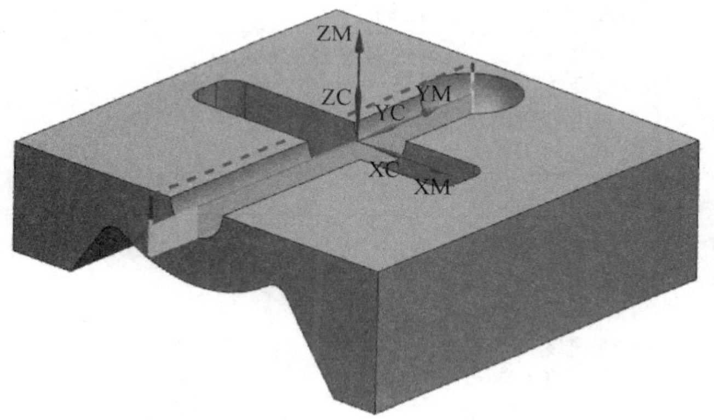

图 1-3-4　平面铣刀具路径

“PLANAR_MILL”加工操作 2D 模拟动态加工的结果如图 1-3-5 所示。

图 1-3-5　平面铣动态加工的结果

二、加工操作二：型腔铣完成 SR15 半区域开粗

在实践操作中，利用型腔铣加工操作完成 SR15 半球区域开粗，定义的各项内容见表 1-3-2。

表 1-3-2　DOWN 面加工程序 02：型腔铣 SR15 半球区域开粗

程序名		CAVITY_MILL_DOWN	
定义项		参数	作用
程序		DOWN	指定程序归属组
几何体		WORKPIECE_DOWN	指定 MCS、加工部件
刀具		D4R2	指定直径 4 球刀
方法		MILL_ROUGH	指定加工过程保留余量
加工操作	指定边界几何体	类型：毛坯 边界：半球上表面轮廓	约束加工范围
	切削方式	跟随周边	确定刀具走刀方式
	切削步距	刀具直径的 50%	确定刀具切削横跨距离
	切削层	每一刀深度 0.2	确定层加工量
	切削参数	余量 0.3	确定加工过程余量
		开放刀路：变换切削方向	减少刀具抬刀
	非切削参数	封闭区域进刀：沿形状斜进刀（高度 1，斜坡角 3°） 开放区域进刀：线性进刀 退刀与进刀相同	切削条件好，保护刀具
		转移：安全平面	确保安全
	进给率	转速 S=3600rpm	确定刀轴转速
		进刀速度 F=400 第一刀速度 F=400 步进速度 F=500 切削速度 F=800 横越速度　快速 退刀速度 F=3000	定义加工中各过程速度 （数值仅做参考，具体加工根据机床功率、部件材料、刀具类型及加工材料来指定）
		其他按默认值	—

“CAVITY_MILL_DOWN”加工操作的刀具路径如图 1-3-6 所示。

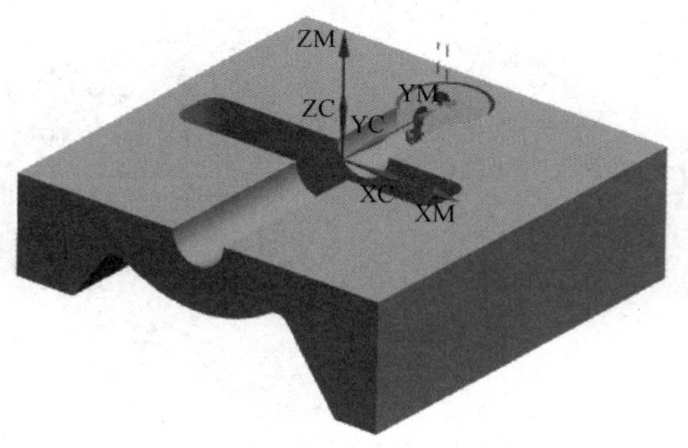

图 1-3-6　半圆区域开粗刀具路径

“CAVITY_MILL_DOWN”加工操作 2D 模拟动态加工的结果如图 1-3-7 所示。

图 1-3-7　半圆区域开粗动态加工的结果

三、加工操作三：固定轴曲面轮廓铣区域铣削驱动完成 SR15 半球区域半精加工

在实践操作中，利用固定轴曲面轮廓铣区域铣削驱动完成 SR15 半球区域半精加工，定义各项内容见表 1-3-3。

表 1-3-3　DOWN 面加工程序 03：SR15 半球区域半精加工

<table>
<tr><td colspan="2">程序名</td><td colspan="2">FIXED_CONTOUR_AREA_DOWN</td></tr>
<tr><td colspan="2">定义项</td><td>参数</td><td>作用</td></tr>
<tr><td colspan="2">程序</td><td>DOWN</td><td>指定程序归属组</td></tr>
<tr><td colspan="2">几何体</td><td>WORKPIECE_DOWN</td><td>指定 MCS、加工部件、毛坯</td></tr>
<tr><td colspan="2">刀具</td><td>D4R2</td><td>指定直径 4 球刀</td></tr>
<tr><td colspan="2">方法</td><td>MILL_SEMI_FINISH</td><td>指定加工过程保留余量</td></tr>
<tr><td rowspan="16">加工操作</td><td>切削区域</td><td>SR15 半球区域</td><td>约束加工范围</td></tr>
<tr><td>驱动方法</td><td>区域铣削</td><td>定义加工方法</td></tr>
<tr><td>切削模式</td><td>同心往复
方向：向内</td><td>确定刀具走刀方式</td></tr>
<tr><td>切削方向</td><td>顺铣</td><td>确定刀具加工方向</td></tr>
<tr><td>切削步距</td><td>0.2</td><td>确定刀具切削横跨距离</td></tr>
<tr><td rowspan="2">切削参数</td><td>余量 0.1</td><td>确定加工过程余量</td></tr>
<tr><td>内公差 0.03
外公差 0.03</td><td>确定加工精度</td></tr>
<tr><td rowspan="2">非切削参数</td><td>开放区域进刀：圆弧进刀
退刀与进刀相同</td><td>切削条件好，保护刀具</td></tr>
<tr><td>转移：安全平面</td><td>确保安全</td></tr>
<tr><td rowspan="2">进给率</td><td>转速 S=3600rpm</td><td>确定刀轴转速</td></tr>
<tr><td>进刀速度 F=1000
第一刀速度 F=500
步进速度 F=1000
切削速度 F=1500
横越速度　快速
退刀速度 F=3000</td><td>定义加工中各过程速度
（数值仅做参考，具体加工根据机床功率、部件材料、刀具类型及加工材料来指定。）</td></tr>
<tr><td></td><td>其他按默认值</td><td>—</td></tr>
</table>

“CONTOUR_AREA_DOWN”加工操作的刀具路径如图 1-3-8 所示。

“CONTOUR_AREA_DOWN”加工操作 2D 模拟动态加工的结果如图 1-3-9 所示。

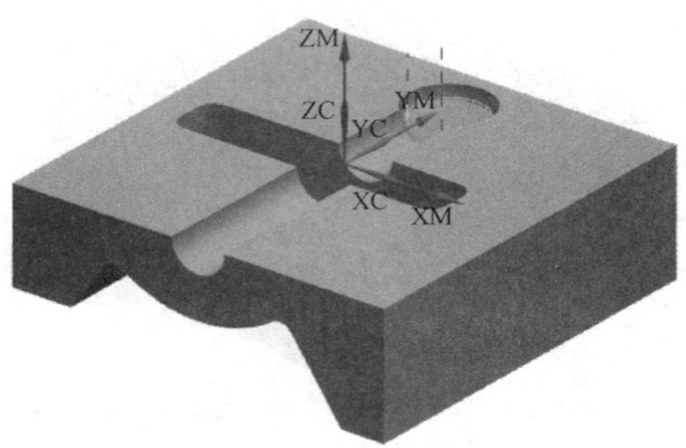

图 1-3-8 区域铣削刀具路径

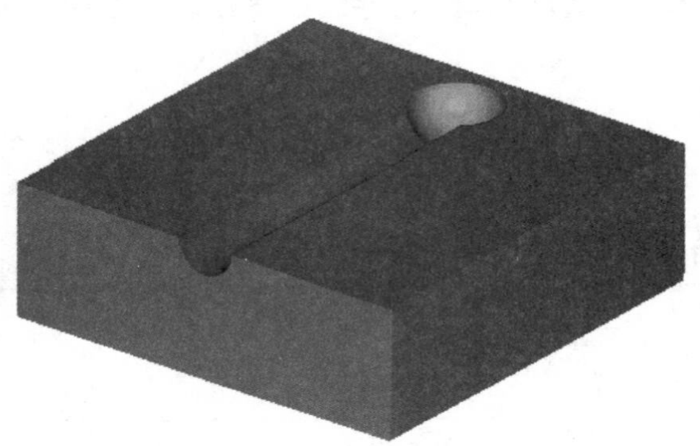

图 1-3-9 区域铣削动态加工的结果

四、加工操作四：等高轮廓铣完成 SR15 半球区域精加工

在实践操作中，利用等高轮廓铣加工完成深腔侧壁的精加工，定义的各项内容见表 1-3-4。

表 1-3-4 TOP 面加工程序 04：SR15 半球区域等高轮廓铣精加工

程序名		ZLEVEL_PROFILE_DOWN	
定义项		参数	作用
程序		DOWN	指定程序归属组
几何体		WORKPIECE_ DOWN	指定 MCS、加工部件、毛坯
刀具		D4R2	指定直径 4 球刀
方法		MILL_FINISH	指定加工过程保留余量
加工操作	切削区域	SR15 半球区域	约束加工范围
	陡峭空间范围	仅陡峭（角度 50°）	约束陡峭面
	每刀深度	0.1mm	确定层加工量
	切削层	系统默认	确定层加工量
	切削参数	余量 0	确定加工过程余量
		内公差 0.01 外公差 0.01	确定加工精度

（续表）

定义项		参数	作用
加工操作	非切削参数	封闭区域进刀：螺旋进刀（高度 1，斜坡角 3°） 开放区域进刀：圆弧进刀 退刀与进刀相同	切削条件好，保护刀具
		转移：前一平面	缩短刀具转移距离
	进给率	转速 S=3800rpm	确定刀轴转速
		进刀速度 F=1000 第一刀速度 F=500 步进速度 F=1000 切削速度 F=1500 横越速度　快速 退刀速度 F=1000	定义加工中各过程速度 （数值仅做参考，具体加工根据机床功率、部件材料、刀具类型及加工材料来指定）
		其他按默认值	—

“ZLEVEL_PROFILE_DOWN”加工操作的刀具路径如图 1-3-10 所示。

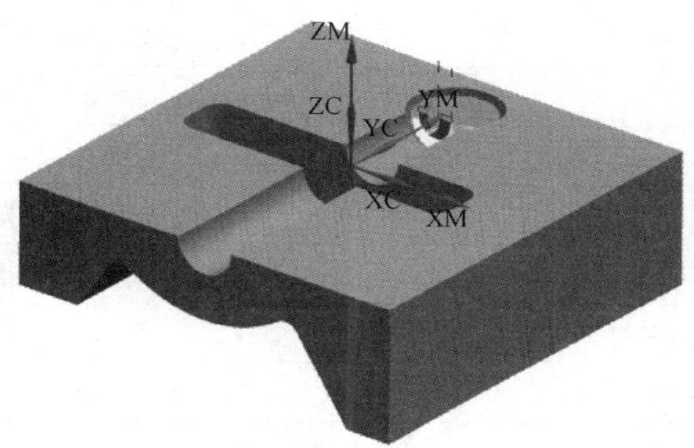

图 1-3-10　等高轮廓铣精加工刀具路径

“ZLEVEL_PROFILE_02”加工操作 2D 模拟动态加工的结果如图 1-3-11 所示。

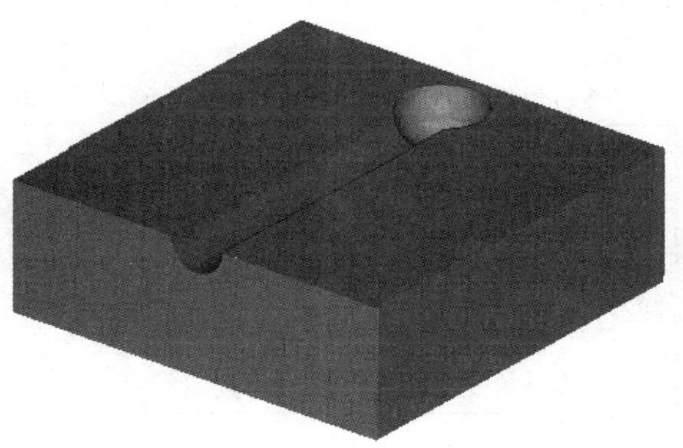

图 1-3-11　等高轮廓铣精加工结果

五、加工操作五：固定轴曲面轮廓铣螺旋驱动完成 SR15 半球区域精加工

本加工操作涉及如下知识点：螺旋驱动的创建、螺旋驱动的特点。

对于不同类型的曲面，可以采用合适的驱动方式来更好地完成加工。对于工件中的球形型腔，采用螺旋驱动做精加工，可以获得相对较好的表面质量。

在实践操作中，利用螺旋驱动完成 SR15 半球区域精加工，定义的各项内容见表 1-3-5。

表 1-3-5　加工程序 05：球面型腔精加工

<table>
<tr><td colspan="2">程序名</td><td colspan="2">FIXED_CONTOUR_SPIRAL</td></tr>
<tr><td colspan="2">定义项</td><td>参数</td><td>作用</td></tr>
<tr><td colspan="2">程序组</td><td>DOWN</td><td>指定程序归属组</td></tr>
<tr><td colspan="2">使用几何体</td><td>WORKPIECE_ DOWN</td><td>指定 MCS、加工部件</td></tr>
<tr><td colspan="2">使用刀具</td><td>D4R2</td><td>指定直径 4 球刀</td></tr>
<tr><td colspan="2">使用方法</td><td>MILL_ FINISH</td><td>指定加工过程余量</td></tr>
<tr><td rowspan="14">加工操作</td><td>驱动方式</td><td>螺旋</td><td>定义切削范围</td></tr>
<tr><td>螺旋中心</td><td>半圆区域上表面中心</td><td>WCS 定义点</td></tr>
<tr><td>步进</td><td>恒定的，数值 0.1</td><td>确定刀具切削横跨距离</td></tr>
<tr><td>最大螺旋半径</td><td>10</td><td>定义切削范围</td></tr>
<tr><td>投影矢量</td><td>刀轴</td><td>定义驱动点的投影方向</td></tr>
<tr><td rowspan="2">切削</td><td>部件余量 0</td><td>指定加工过程保留余量</td></tr>
<tr><td>内公差 0.01
外公差 0.01</td><td>确定加工精度</td></tr>
<tr><td rowspan="2">非切削参数</td><td>圆弧进刀
退刀与进刀相同</td><td>切削条件好，保护刀具</td></tr>
<tr><td>转移：前一平面</td><td>缩短刀具转移距离</td></tr>
<tr><td rowspan="2">进给率</td><td>转速 S=3800rpm</td><td>确定刀轴转速</td></tr>
<tr><td>进刀速度 F=1000
第一刀速度 F=500
步进速度 F=1000
切削速度 F=1500
横越速度　快速
退刀速度 F=1000</td><td>定义加工中各过程速度
（数值仅做参考，具体加工根据机床功率、部件材料、刀具类型及加工材料来指定）</td></tr>
<tr><td></td><td>其他按默认值</td><td>—</td></tr>
</table>

“FIXED_CONTOUR_SPIRAL”加工操作的刀具路径如图 1-3-12 所示。

“FIXED_CONTOUR_SPIRAL”加工操作 2D 模拟动态加工的结果如图 1-3-13 所示。

至此完成 DOWN 面加工操作，其加工工序如图 1-3-14 所示。

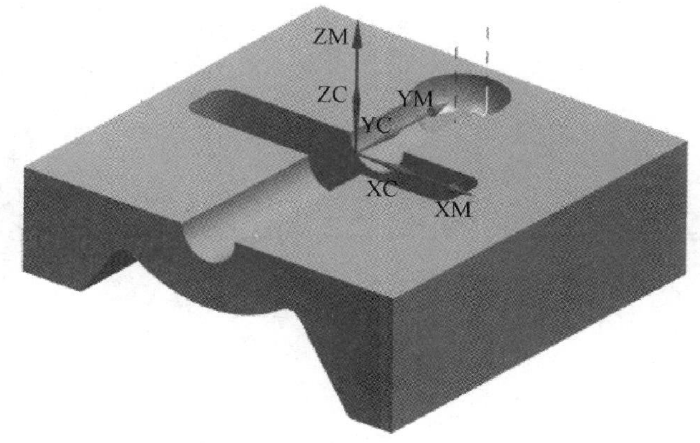

图 1-3-12　螺旋驱动刀具路径

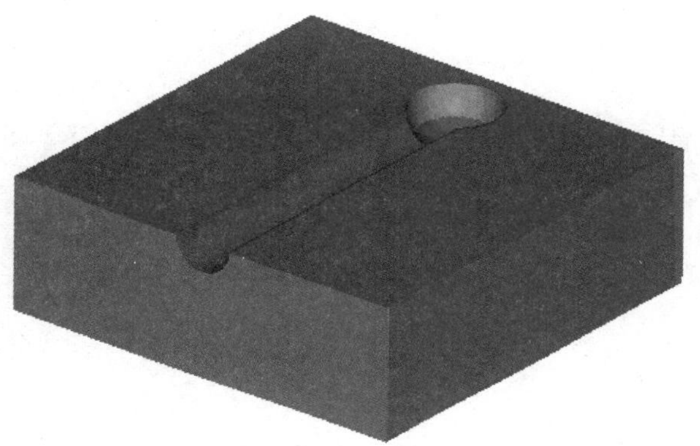

图 1-3-13　螺旋驱动精加工结果

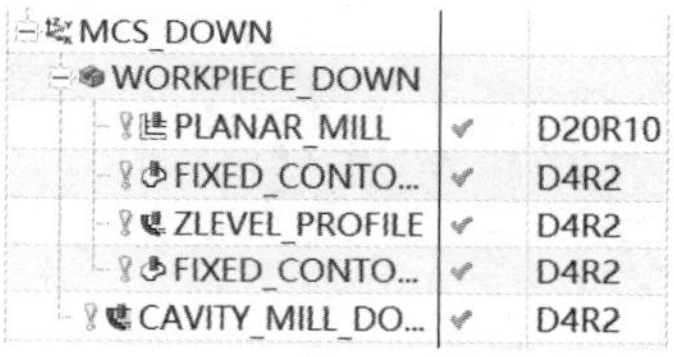

MCS_DOWN		
WORKPIECE_DOWN		
PLANAR_MILL	✔	D20R10
FIXED_CONTO...	✔	D4R2
ZLEVEL_PROFILE	✔	D4R2
FIXED_CONTO...	✔	D4R2
CAVITY_MILL_DO...	✔	D4R2

图 1-3-14　DOWN 面加工工序

模块 2　UG NX 三轴加工理论知识

本模块通过对 UG NX 软件三轴加工编程各个加工操作中主要加工参数的讲解，使读者在实践中能够具体应用，并巩固和丰富课堂实践教学内容，为读者课后学习提供帮助。

学习理论知识，应用于实践操作。

UG NX 是集 CAD/CAM/CAE 于一体的集成化软件，在加工模块中可以对由 UG NX 建模的模块或者其他 CAD 软件建立的数据模型（片体、实体等）直接生成精确的刀具路径，并可通过后处理产生应用于各式数控机床的 NC 加工程序。

UG NX 的加工功能是由多个加工模块组成的，如图 2-0-1 所示。

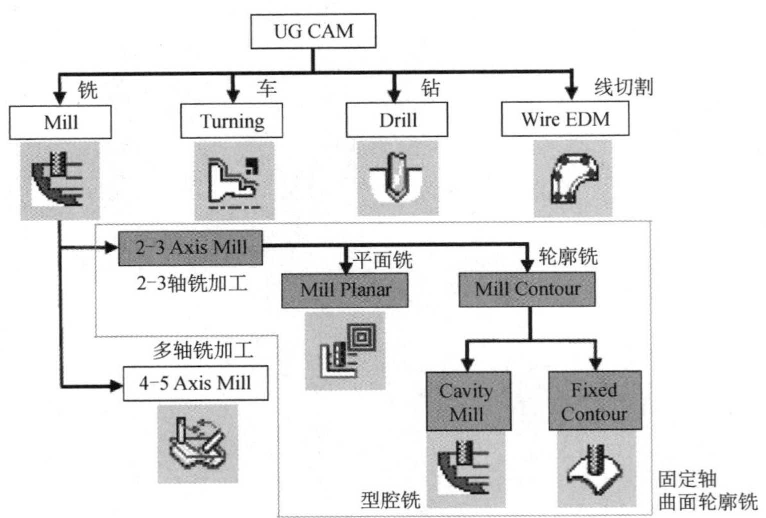

图 2-0-1　UG NX 加工模块构成

UG NX 加工功能主要包括以下几点：

（1）用户可根据零件结构、表面形状、精度要求选择 UG NX 系统中所提供的加工类型。

（2）每种加工类型中包含多个加工模板，应用加工模板可快速建立加工操作。

（3）在交互操作过程中，用户可在图形方式下编辑刀具路径，并进行模拟加工。

（4）生成的刀具路径，可通过后处理生成用于指定数控机床的程序。

理论知识 2.1　UG NX 加工前准备工作

一、MCS（加工坐标系）的准备

通常情况下，建模过程中是不考虑加工坐标系 MCS 的方位与方向的，初始 MCS 的方向与绝对坐标系的方向一致。

进入加工环境后，要观察加工坐标系 MCS 的 ZM 轴方向是否为将来加工时的刀轴方向。如果 ZM 轴方向与刀轴方向不一致，则必须做如下调整：

（1）单击工具条中的“加工几何体创建”按钮，打开“加工几何体创建”对话框。

（2）选择第一项 MCS，并且为新建立的 MCS 起个名字（以字母开头），例如，MCS_TOP。

（3）在“MCS 创建”对话框中可以调整 MCS 的位置及方向，调整 ZM 的方向使其与刀轴方向一致。

（4）在创建新加工操作时，一定要选择“父组”使用的几何体的名字为刚才所建立的“MCS_TOP”。

只有通过以上操作才能使以后的加工中刀轴及加工坐标系 ZM 的方向保持一致。

二、创建加工几何体

1. 部件几何体（part geometry）

部件几何体是加工完成后的最终零件，它控制刀具的切削深度和范围。为避免刀具的碰撞和过切，应当选择整个部件（包括不切削的面）作为部件几何体，然后使用指定切削区域和指定修剪边界来限制要切削的范围。

2. 毛坯几何体（blank geometry）

毛坯几何体是将要加工的原材料（毛坯），是 Cavity Mill 加工中所需要的充分非必要元素，如图 2-1-1 所示。

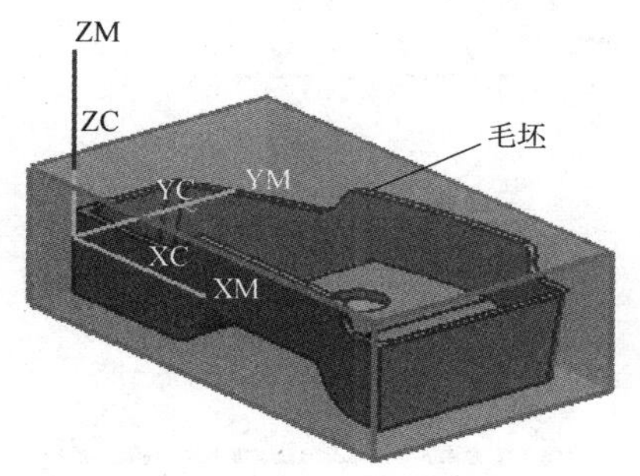

图 2-1-1　毛坯示意

3.检查几何体（check geometry）

检查几何体是刀具在切削过程中要避让的几何体，如夹具或者已加工过的重要表面，如图 2-1-2 所示。

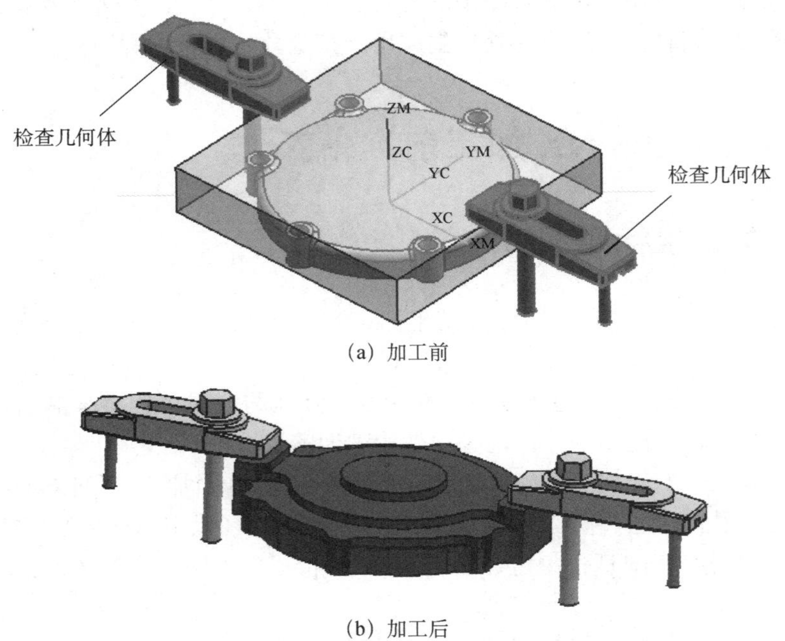

(a) 加工前

(b) 加工后

图 2-1-2　检查几何体示意

注意：

（1）部件与毛坯在具体某个加工操作中也可以单独建立，但通常情况下，建议在创建加工操作前，在“加工几何体”中创建部件与毛坯，这样对于每个加工操作来讲就不必再重复选取。更为重要的是，必须在同一“加工几何体”下才能利用 IPW（残余毛坯）来进行二次开粗。

（2）需要注意的是，“加工几何体”中“MCS_TOP”是位于顶层的，而“MILL_GEOM”“WORKPIECE_TOP”等加工几何体位于其下，各加工操作位于相应的“MILL_GEOM”或者“WORKPIECE_TOP”中，并且继承了父组“MCS_TOP”“MILL_GEOM”“WORKPIECE_TOP”所定义的各特性，如图 2-1-3 所示。

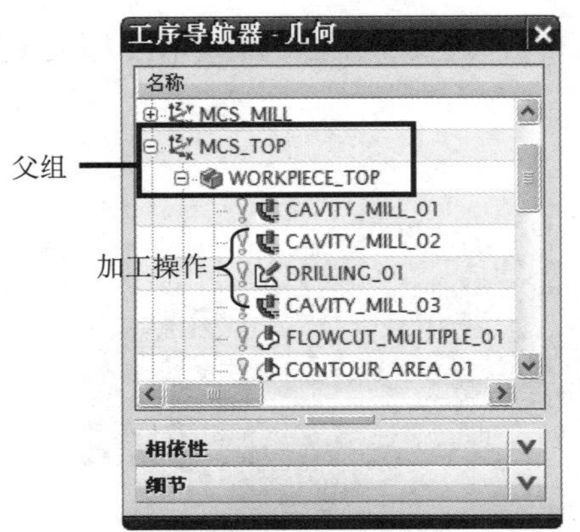

图 2-1-3　“加工几何体”与加工操作

三、刀具组创建

刀具的创建首先要确定其类型及名称，需要注意的是刀具的名称要能体现出该把刀具的类型及基本参数。例如，“D12R6”表示刀具直径为 12、底角半径为 6 的铣刀；底角半径等于刀具直径的一半，则这是一把 Ø12 的球刀。根据刀具底角半径的不同，铣加工刀具类型可以分为平底刀、圆鼻刀（牛鼻刀）和球刀。刀具参数设置见表 2-1-1。

表 2-1-1　刀具参数设置

刀具类型	刀具直径	底角半径（下半径）R
平底刀	*D*	*R*=0
圆鼻刀（牛鼻刀）	*D*	*R*<0.5D
球刀	*D*	*R*=0.5D

注意：平底刀、圆鼻刀适合进行平面加工，在进行型腔铣层加工开粗铣削时应选择此类刀具。如果工件的最小凹圆角未倒出，则加工时应选择圆鼻刀进行加工。如果选择平底刀会使凹圆角的材料在层加工时过切。

四、“加工方法”参数确定

一般来说，数控铣加工都要经过粗加工→半精加工→精加工的加工工艺过程，可以统一设置各过程的加工余量及刀具进给率等参数。

UG NX CAM 默认的加工方法包括“MILL_ROUGH”（粗加工）、“MILL_SEMI_FINISH”（半精加工）和“MILL_FINISH”（精加工）。

对这三种加工方法可以分别设置其加工操作中的“进给率”“刀具路径显示颜色”及“刀具路径显示方式”，如图 2-1-4 所示。通过加工操作导航器中对加工方法的显示，可以很明确地看到整个加工过程中加工操作的顺序，便于对全部的加工操作做出准确的判断和分析。

图 2-1-4　加工方法显示

理论知识 2.2　三轴铣加工操作

一、型腔铣加工操作

1.型腔铣加工的特点

（1）型腔铣主要用于任意形状的型腔或型芯的粗加工。

（2）型腔铣通过刀轴固定（垂直切削层），以逐层切削的方式来创建加工刀具路径。对于斜壁或者曲面采用该方式加工会留下层加工余量。

（3）型腔铣中通过部件几何体与毛坯几何体，确定默认的切削范围与加工深度。

（4）与平面铣相比较，型腔铣可以加工底面是曲面、侧壁不垂直底面的部件。

2.型腔铣加工环境介绍

如图 2-2-1 所示为型腔铣切削参数设置对话框。

每一类参数的定义都是为了更加有效地完成本次加工操作，但并不是每个参数项都必须定义，按 UG NX CAM 的默认值往往能得到更为精确的刀具轨迹。这需要我们在实际加工中摸索。

刀具轨迹显示选项可以帮助我们为刀具轨迹定义特定的颜色及显示 F 值等，便于判定刀具轨迹的正确性。

用户化界面定义就是由用户定义某些加工选项在界面中是否显示，这样就可以定义符合自己加工习惯的界面。

如图 2-2-2 所示为“刀具轨迹管理”工具栏，包括“生成”“回放”“确认”“列表”按钮。

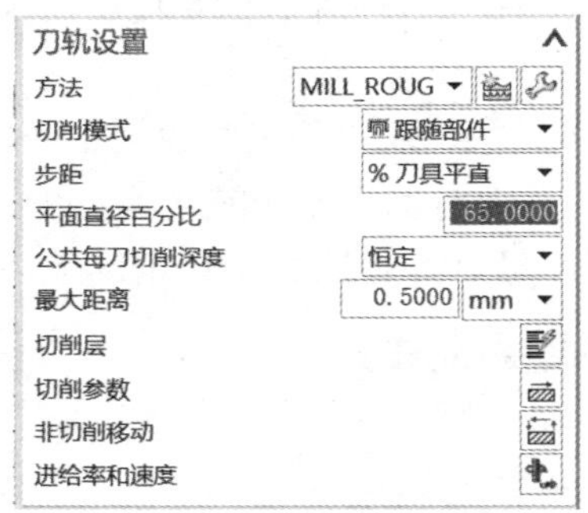

图 2-2-1　型腔铣切削参数设置对话框

图 2-2-2　“刀具轨迹管理”工具栏

注意：对于已经定义了各项参数的加工操作，可以“生成”刀具轨迹，生成轨迹的计算过程可能比较慢，如果希望再次观察刀具轨迹时，可以选择“回放”重新显示一遍，而不是重新“生成”计算刀具轨迹。

对完成的轨迹可以单击“确定”按钮，再对其进行逐步分析和 2D 模拟加工。单击“列表”按钮，则对话框中所列的为刀具轨迹原文件内容，即记录了刀具刀位点在加工中的确切轨迹。各类刀具的刀位点参考如图 2-2-3 所示。

注意：NC 程序记录的是刀位点的坐标，很多读者会认为是刀具与工件的接触点（切削点）。刀位点、接触点及刀具球心的关系如图 2-2-4 所示。

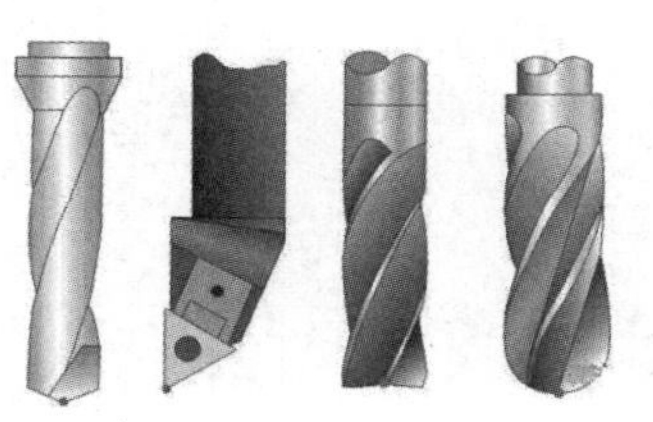

图 2-2-3　刀位点参考

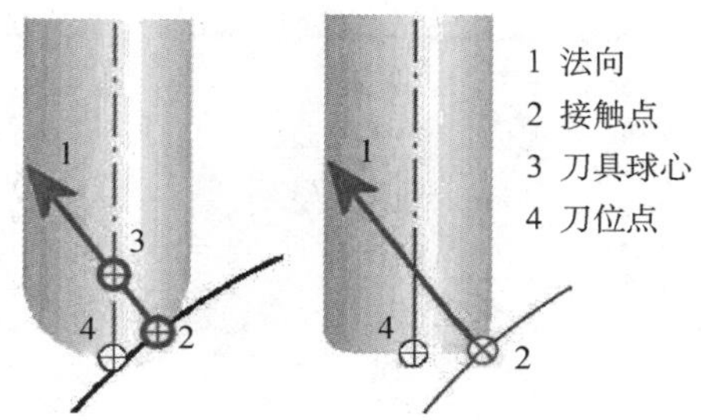

图 2-2-4　刀位点、接触点及刀具球心示意

二、平面铣加工操作

1.平面铣加工的特点

平面铣用于平面轮廓、平面区域或平面孤岛的粗精加工，它所产生的刀具轨迹平行于零件底面进行多层切削。底面和每个切削层都与刀具轴线垂直，各加工部位的侧壁与工件底面垂直，不能加工底面和侧壁不垂直的部位。

2.底面的概念

使用“指定底面”选项可在平面铣工序中定义最后一个切削层。所有切削层都与底面平行生成。每个工序都只能指定一个底面。如果选择新的底面几何体，则现有底面将被替换。

如图 2-2-5 所示为在较低的腔体内选择底面。

3.岛屿概念

如图 2-2-6 所示，显示了部件边界定义的腔体周边外部，材料侧为外部。其他边界中，材料侧为内部。图中 2 处为岛边界。

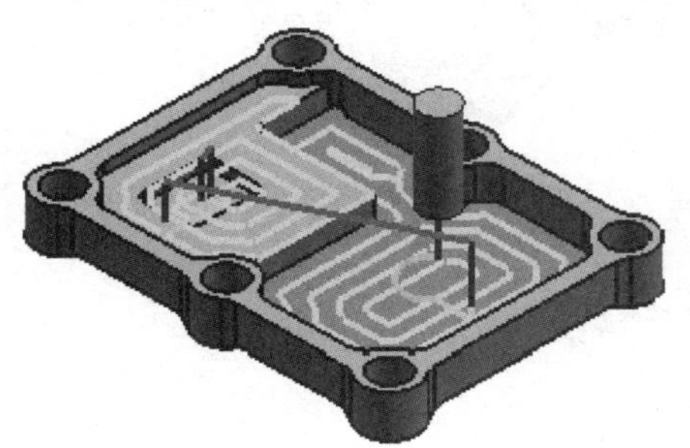

图 2-2-5　指定底面

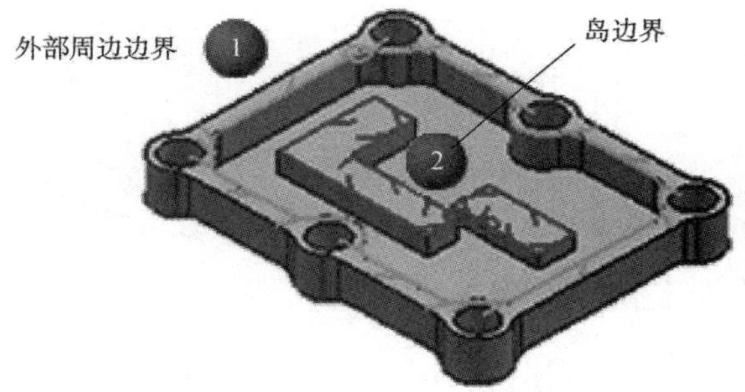

图 2-2-6　岛屿示意

三、等高轮廓铣加工操作

1.等高轮廓铣加工的特点

等高轮廓铣的特点是能通过指定的陡峭角度将切削区域分为“陡峭区域”与“非陡峭区域”。当选中“陡角必须”选项时，只有陡峭角度大于指定“陡角必须”的区域才会被加工。当关闭“陡角必须”选项时，则整个部件均是加工区域。“陡角必须”选项对加工区域的控制如图 2-2-7 所示。

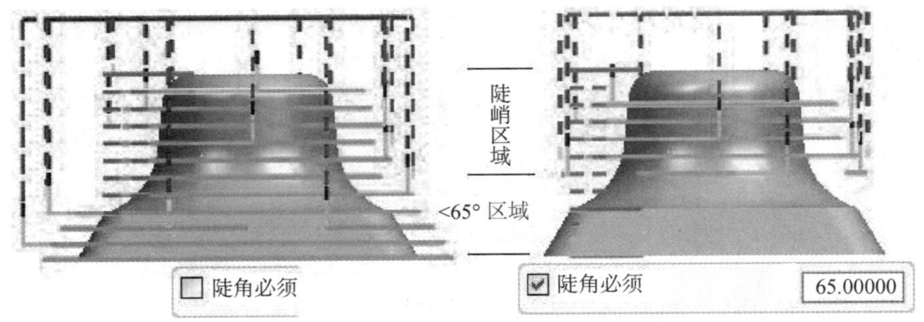

图 2-2-7 “陡角必须”选项对加工区域的控制

2.陡峭角度

陡峭角度是指刀轴与部件表面法向间的夹角，如图 2-2-8 所示。

3.等高轮廓铣加工应用

将等高轮廓铣加工用于固定轴半精加工和精加工。等高轮廓铣加工时在陡峭壁上保持近似恒定的残余高度和切削负荷，这样的切削方式对高速加工尤其有效，如图 2-2-9 所示。

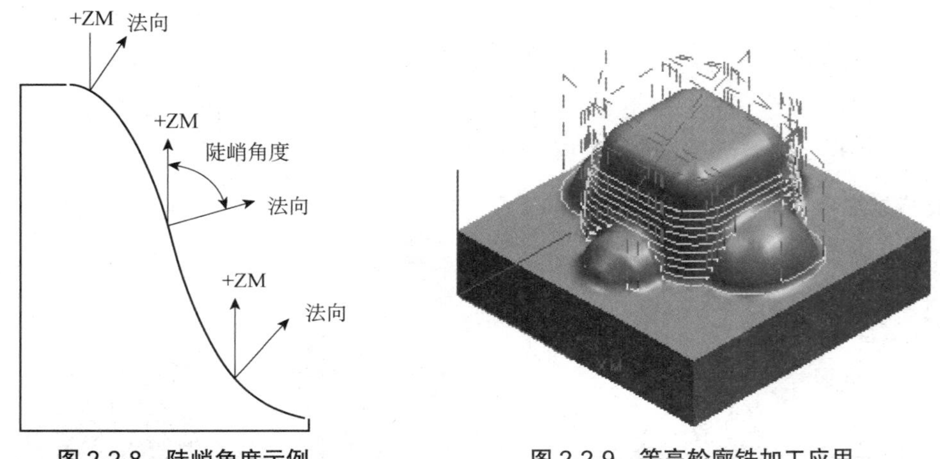

图 2-2-8 陡峭角度示例

图 2-2-9 等高轮廓铣加工应用

四、二次开粗方法

1.残余毛坯概念

型腔铣“二次开粗”中并没有定义毛坯，那么此时的毛坯是由系统计算后给出的，即前一步型腔铣加工中，用“D20R5”刀具加工毛坯，保留偏置 0.3mm 加工余量的部件后所剩余的实体形状，则把前一加工所剩余的过程毛坯称为 IPW（残余毛坯）。

要得到“残余毛坯”可以分以下两步：

步骤一，前一加工操作与本次加工操作在同一“加工几何体”下。例如，“CAVITY_MILL_01”与“CAVITY_MILL_02”的使用几何体都是“WORKPIECE_TOP”。

步骤二，在本次加工操作中，“切削参数”选项“处理中的工件”选项卡中设置为“使用 3D”。在“切削”选项中做如上定义后，“主界面”的加工几何体显示出“前一个 IPW”，如

图 2-2-10 所示。

图 2-2-10　加工几何体显示

2. 拐角余量（Corner_Rough）粗加工

为了提高切削效率，通常选择直径大的刀具进行开粗加工，那么在小于刀具半径的拐角处必然会留下未加工区域。如图 2-2-11 所示的工件，型腔四周拐角为 R6，如果以 Ø25 平底刀做初刀切削，则会在拐角留下余量 R12.5～R6。

要单独去除拐角处所剩余的余量，可以采用 UG NX CAM 提供的“Corner_Rough”拐角余量粗加工操作。步骤如下：

首先单击“加工生成”工具条中的“创建工序”按钮。在打开的对话框中，在“类型”下选择“mill_contour”选项。“工序子类型”中选择“Corner_Rough”选项（拐角余量粗加工）。然后在“拐角粗加工”对话框中设置参数如图 2-2-12 所示。

图 2-2-11　示例工件图

图 2-2-12　“拐角粗加工”对话框

如果部件选择整个工件，对于型腔区域则无须选择毛坯。关键是在参考刀具中选择开粗时所使用的直径 Ø25 的 D25 刀具，其他按一般的型腔铣加工设置。

生成的刀具轨迹如图 2-2-13 所示。

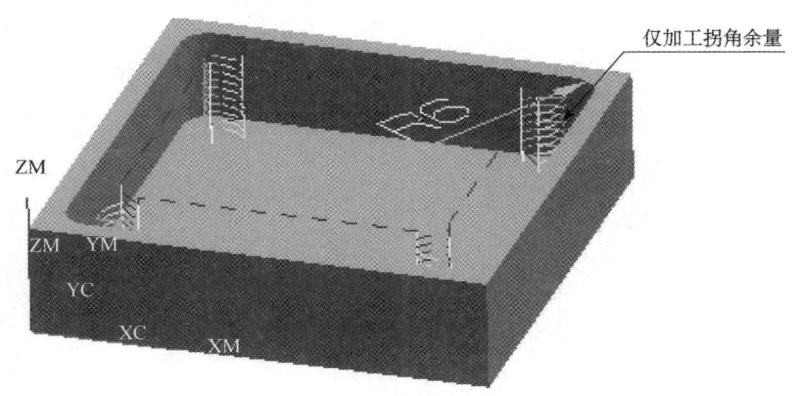

图 2-2-13　拐角余量粗加工轨迹

3.毛坯边界（blank boundary）的定义

对于复杂模具的加工，往往在初刀切削后会有大量不规则的未加工区域。对这些局部区域的粗加工就显得难以把握，如图 2-2-14 所示。

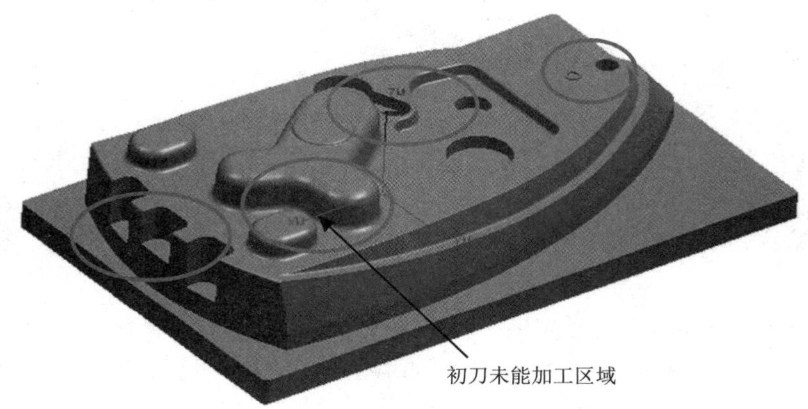

图 2-2-14　未加工区域示例

如果采用 IPW（残余毛坯）来定义，软件系统计算量很大，时间太长。有经验的加工人员在做初刀模拟加工后就可以初步判断哪些区域未加工，以及对所剩余的毛坯形状有一定的掌握。这时就可以针对局部区域采用直径小的刀具做二次开粗。

注意：毛坯并不是必须要比部件大，即加工过程中刀具去除的是毛坯与部件之间的材料，也是毛坯与部件共同构成的切削区域。

在型腔铣加工过程中，对毛坯的定义比较灵活。我们可以通过边界几何体用线框来定义“毛坯边界”。

“毛坯边界”的定义方法如下：

（1）在“几何体类型”中选择“毛坯”选项，“材料侧”定义为“内部”，如图 2-2-15 所示。

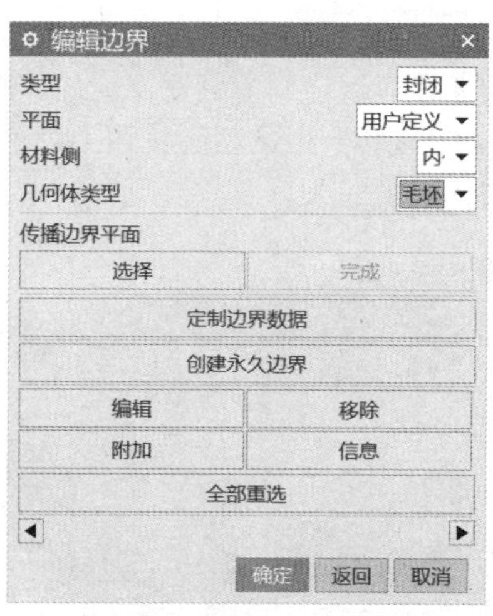

图 2-2-15　“几何体类型”选择

（2）选择自定义线框（可先用草图画好），或者选择实体边作为边界。

（1）同一平面的线框不需要指定平面，但线框必须高于工件。

（2）所选择的实体边，通常不在同一平面内，需要指定其投影平面，要求投影平面必须高于工件。

（3）边界一定要按顺序来选，如图 2-2-16 所示。

按照图 2-2-16 所示定义“边界毛坯”，其他按一般型腔铣加工定义参数，加工的轨迹如图 2-2-17 所示。

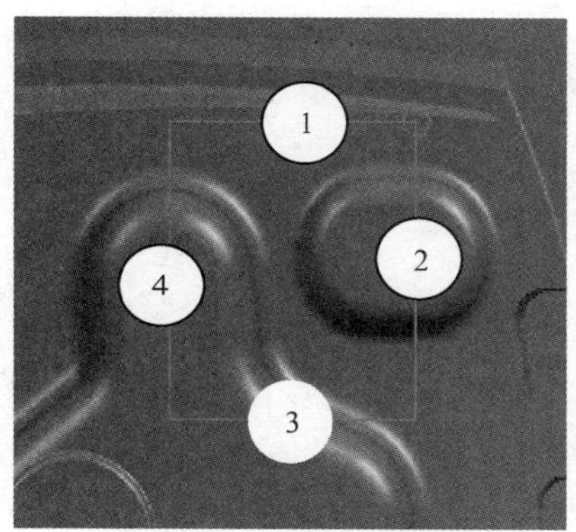

图 2-2-16　边界的选择顺序

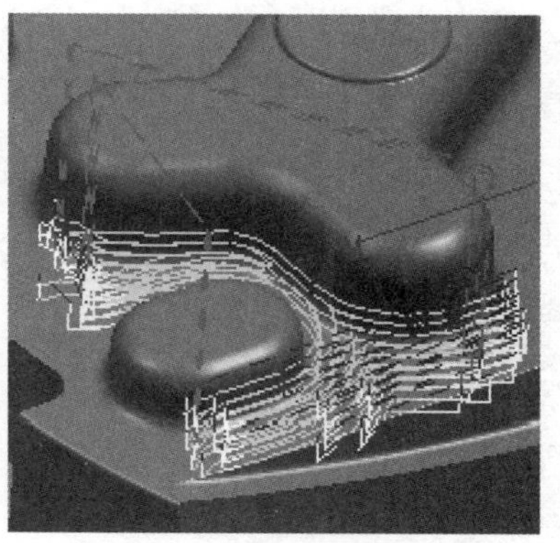
图 2-2-17　局部粗加工轨迹

4.使用参考刀具

参考先前工序的较大刀具，当前工序中的较小刀具可以移除较大参考刀具无法进入的未切削区域中遗留的材料，如图 2-2-18 所示。

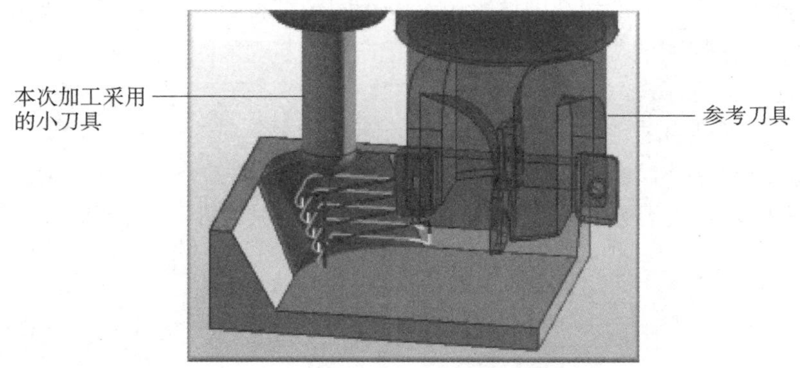

图 2-2-18　参考刀具示意

五、固定轴曲面轮廓铣加工操作

1.固定轴曲面轮廓铣特点

固定轴曲面轮廓铣（fixed contour）是用于半精加工和精加工复杂曲面的方法。创建固定轴铣分为以下两个阶段：

第一步，在指定的驱动几何体上（由曲面、曲线和点定义）形成驱动点。

第二步，按指定投射矢量投射驱动点到部件几何体上形成投射点，如图 2-2-19 所示。

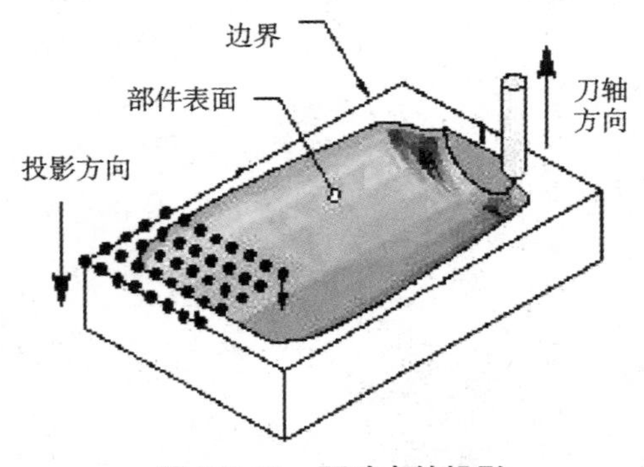

图 2-2-19　驱动点的投影

刀位点沿投射在曲面上的点运行，完成曲面的加工。

注意：理解下面两句话的含义，将会对固定轴曲面轮廓铣有更深入的理解。

（1）驱动方式控制切削过程中刀具的运动范围。固定轴曲面轮廓铣通常用于半精加工和精加工，曲面上的余量在粗加工中已经基本去除。余量是否均匀，在于粗加工操作中切削层的控制。要在固定轴曲面轮廓铣中完成半精加工与精加工，则必须针对不同类型的曲面采用不同形式的驱动方式，即“驱动方式控制切削过程中刀具的运动范围”。

（2）部件几何体控制刀具的切削深度。加工中的切削深度则由所选择的部件几何体配合部件余量来控制，即“部件几何体控制刀具的切削深度”。

2. 区域铣削驱动

区域铣削驱动即通过指定切削区域来定义一个固定轴铣操作。它可以指定陡峭约束和修剪边界约束。区域铣削驱动方式通常作为优先使用的驱动方式来创建刀位轨迹。可以用区域铣削驱动方式代替边界驱动方式。

区域铣削驱动可以通过定义“陡角”及“切削角”来定向约束切削区域。

（1）无（none）。在刀具路径上不使用陡峭约束，允许加工整个工件表面。如图 2-2-20 所示，定义“无”陡峭，走刀方式为往复式（Zig-Zag），切削角为 0°（沿 XC 轴）。

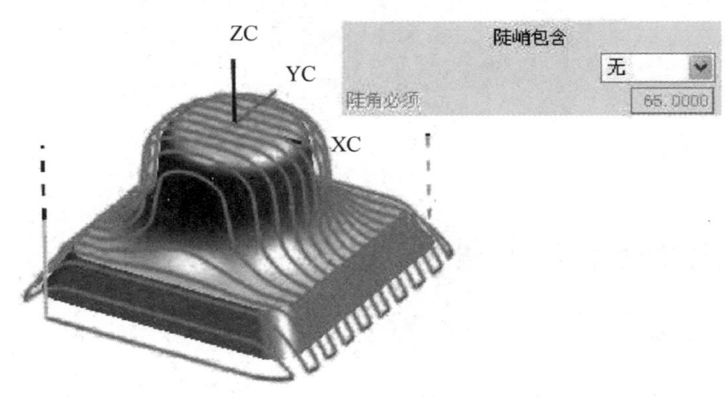

图 2-2-20　无陡峭示例

（2）非陡峭的。切削非陡峭区域，用于切削平缓的区域，而不切削陡峭区域，通常可作为等高轮廓铣的补充。选择该项，需要输入陡角的值，如图 2-2-21 所示。

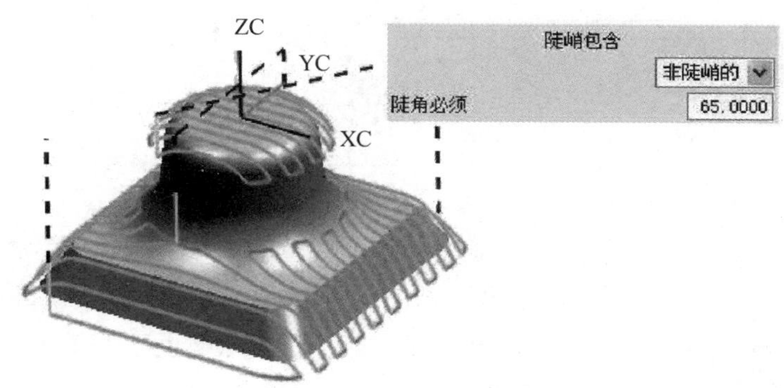

图 2-2-21　非陡峭示例

（3）定向陡峭。定向切削陡峭区域，切削方向由切削角定义，所有满足该陡角的陡峭壁作为切削区域，如图 2-2-22 所示。

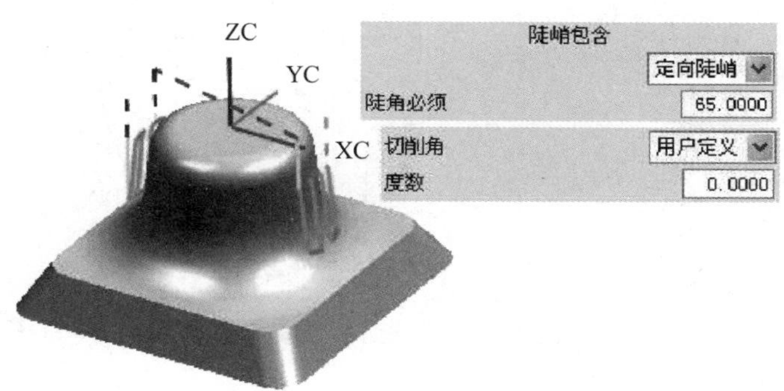

图 2-2-22　定向陡峭示例

3.清根切削驱动

清根切削驱动方式可以沿着所选工件面的凹角生成驱动点。在切削过程中，刀具与部件几何体保持两个切点，当曲面的曲率半径大于刀具的底角半径时，则不会产生清根切削的刀具轨迹。

通常采用球刀以“单路”“多个偏置”“参考刀具偏置”的清根方式完成这些“凹陷区域”（即前面加工操作中刀具难以到达区域）的半精加工与精加工。

注意： 在加工过程中，难以加工到的材料往往集中在凹角或沟槽部位。采用单路清根切削可以有效去除这些根部余量。建议在单路清根时采用大尺寸刀具去除这些不均匀材料，既可以提高切削效率，又可以保护刀具及加工表面质量，后续采用参考刀具偏置清根完成半精加工与精加工。

（1）单路清根。沿着凹角或沟槽产生一条单一刀具路径，如图 2-2-23 所示。

（2）多个偏置清根。通过指定偏置数目及相邻偏置间的步进距离，在清根中心的两侧产生多道切削刀具路径。根部余量较多且不均匀时，可采用“由外向内”的切削顺序，步进距离小于刀具半径。

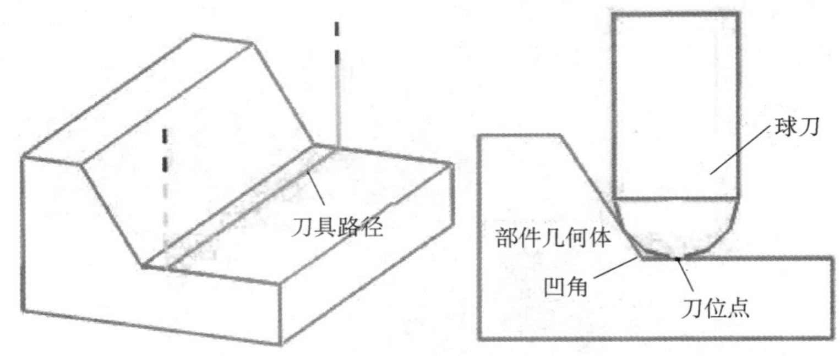

图 2-2-23　单路清根示例

（3）参考刀具偏置清根。当采用半径较小的刀具加工由大尺寸刀具粗加工后的根部材料时，参考刀具偏置是非常实用的选项。可以指定一个参考刀具直径（大直径）来定义加工区域的范围，通过设置切削步距，在以凹角为中心的两边产生多条切削轨迹。为消除两把刀具的切削接刀痕迹，可以设置重叠距离沿着相切曲面扩展切削区域，如图 2-2-24 所示。

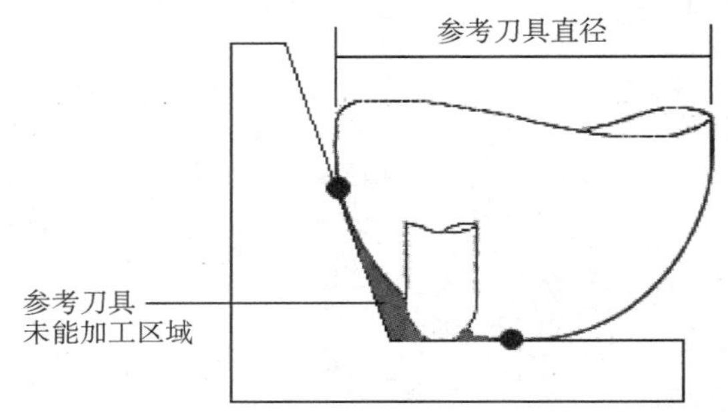

图 2-2-24　参考刀具偏置示意

清根切削驱动的切削参数主要有以下几个：

（1）最大凹腔。用于设置可以产生清根切削刀轨的最大凹角值。只有在小于或等于最大凹角的区域才会生成刀具轨迹。所输入的凹角值必须小于 179°。当刀具遇到在零件面上超过了指定最大值的区域时，刀具将回退或转移到其他区域。凹角示例如图 2-2-25 所示。

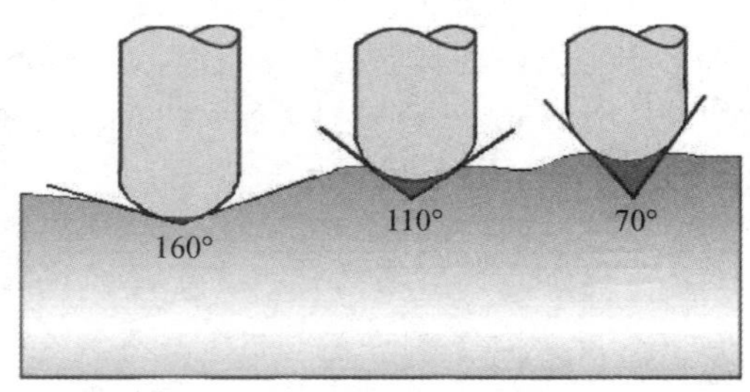

图 2-2-25　凹角示例

（2）最小切削长度。当计算刀位点的切削轨迹中某段长度小于最小切削长度时，在该处将不生成刀轨，有利于优化切削轨迹。

（3）连接距离。如果加工曲面的数据结构不佳，软件在计算切削轨迹时会产生小的不连续的刀位轨迹。这些不连续的轨迹对连续走刀不利。设置的连接距离决定了连接刀轨两端点的最大跨越距离，把断开的切削轨迹连接起来，可以排除小的不连续刀位轨迹或者刀位轨迹中不需要的间隙。

（4）顺序。用于定义清根切削轨迹执行的先后次序，系统中给出了以下几个切削次序。

①由内向外。清根切削刀轨由凹槽的中心开始初刀切削，步进向外一侧移动，直到这一侧加工完毕。然后刀具回到中心，沿凹槽切削，步进向另一侧移动，直到加工完毕。

②由外向内。清根切削刀轨由凹槽一侧边缘开始初刀切削，步进向中心移动，直到这一侧加工完毕。然后刀具回到另一侧，沿凹槽切削，步进向中心移动，直到加工完毕。

③后陡。清根切削刀轨做单向切削，即由非陡峭壁一侧沿凹槽切削，步进向中心移动，通过中心后向陡峭壁一侧移动，直到加工完毕。

④先陡。清根切削刀轨做单向切削，即由陡峭壁一侧沿凹槽切削，步进向中心移动，通过中心后向非陡峭壁一侧移动，直到加工完毕。

⑤由内向外变化。清根切削刀轨由凹槽的中心开始初刀切削，步进向外一侧移动，然后交替在两侧切削。

⑥由外向内变化。清根切削刀轨由凹槽一侧边缘开始初刀切削，步进向中心移动，然后交替在两侧切削。

（5）陡峭区域。在清根操作中也可以利用陡角来约束清根的区域。当“陡峭”选项设置为“否”时，则对所有区域均产生清根驱动。陡峭与非陡峭清根路径如图 2-2-26 所示。

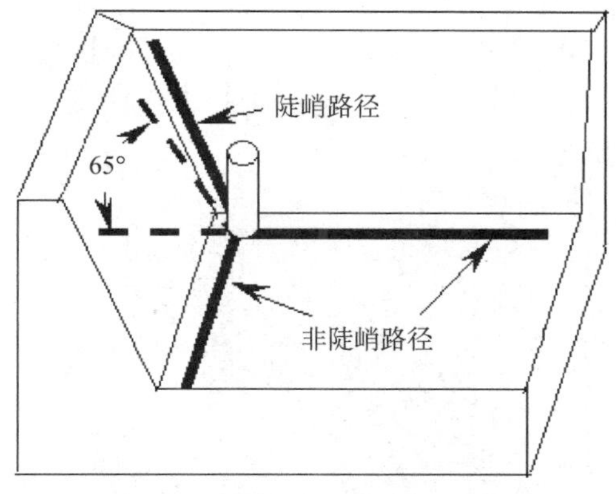

图 2-2-26　陡峭与非陡峭清根路径

当“陡峭”选项设置为“陡峭”时，通过设置角度，只针对“陡峭”区域产生清根驱动，如图 2-2-27 所示。

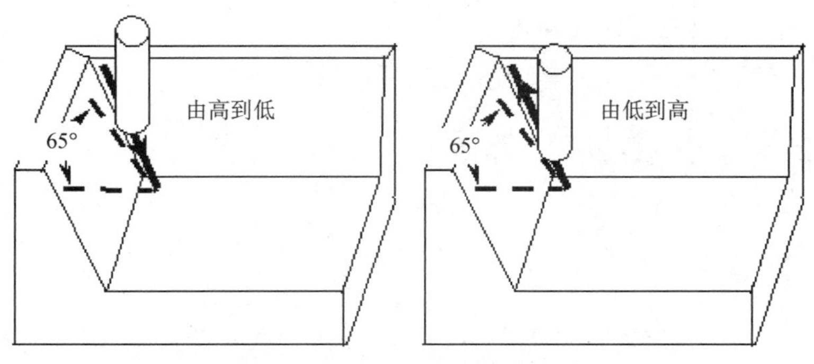

图 2-2-27　“陡峭”区域的清根驱动

（6）切削顺序（用户定义）手工装配。由软件所确定的清根路径往往段数较多，而且切削的先后次序及切削范围难以控制。在实际加工中也表现为空刀及抬刀次数过多。通过手工装配，可以由编程人员根据加工工艺需要及使用刀具情况来控制清根路径，有利于对加工过程及加工余量的控制。

4.径向切削驱动

径向切削驱动是通过指定横向进给量、带宽与切削方法，来创建沿给定边界并垂直于边界的刀具路径，适合作为清根操作。径向驱动示例如图 2-2-28 所示。

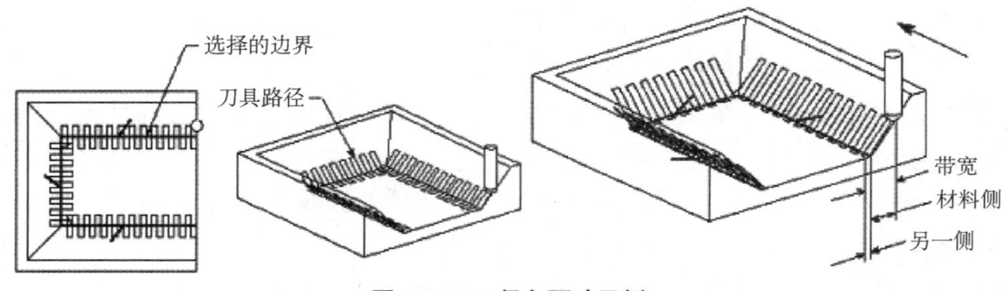

图 2-2-28　径向驱动示例

5.螺旋驱动

螺旋驱动方法通过指定的中心点向外做螺旋线来生成驱动点，按照投影矢量方向投影到部件几何体上形成刀具轨迹，其中“最大螺旋半径”用于确定切削范围，步进距离可以确保切削后表面的光洁度。螺旋驱动示例如图 2-2-29 所示。

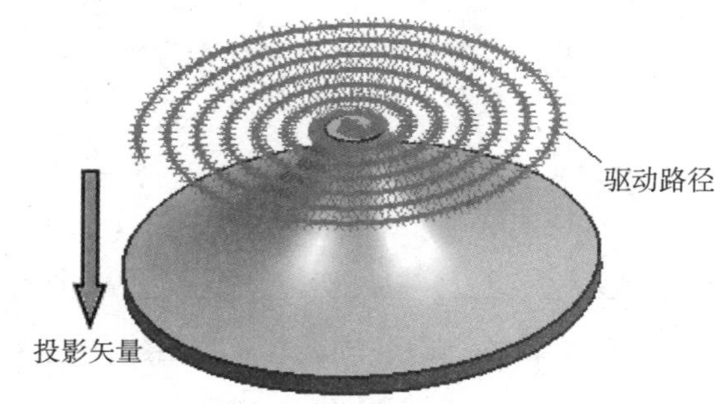

图 2-2-29　螺旋驱动示例

该驱动方法适用于圆形回转特征面，其步距移动光滑，并保持恒量向外过渡，可以保持恒定的切削速度，有利于进行高速切削加工。

理论知识 2.3　主要加工选项

一、切削模式

切削模式定义了在切削区域中刀位的移动轨迹，按形式可以分为如表 2-3-1 所示的几种类型。

表 2-3-1　切削模式类型

切削方式	特点
往复式切削（Zig-Zag）	产生平行线切削轨迹
单向切削（Zig）	
沿轮廓单向切削（Zig With Contour）	
沿轮廓切削（Follow Periphery）	产生系列同心切削轨迹
沿零件切削（Follow Part）	
摆线切削（Trochoidal）	
轮廓切削（Profile）	只沿轮廓外型切削
标准驱动切削（Standard Drive）	

1.往复式切削（Zig–Zag）

往复式切削方式用于定义刀具在切削过程中保持连续的进给运动，很少有抬刀动作，是一种效率比较高的切削方式。往复式切削刀具轨迹如图 2-3-1 所示。

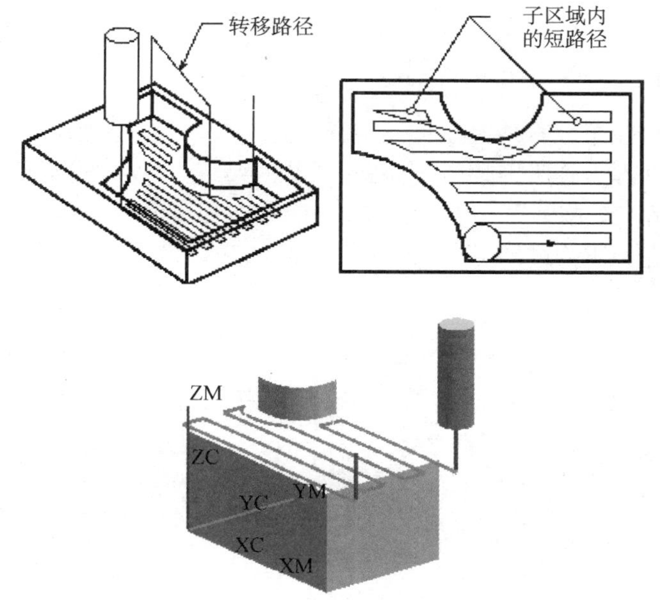

图 2-3-1　往复式切削刀具轨迹

往复式切削过程中切削方向交替变化，顺铣与逆铣也交替变换。

往复式切削通常用于内腔的粗加工，并且步进移动尽量在拐角控制中设置圆角过渡。为减小切削过程中机床的震动，可以在切削中自定义切削方向与 *X* 轴之间的角度。首刀切入内腔时，如果没有预钻孔，应该采用斜线下刀，斜线的坡度一般不大于 5°。

2.单向切削（Zig）

单向切削方式用于建立平行且单向的刀位轨迹，它能始终维持一致的顺铣或者逆铣切削，并且在连续的刀具轨迹之间没有沿轮廓的切削。

刀具在切削轨迹的起点进刀，切削到切削轨迹的终点，然后刀具回退至转移平面高度，转移到下一行轨迹的起点，刀具开始以同样的方向进行下一行切削。单向切削刀具轨迹如图 2-3-2 所示。

单向切削方式在每一切削行之间都要抬刀到转移平面，并在转移平面进行水平的不产生切削的移动，因而会影响加工效率。单向切削方式能始终保持顺铣或者逆铣的状态，通常用于岛屿表面的精加工和不适用往复式切削方法的场合。

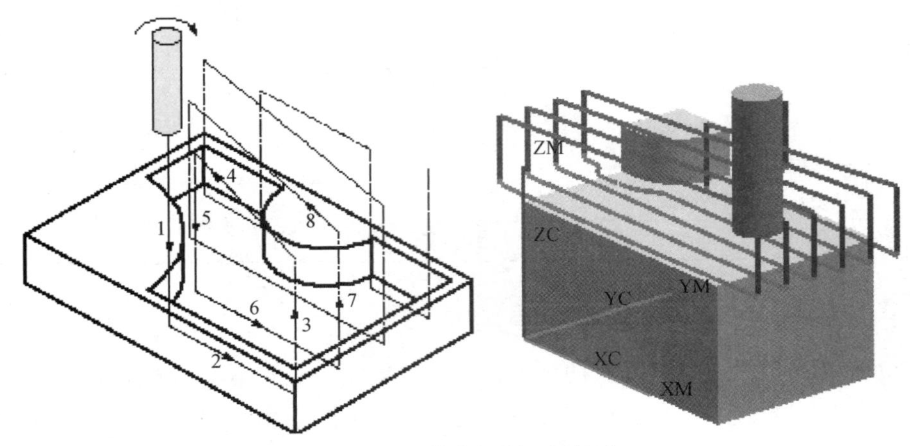

图 2-3-2　单向切削刀具轨迹

3. 沿轮廓单向切削（Zig With Contour）

沿轮廓单向切削产生平行的、单向的、沿着轮廓的刀位轨迹，始终维持顺铣或者逆铣的状态。它与单向切削类似，但是其在下刀时将下刀在前一行的起始点位置，然后沿轮廓切削到当前行的起点进行当前行的切削。切削到端点时，沿轮廓切削到前一行的端点，然后抬刀至转移平面，再返回到起始边当前行的起点下刀进行下一行的切削。沿轮廓单向切削刀具轨迹如图 2-3-3 所示。

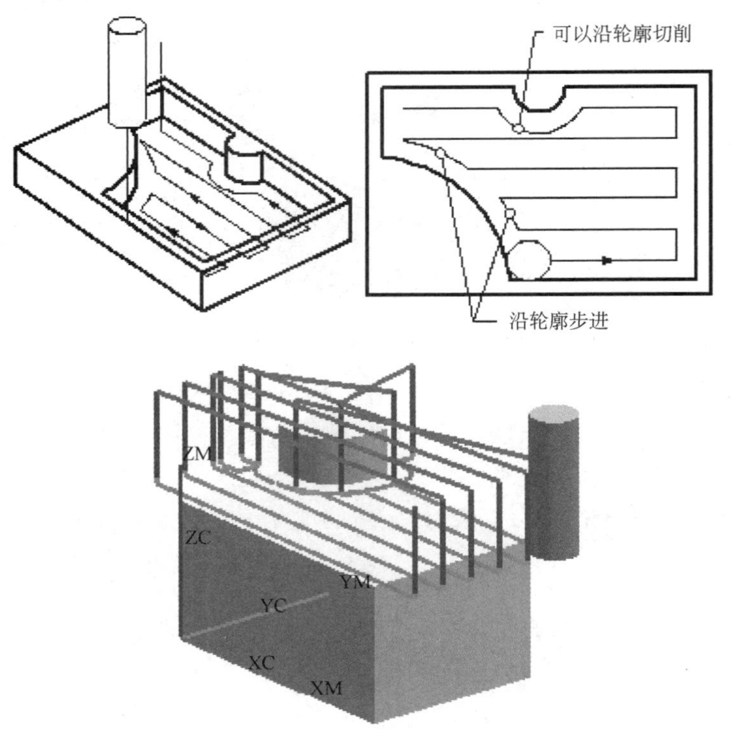

图 2-3-3　沿轮廓单向切削刀具轨迹

沿轮廓单向切削，通常用于粗加工后要求余量均匀的零件，如侧壁要求高的零件或者薄壁零件。使用此种方法，切削比较平稳，对刀具没有冲击。

4.沿轮廓切削（Follow Periphery）

沿轮廓切削也称跟随周边、沿外轮廓切削，用于创建一条沿着轮廓顺序的、同心的刀位轨迹。它是通过对外围轮廓区域的偏置得到的，当内部偏置的形状产生重叠时，它们将被合并为一条轨迹，再重新进行偏置，产生下一条轨迹。所有轨迹在加工区域中都以封闭的形式呈现。沿轮廓切削刀具轨迹如图 2-3-4 所示。

此选项与往复式切削一样，能维持刀具在步距运动期间连续地进刀，以产生最大的材料切除量。除了可以通过顺铣和逆铣选项指定切削方向，还可以指定向内或者向外的切削。

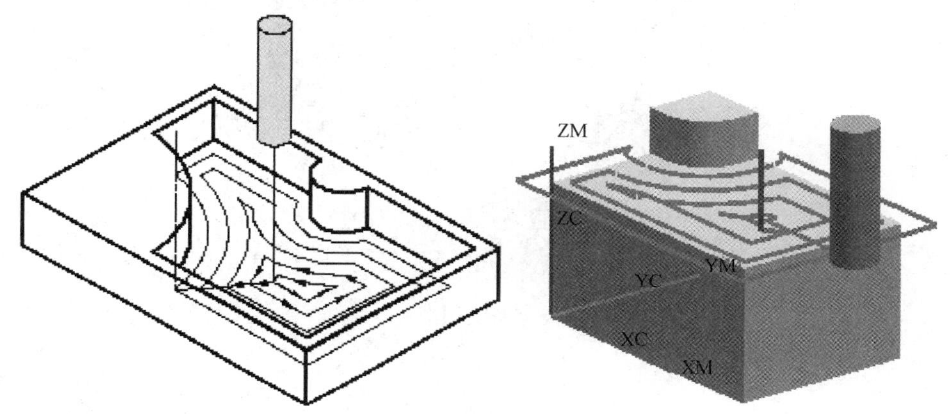

图 2-3-4　沿轮廓切削刀具轨迹

沿轮廓切削和沿零件切削通常用于有岛屿和内腔零件的粗加工，如模具的型芯和型腔。这两种切削方法生成的刀轨都由系统根据零件形状偏置产生。形状交叉的地方刀具轨迹不规则，而且切削不连续，一般可以通过调整步距、刀具或者毛坯的尺寸，得到理想的刀具轨迹。

5.沿零件切削（Follow Part）

沿零件切削也称为跟随工件，通过对所指定的零件几何体进行偏置，从而产生刀轨。沿外轮廓切削只从外围的环进行偏置，而沿零件切削是从零件几何体所定义的所有外围环（包括岛屿、内腔）进行偏置创建刀具轨迹。沿零件切削刀具轨迹如图 2-3-5 所示。

与沿轮廓切削不同，沿零件切削不需要指定向内或者向外切削（步距运动方向），系统总按照切向零件几何体来决定切削方向。换句话说，对于每组刀具轨迹的偏置，越靠近零件几何体的偏置则越靠后切削。对于型腔来说，步距方向是向外的；而对于岛屿，步距方向是向内的。

沿零件的切削方法可以保证刀具沿所有的零件几何体进行切削，而不必另外创建操作来清理岛屿，因此对有岛屿的型腔加工区域，最好使用沿零件的切削方式。当只有一条外形边界几何时，使用沿轮廓切削与沿零件切削方式生成的刀具轨迹是一样的。建议优先选用沿零件切削方式进行加工。

注意：使用沿轮廓切削方式或者沿零件切削方式切削生成的刀具轨迹，当设置的步进大于刀具有效直径的 50%时，可能在两条路径间产生未切削区域，在加工工件表面留有残余材料，铣削不完全。

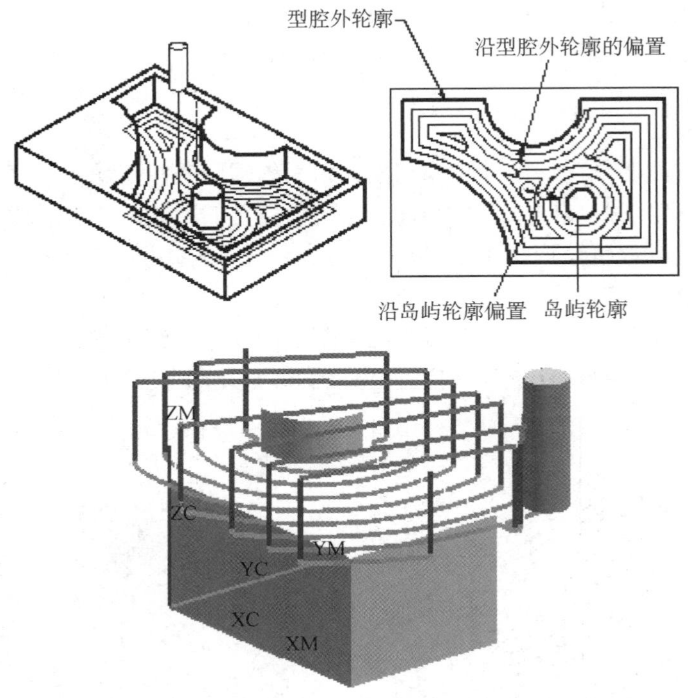

图 2-3-5 沿零件切削刀具轨迹

6.摆线切削（Trochoidal）

摆线切削加工通过产生一个小的回转圆圈，从而避免在切削时发生全刀切入而导致切削的材料量过大。摆线切削加工可用于高速加工，以较低且相对均匀的切削负荷进行粗加工。摆线切削刀具轨迹如图 2-3-6 所示。

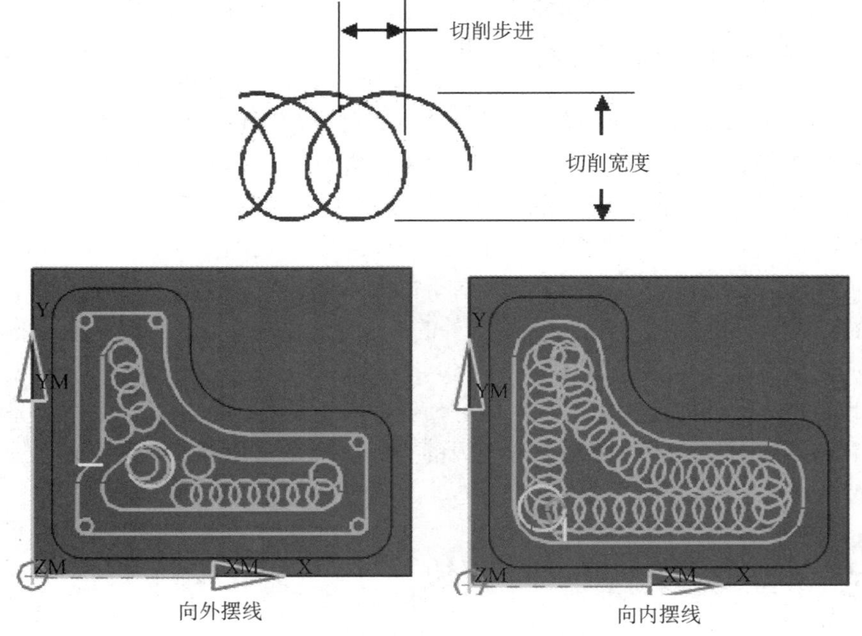

图 2-3-6 摆线切削刀具轨迹

7. 轮廓切削（Profile）

轮廓切削可以产生一条或者指定数量的刀具轨迹来完成零件侧壁或轮廓的切削。可以使用"附加刀路"选项创建切向零件几何体的附加刀具轨迹。所创建的刀具轨迹沿着零件壁，且为同心连续的切削。轮廓切削刀具轨迹如图 2-3-7 所示。

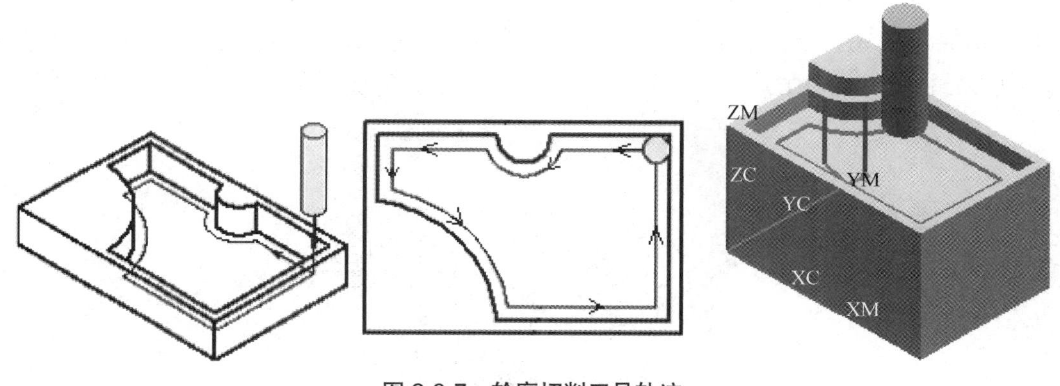

图 2-3-7　轮廓切削刀具轨迹

轮廓切削方法通常用于零件的侧壁或者外形轮廓的精加工或者半精加工。

8. 标准驱动切削（Standard Drive）

标准驱动切削是一种轮廓切削方法，它严格地沿着边界驱动刀具运动，在轮廓切削使用中排除了自动边界修剪的功能。使用这种切削方法时，允许刀具轨迹自相交。每一个外形生成的轨迹不依赖任何其他的外形，只由本身的区域决定，在两个外形之间不执行布尔操作。这种切削方法非常适合于雕花、刻字等轨迹重叠或者相交的加工操作。标准驱动切削与轮廓切削的区别如图 2-3-8 所示。

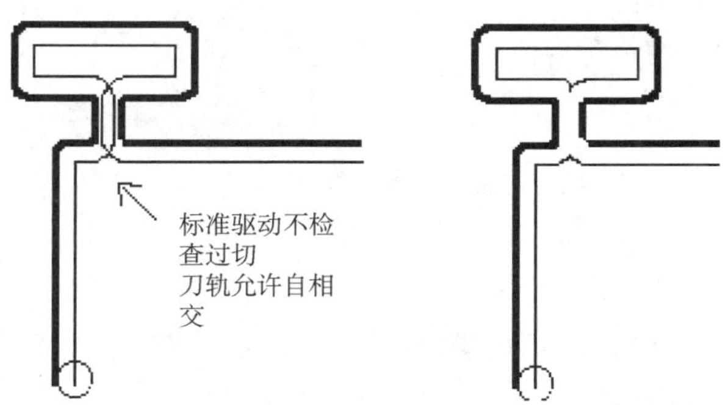

图 2-3-8　标准驱动切削与轮廓切削的区别

标准驱动切削方法与轮廓切削方法相同，但是多了"轨迹自交"选项的设置。如果把"轨迹自交"选项设置为"ON"，它可以用于一些外形要求较高的零件加工，如为了防止外形的尖角被切除，工艺上要求在两根棱相交的尖角处，刀具圆弧切出，再圆弧切入，此时刀具轨迹要相交，可选用标准驱动方法。

（1）使用标准走刀方式可能会产生过切。

（2）刀具路径走刀方式，能够决定铣削的速度快慢与刀痕方向，因此设定适当的切削方式，对于刀具路径的产生，是非常重要的条件。最常用方式是在精加工中使用轮廓切削方式，在粗加工中使用沿零件切削方式。

二、切削步距

步距也称为行间距，是两个切削路径之间的间隔距离。在平行切削的切削方式下，步距是指两行间的间距；而在环绕切削方式下，步距是指两环间的间距。切削步进示意如图 2-3-9 所示。

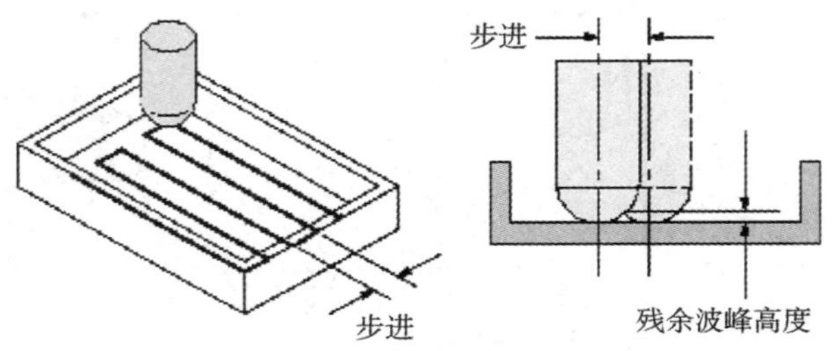

图 2-3-9　切削步进示意

步距的设置需要考虑刀具的承受能力、加工后的残余材料量、切削负荷等因素。在粗加工时，步距最大可以设置为刀具有效直径的 90%。

1.恒定的（Constant）

“恒定的”选项用于指定相邻的刀位轨迹间隔为固定的距离，如图 2-3-10 所示。

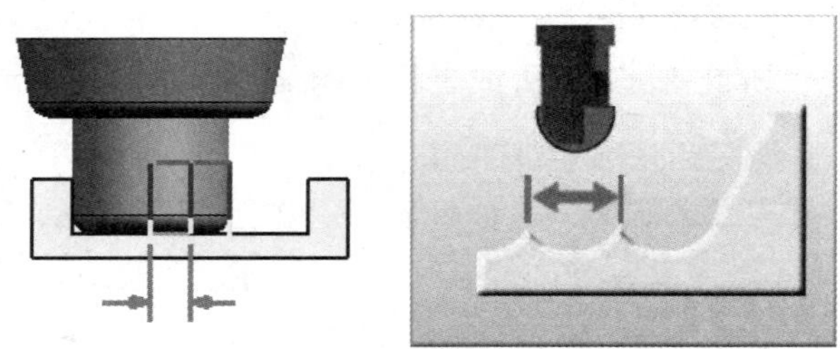

图 2-3-10　恒定步距

2.刀具直径百分比（Tool Diameter）

“刀具直径百分比”选项用于指定相邻的刀位轨迹间隔为刀具直径的百分比。

指定连续刀路之间的固定距离作为有效刀具直径的百分比。有效刀具直径是指实际上接触到腔体底部的刀具的直径。

如果使用刀具直径百分比来确定，无法平均等分切削区域，则系统自动计算出一个略小于此刀具直径百分比的距离，且能平均等分切削区域的距离。如切削区域总宽度为 20，使用 Ø5 的平底刀进行加工，设定步距计算方法为刀具直径，百分比为 60%，则实际产生的刀具路径总切削行数为 4 行，实际切削行距为 2.5（刀具直径的 50%）。

注意：步距计算时的刀具直径是按有效刀具直径计算的，即使用平底刀或者球头刀时，按实际刀具直径 D 计算，而使用圆鼻刀（牛鼻刀）时，在计算时要去掉刀尖圆角半径部分即为

（$D-2R$）。如 Ø32R6 的刀具，其有效直径为 20，如图 2-3-11 所示。

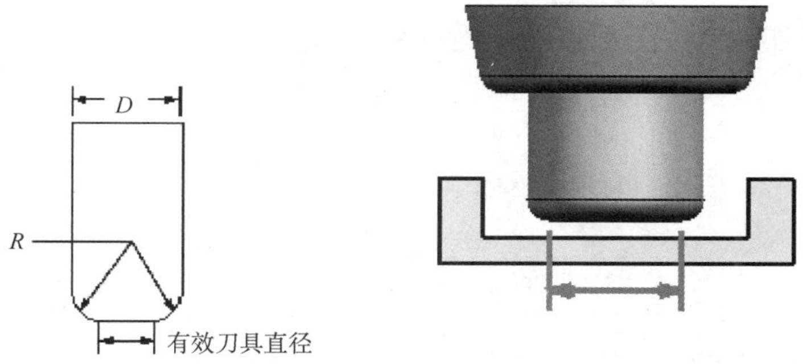

图 2-3-11　有效刀具直径示例

3.残余波峰高度（Scallop）

在指定的间隔刀位轨迹之间，根据刀具在工件上造成的残料高度来计算刀位轨迹的间隔距离。需要输入允许的最大残余波峰高度值，如图 2-3-12 所示。

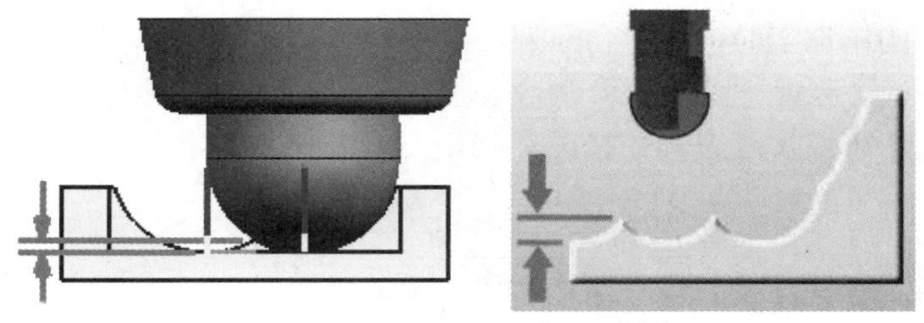

图 2-3-12　残余波峰高度

这种方法用于设置可以由系统自动计算为达到某一粗糙度而采用的步进，特别适用于使用球头刀进行加工时步进的计算。

4.变量平均值

变量平均值用于往复、单向、单向步进、单向轮廓、同心往复、同心单向、同心单向步进和同心单向轮廓。可以建立软件用于决定步距大小和刀路数的允许范围，变量平均值示例如图 2-3-13 所示。

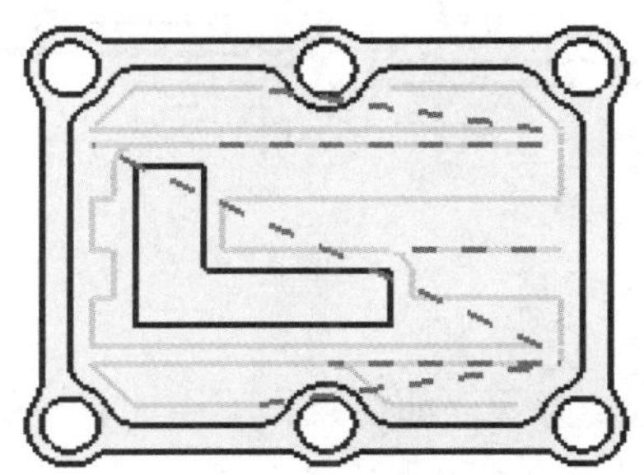

图 2-3-13　变量平均值示例

软件可以计算能够在平行于往复刀路的壁之间均匀适合的最小步距数；调整步距以确保刀具切削始终与平行于往复切削的边界相切；刀具沿壁切削而不会遗留多余材料。

5. 多个步距

多个步距用于跟随部件、跟随周边、轮廓铣和标准驱动切削模式。

“多个步距”选项可以指定多个步距和相应的刀路数。刀路列表中的第一行对应于最靠近边界的刀路。随后的行朝着腔体中心行进，如图 2-3-14 所示。所有刀路的总数不等于要加工的区域时，软件会从切削区域中心加上或减去刀路。

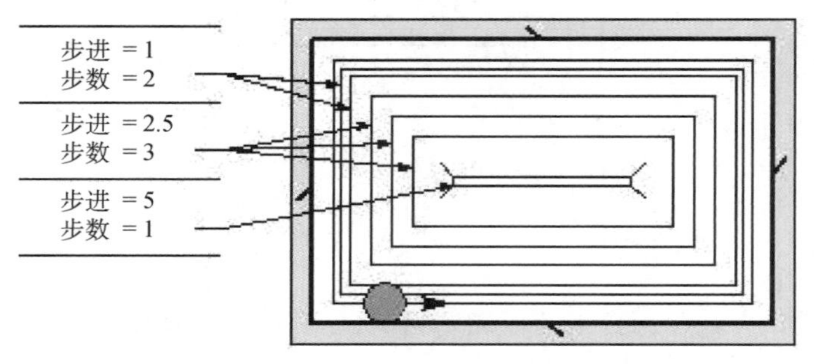

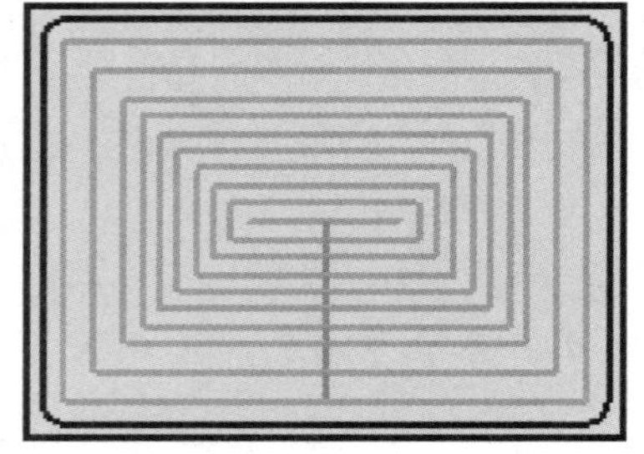

图 2-3-14　多个步距

在做外形轮廓的精加工时，通常会因为切削阻力的关系，而有切削不完全或精度未达到要求公差范围内的情况。因此，一般外形精加工时经常使用很小的加工余量，或者做两次重复的切削加工。此时使用可变步距方式，搭配环状走刀，做重复切削的精加工。

6. 附加刀路

附加刀路只在轮廓铣削或者标准驱动方式下才能激活。如图 2-3-15 所示，在轮廓加工时，刀位轨迹紧贴加工边界，使用“附加刀路”选项可以创建切向零件几何体的附加刀具轨迹。所创建的刀具轨迹沿着零件壁，且为同心连续的切削，向零件等距离偏移，偏移距离为步进值。

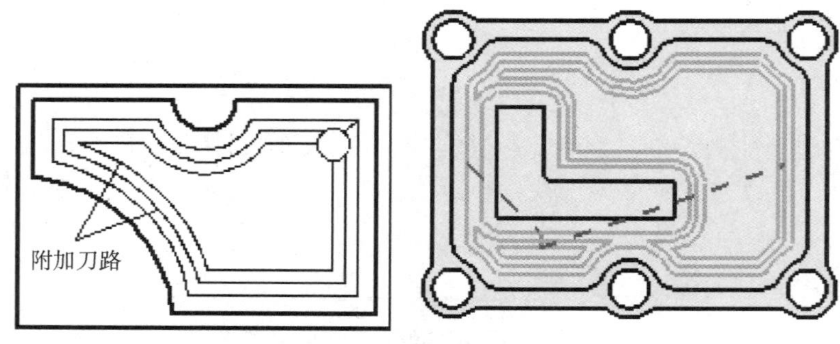

图 2-3-15　附加刀路

三、切削层

型腔铣加工操作是 2.5 轴运动方式，即在每一层中刀具是做平面切削运动的。

“切削层”对话框主要用于为多层切削指定平行的切削平面与切削范围，如图 2-3-16 所示。

对于切削层要求掌握以下概念：

（1）系统基于部件与毛坯几何体自动添加一个大范围（最高到最低），其间由水平面分割为若干小范围，且水平面为必加工平面。

（2）切削层由切削范围深度和每一刀局部深度定义。

（3）每个范围包含两个垂直于刀轴的平面，来定义切削的材料的量。

（4）一个操作可以定义多个范围，每个范围由切削深度均匀等分。

为了使型腔铣切削后的余量均匀，可以定义多个切削范围，每个切削范围的每层切削深度可以不同。如图 2-3-17 所示为“切削层”定义多范围切削的实例。斜面高度定义为范围 1，每层切削量大；而圆角部分定义为范围 2，每层切削量小，这样可以保证加工完成所剩余的层余量均匀，便于以后的半精加工操作。

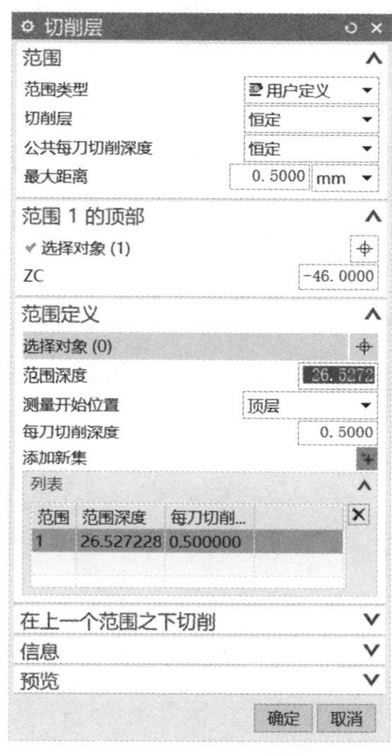

图 2-3-16 “切削层”对话框

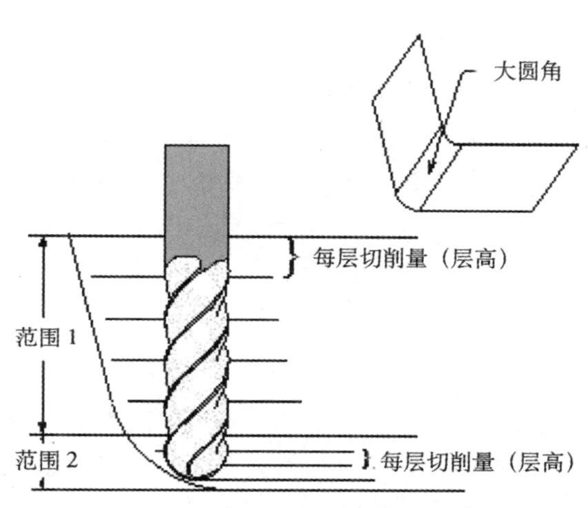

图 2-3-17 “切削层”定义多范围切削实例

四、进给率和速度

使用“进给率和速度”命令可定义进给率和刀轨的主轴速度，也可以为切削运动和非切削移动设置单位。

表 2-3-2 显示了进给率单位和运动类型之间的关系。

表 2-3-2 进给率单位和运动类型之间的关系

运动类型	应用的进给率单位
快速	非切削单位
移刀	非切削单位
逼近	切削单位
进刀	切削单位
退刀	非切削单位
离开	切削单位

可在工序或方法组中指定进给率，如果在方法组中指定进给率，则工序将继承此信息，也可使用进给率和速度库自动设置进给率和速度。

1.切削

用于设置刀具与部件几何体接触时的刀具运动进给率。

2.逼近

用于设置刀具运动从起点到进刀位置的进给率。在使用多层的“平面铣”和“型腔铣”工序中，逼近进给率用于从一层到下一层的进给。

3.进刀

用于设置从进刀位置到初始切削位置的刀具运动进给率。当刀具抬起后返回工件时，此进给率也适用于返回移动。

4.第一刀切削

用于设置刀具直径嵌入要切削材料的切削运动的进给率。第一刀切削可以发生在一些较小切削阶段中无法逼近的一定量材料中，如腔体中的第一刀切削。也可以发生在刀具移动穿过狭窄通道或槽时，或者进入锐角凹角时。刀具未嵌入的刀路应使用切削进给率。

5.步距

用于设置刀具从一个刀路移动到下一个刀路时的进给率。

6.移刀

当“进刀/退刀”菜单上的“转移方法”选项设置为前一层时，它用于设置快速水平非切削刀具运动的进给率。只有当刀具处于在未切削曲面之上的“竖直安全距离”，并且距任何腔体岛或壁的“水平安全距离”时，才会使用此进给率。该位置和进给率结合，在刀具切换过程中（不需抬刀即可将刀具移动到安全平面）保护部件。

7.退刀

用于设置从最终刀轨切削位置到退刀位置的刀具运动的进给率。

8.离开

用于设置退刀、移刀或返回运动的刀具运动进给率。退刀点上第一次返回移动也可以是离开移动。

五、机床控制

机床控制可以定义后处理生成的 NC 程序中的 G 代码类型、辅助功能及刀具补偿等相关选项。

1.运动输出

（1）仅线性的。后处理生成的 NC 程序中，只有 G1 语句而没有 G2/G3 走圆弧语句，程序较长，且圆弧是由多条直线段逼近来完成的。

（2）圆弧输出-垂直于刀轴。在垂直于刀轴的平面内，刀具轨迹可以包含圆弧走刀，后处理生成的 NC 程序中既有 G1 语句，又有 G2/G3 走圆弧语句。

（3）圆弧输出-垂直/平行刀轴。在垂直或平行于刀轴的平面内都可以产生圆弧走刀。

（4）Nurbs。刀具轨迹沿 B 样条曲线移动。后处理生成的 NC 程序只有在支持 Nurbs 插补的机床上才可以使用。

（5）圆形。生成所有可能的圆形刀具运动。

（6）Sinumerik 样条。输出 UG Sinumerik 控制器的样条。Sinumerik 样条输出针对精加工操作中的单向切削优化，最适宜区域铣削驱动方法。样条格式尽可能使用 G2 连续性。这有助于确保刀轨的流畅运行。刀轨应更快地运行，并产生更为光滑的表面粗糙度。样条也可用于其他控制器。

2. 开始/结束事件

NC 程序中开始与结束的一些辅助指令可以在加工操作中定义。单击“编辑”按钮，可以在打开的如图 2-3-18 所示的对话框中添加需要进行控制的机床操作。

“开始刀轨事件”和“结束刀轨事件”用于生成机床代码，通常用于辅助功能。后处理器用于解释要输出的机床代码。后处理器决定事件最终以何种方式输出到机床文件或 CLSF 文件。常见的辅助指令见表 2-3-3。

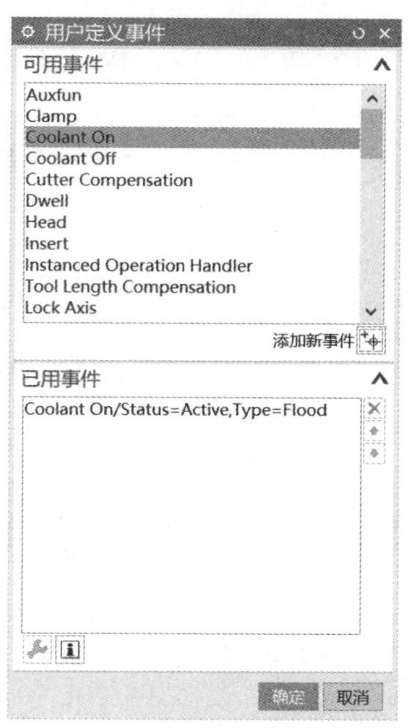

图 2-3-18　“用户定义事件”对话框

表 2-3-3　常见的辅助指令

选项	说明	选项	说明
Tool Change	换刀	Set Modes	设置模式
Coolant On	冷却液开	Coolant Off	冷却液关
Spindle On	主轴旋转	Spindle Off	主轴停止
Cutter Compensation	刀具直径补偿	Stop	停止
Tool Length Compensation	刀具长度补偿	Optional Stop	选择性停止
Sequence Number	顺序号	Dwell	暂停
Select Head	选择刀柄	Prefun	准备功能
Origin	原点	PPRINT	打印
Clamp	锁紧	User Defined	用户自定义
Rotate	旋转	Operator Message	操作者信息
Optional Skip On	程序跳段开始	Optional Off	程序跳段结束
Auxfun	辅助功能	Goto	刀具移动
From Maker	起始点标记	Return Maker	返回点标记
Start Maker	起刀点标记	Gohome Maker	退回点标记
Approach Maker	逼近点标记		

3.后处理

使用 UG NX POST 后处理时，既可以选择单个加工操作，也可以选择连续的几个加工操作，或者选择一个程序父节点组中的所有操作。本案例是利用 UG 提供的通用三轴铣加工后处理程序来生成 NC 代码完成机床操作的。

注意：UG NX 提供的通用后处理程序可以方便快捷地得到所需加工代码，但有时会出现不必要的错误。比如当进给率中所设置的进给量（F 值）大于 800 时，得到的 NC 代码会以 G0 来完成加工，这是非常危险的。

可以对 UG NX 后处理文件做适当的调整来完善通用后处理程序。打开 UG NX 安装目录“C:\Program Files\Siemens\NX 8.0\MACH\resource\postprocessor”，用记事本打开 mill3ax.tcl 文件，将下列所示项中的数值“800”改为适合的数值即可。

set mom_kin_rapid_feed_rate "800" （定义快速进给）

set mom_kin_max_fpm "800" （定义最大进给）

理论知识 2.4 切削参数选项

一、切削方向

1.顺铣

用于指定主轴顺时针旋转时，材料在刀具右侧，如图 2-4-1 所示。

2.逆铣

用于指定主轴顺时针旋转时，材料在刀具左侧，如图 2-4-2 所示。

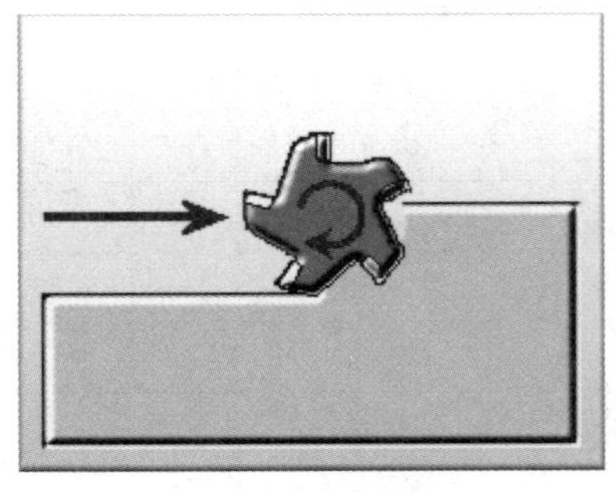

图 2-4-1 顺铣

图 2-4-2 逆铣

3. 混合切削

可用于等高轮廓铣加工工序，如图 2-4-3 所示。

各层之间可交替切削方向。除顺铣和逆铣，还可通过向前和向后切削在各切削层中交替改变切削方向。可以用往复模式切削开放区域的一个壁，以避免在各层之间进行移刀运动，如图 2-4-4 所示。

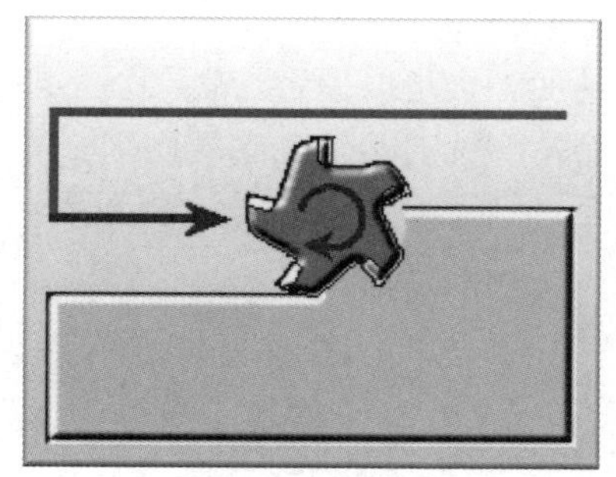
图 2-4-3　混合切削

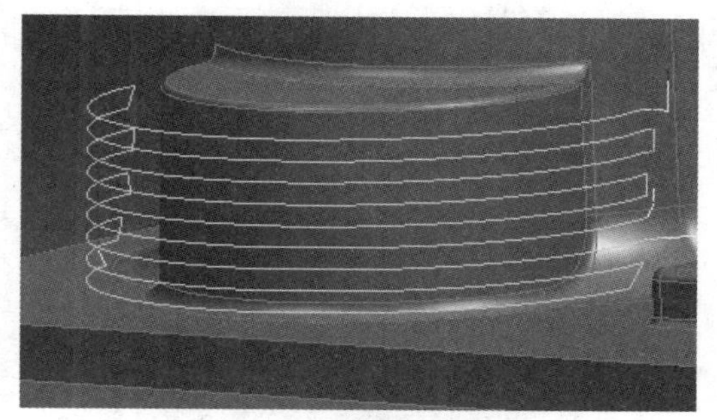
图 2-4-4　开放区域壁加工

二、切削顺序

切削顺序主要应用于平面铣、型腔铣。

1. 层优先

切削最后深度之前在多个区域之间精加工各层，如图 2-4-5 所示。该选项可用于加工薄壁腔体。

2. 深度优先

定义刀具加工移动到下一区域之前切削单个区域的整个深度，如图 2-4-6 所示。

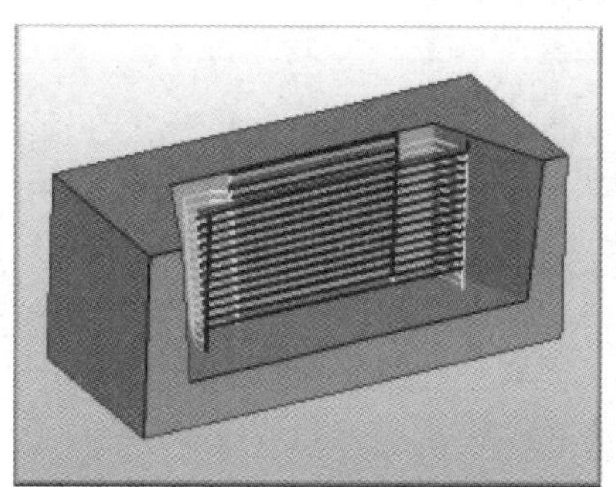
图 2-4-5　层优先

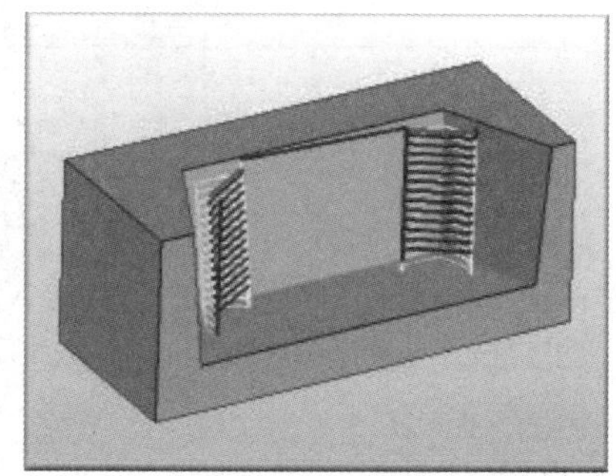
图 2-4-6　深度优先

三、岛清理

岛清理对跟随周边和轮廓铣切削模式可用。在各岛周围添加完整清理刀路移除多余材料，如图 2-4-7 所示。

四、壁清理

可用于"平面铣"和"型腔铣"工序中的单向、往复和跟随周边切削模式。

在各切削层插入最终轮廓铣刀路以移除保留在部件壁的凸出部分，如图 2-4-8 所示。

壁清理刀路不同于轮廓铣刀路。

（1）壁清理刀路用于粗加工，而轮廓铣刀路用于精加工移动。

（2）壁清理刀路使用部件余量，而轮廓铣刀路使用精加工余量以偏置刀轨。

（3）壁清理刀路在各切削层插入最终轮廓铣刀路，而轮廓铣刀路仅在底层切削。

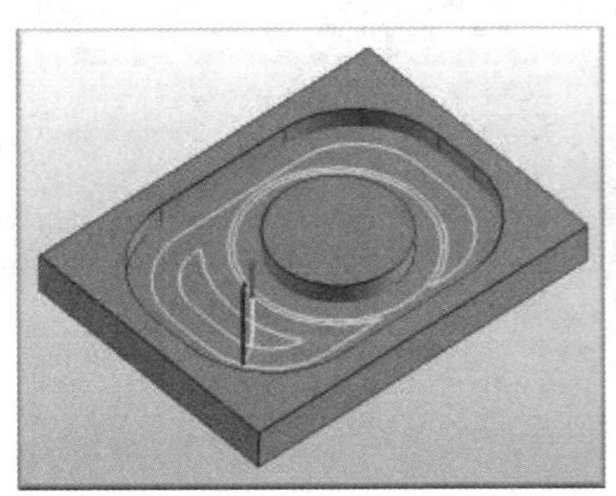

图 2-4-7　岛清理

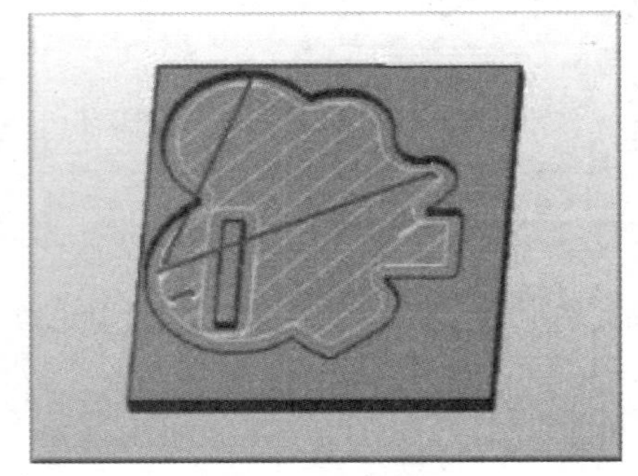

图 2-4-8　壁清理

五、精加工刀路

“☑添加精加工刀路”选项就是控制刀具在完成主要切削刀路后一条或多条刀路，如图 2-4-9 所示。

图 2-4-9　精加工刀路

六、延伸刀轨

可用于清根、区域铣削、型腔铣和等高轮廓铣工序，使刀具超出切削区域外部边缘以加工部件周围的多余材料，如图 2-4-10 所示。

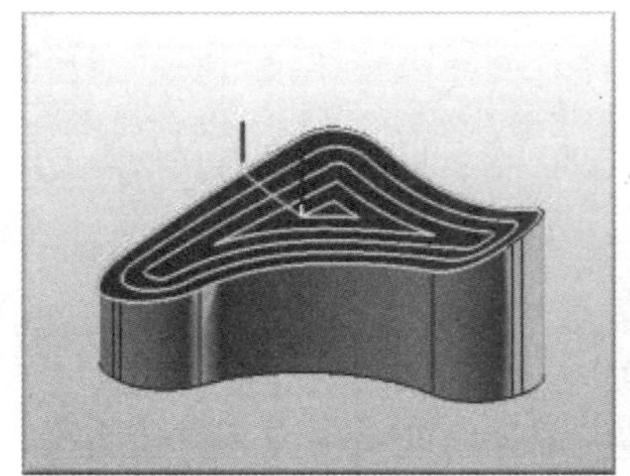

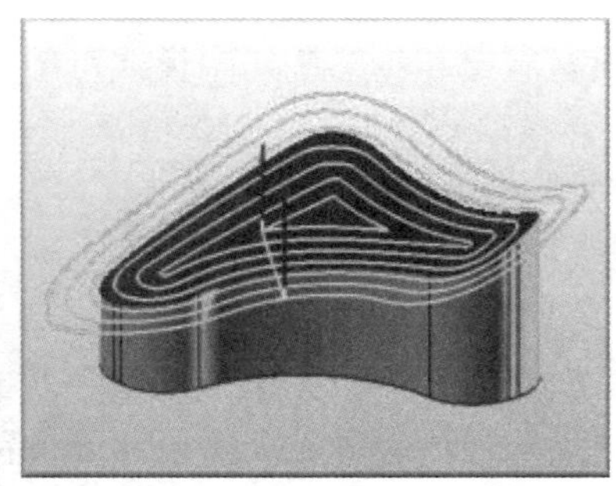

图 2-4-10　延伸刀轨选项的使用

还可以使用此选项在刀轨刀路的起点和终点添加切削移动，以确保刀具平滑地进入和退出部件。

七、在边缘滚动刀具

可用于轮廓铣和等高轮廓铣工序。控制刀轨超出部件表面边缘时，是否允许刀具在边缘滚动，如图 2-4-11 所示。如果使用整个“部件几何体”而没有定义“切削区域”，则不能移除边缘追踪。

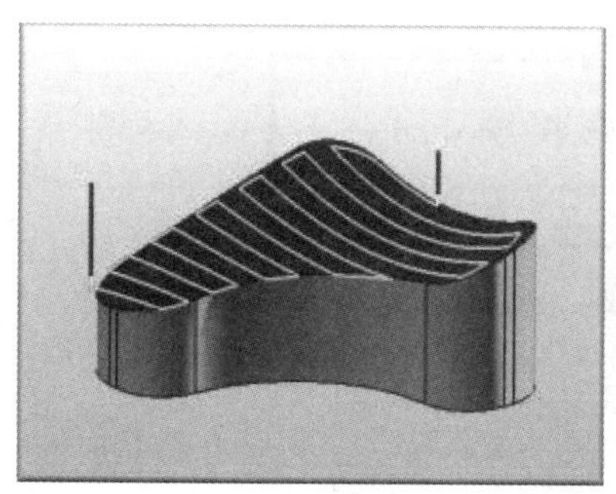
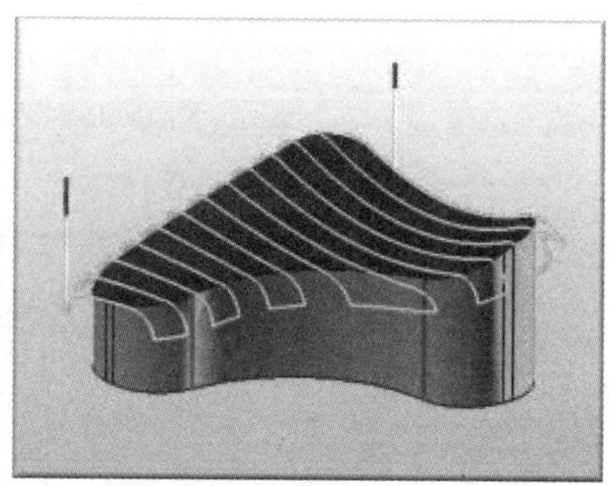

图 2-4-11　在边缘滚动刀具选项的使用

八、在凸角上延伸

可用于固定轴曲面轮廓铣工序。在切削运动通过内凸角边时不提供对刀轨的额外控制，以防止刀具驻留在这些边上，如图 2-4-12 所示。

将刀轨从部件上抬起少许时而无须执行“退刀/转移/进刀”序列。此抬起动作将输出为切削运动。不支持将“步距已应用”选项设置为在部件上的工序。

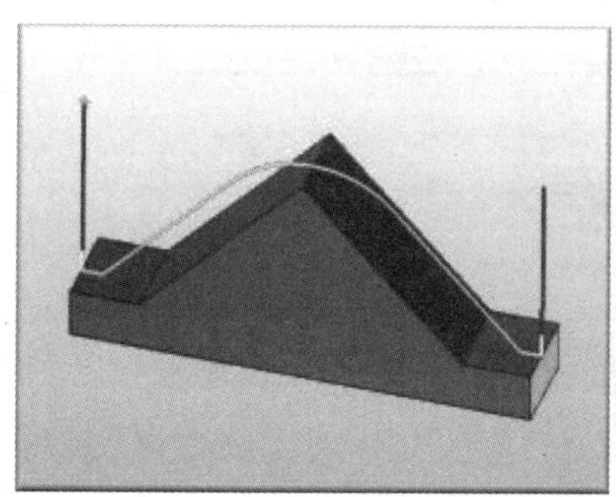
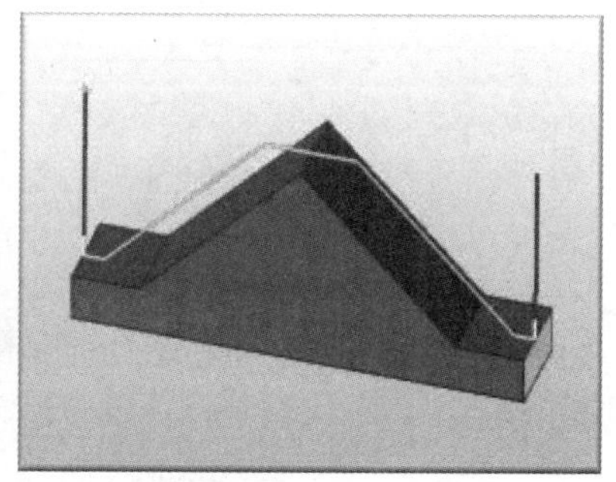

图 2-4-12　在凸角上延伸选项的使用

九、加工余量

“余量”选项设置了当前操作后材料的保留量，或者是各种边界的偏移量。

1. 部件余量

部件余量指在当前平面铣削结束时，留在零件周壁上的余量。在做粗加工或半精加工时必须留一定部件余量，以便精加工时使用。部件余量如图 2-4-13 所示。

2.部件底面余量

部件底面余量是指完成当前加工操作后保留在腔底和岛屿顶的余量，如图 2-4-13 所示。

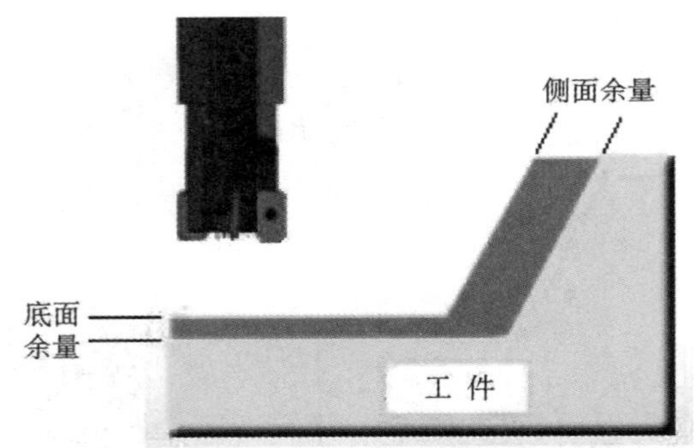

图 2-4-13 部件余量示意

注意：部件侧面余量是沿刀轴的法向测量的，即水平方向计算的数值，如图 2-4-14 所示。

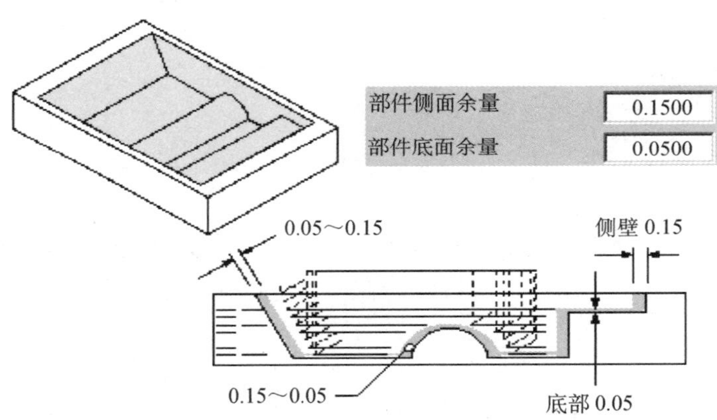

图 2-4-14 部件侧面余量示意

3.毛坯余量

毛坯余量是指切削时刀具离开毛坯几何体的距离。它将应用于那些有着相切情形的毛坯边界，如图 2-4-15 所示。

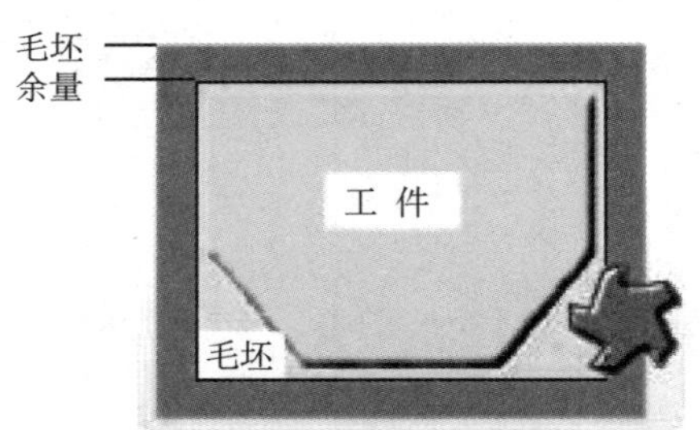

图 2-4-15 毛坯余量示意

4.毛坯距离

毛坯距离是指为了形成毛坯几何体，在零件的边界上或零件几何形体上设置的偏置距离，也可以称为铸造毛坯。

毛坯余量应用于毛坯几何体；毛坯距离应用于零件几何体。

5.检查余量

检查余量指刀具与已定义的检查边界之间的余量，如图 2-4-16 所示。

6.修剪余量

修剪余量指刀具与已定义的修剪边界之间的余量，如图 2-4-17 所示。

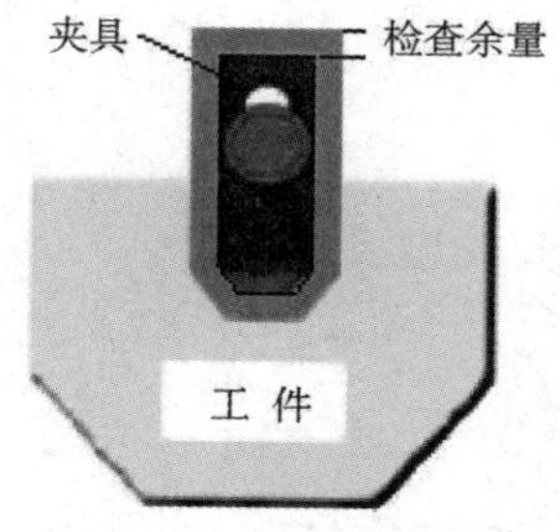

图 2-4-16　检查余量示意

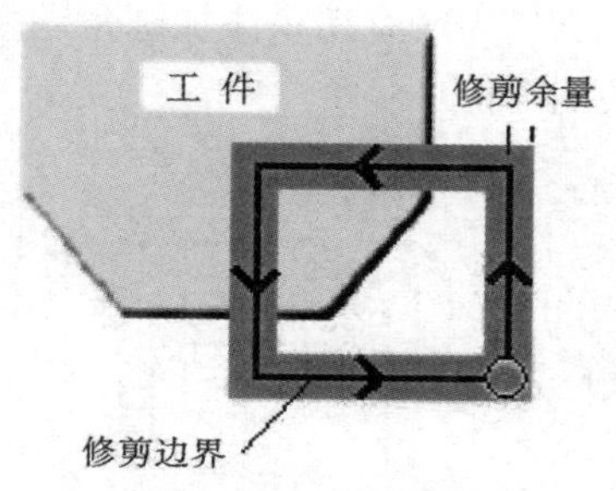

图 2-4-17　修剪余量示意

十、公差（Tolerance）

公差定义了刀具偏离实际零件的允许范围，公差值越小，切削越准确，产生的轮廓越光顺。

切削“内公差”，设置刀具切入零件时的最大偏距，称为切入公差（或内公差）。

切削“外公差”，设置刀具切削零件时离开零件的最大偏距，称为切出公差（或外公差）。公差示意如图 2-4-18 所示。

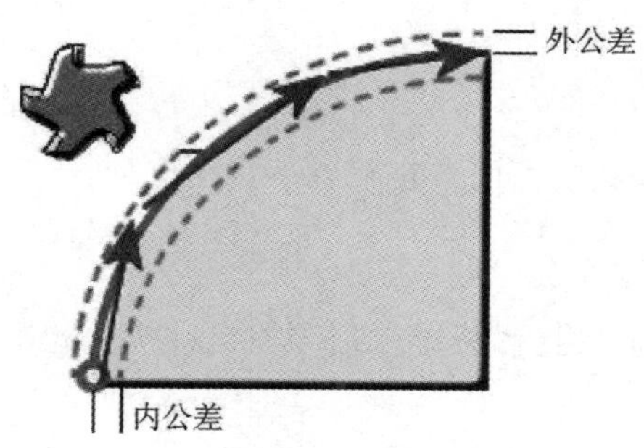

图 2-4-18　公差示意

实际加工时应根据工艺要求给定加工精度。例如，在进行粗加工时，加工误差可以设置得稍大，以便系统加快运算速度，程序长度也可以较短，从而缩短加工时间，一般可以设定到加工余量的 10%～30%；而进行精加工时，为了达到加工精度，则应减少加工误差，一般来说加工精度的误差应控制在小于标注尺寸公差的 1/5 到 1/10。

注意：在设置公差时，可以设置外公差与内公差其中一个的值为 0，但不能把外公差与内公差的值同时设置为 0。

程序计算时可以设定较大的公差值进行程序的初算，以较短的时间生成刀具路径，再检查所生成刀具路径的切削范围、切削方式是否合理。确认后，再改小公差值，重新计算生成正式的程序。

十一、“拐角”选项

为所有拐角添加圆角可防止方向突然变化，对机床和刀具造成过大的应力，如图 2-4-19 所示。加工硬质材料或高速加工时，此操作尤其有用，可以防止方向突然发生变化，对机床和刀具造成过大的应力。为所有拐角添加圆角还有助于为 Nurbs 输出生成刀轨，原因是光顺过渡比尖角更容易形成 Nurbs。

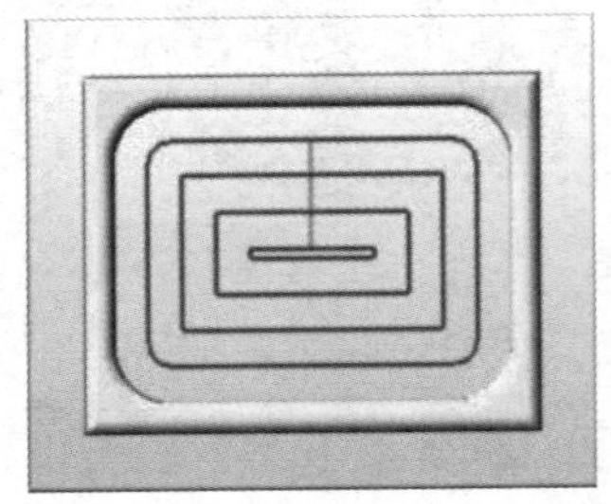

无拐角选项

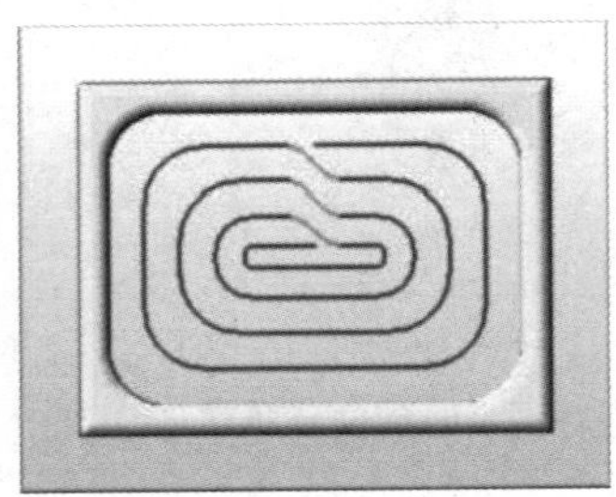

所有刀路拐角添加圆角

图 2-4-19　拐角选项示例

使用“拐角”选项可以平滑过渡以下相关切削移动：

（1）跟随部件、跟随周边和摆线切削模式中的拐角倒圆。

（2）跟随部件、跟随周边和摆线切削模式中的步进运动。

（3）单向和往复切削模式中步进移动的光顺。

十二、区域排序

区域排序对于平面铣和型腔铣可用。它有以下几个选项。

1.标准

在确定切削区域的加工顺序时，“标准”选项将自动执行此操作，如图 2-4-20 所示。

2.优化

根据最有效的加工时间设置加工切削区域的顺序，如图 2-4-21 所示。确定的加工顺序可使刀具尽可能少地在区域之间来回移动，并且当从一个区域移到另一个区域时刀具的总移动距离最短。

3.跟随起点

根据指定区域起点的顺序设置加工切削区域的顺序，如图 2-4-22 所示。这些点必须处于活动状态，以便区域排序能够使用这些点。生成刀轨之前必须指定切削区域起点。

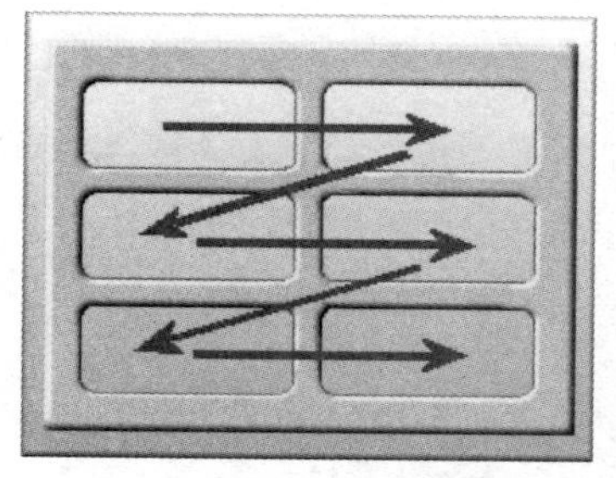
图 2-4-20　标准排序

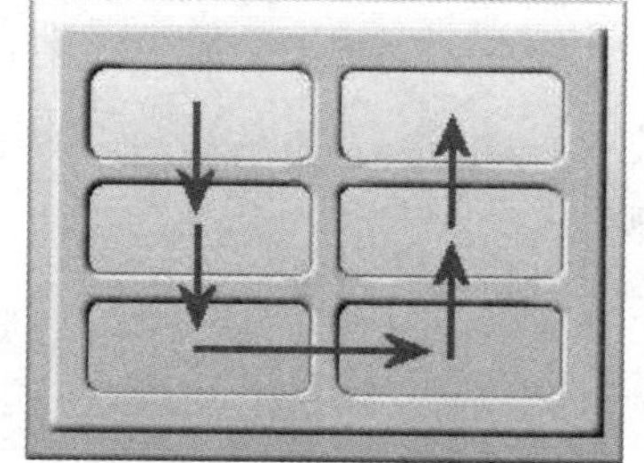
图 2-4-21　优化排序

4.跟随预钻点

跟随预钻点的顺序用于设置加工切削区域的顺序，如图 2-4-23 所示。跟随预钻点应用相同规则作为跟随起点。生成刀轨之前必须指定预钻进刀点。

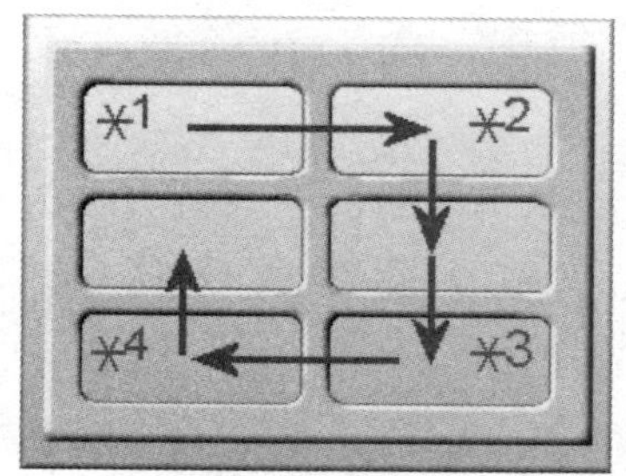

图 2-4-22　跟随起点排序

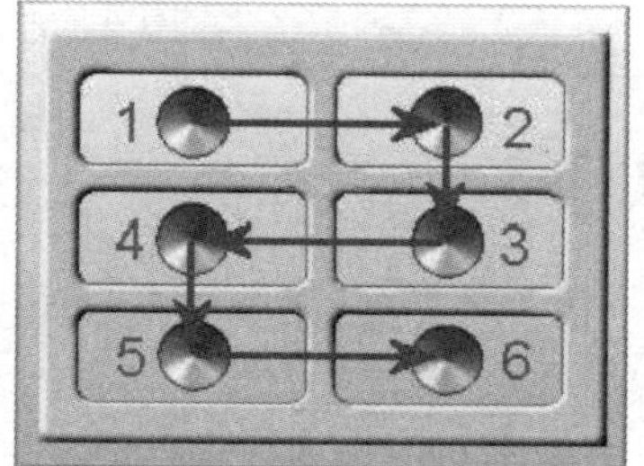

图 2-4-23　跟随预钻点排序

十三、跨空区域

可用于平面铣、型腔铣中的单向、往复和单向轮廓切削模式及面铣中的所有切削模式。为使软件识别空区域，该区域必须是完全封闭的腔体或孔。

1.跟随

指定存在空区域时必须抬刀，如图 2-4-24 所示。

2.切削

指定以相同方向跨空切削时刀具保持切削进给率，如图 2-4-25 所示。

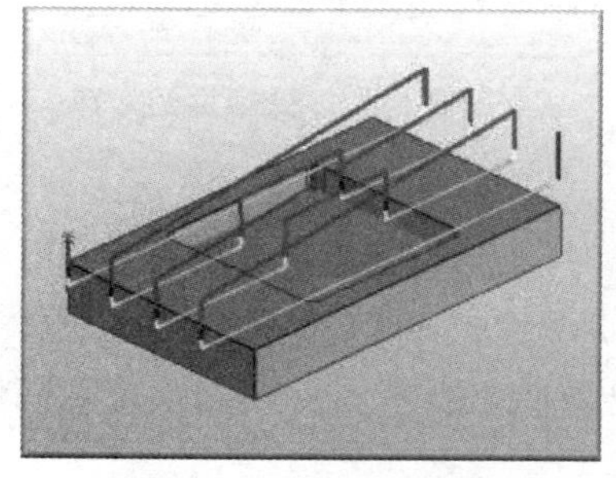
图 2-4-24　跟随跨空区域

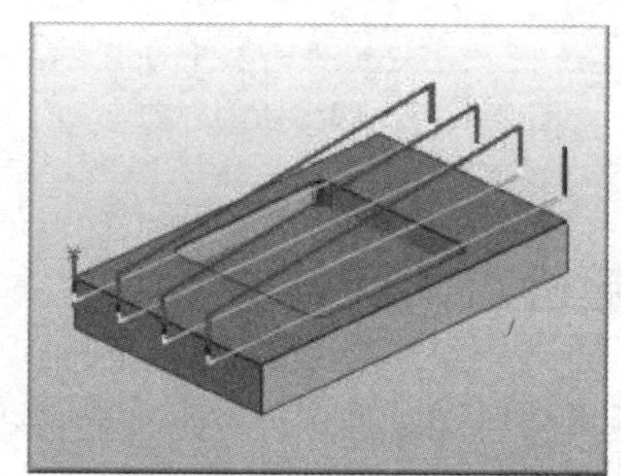
图 2-4-25　切削跨空区域

3.移刀

指定刀具完全跨空时，刀具从切削进给率更改为移刀进给率，如图 2-4-26 所示。刀具按相同方向继续切削。

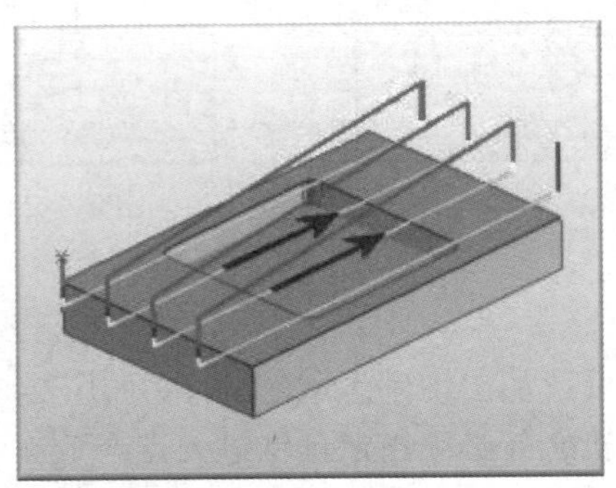

图 2-4-26　跨空区域移刀

十四、开放刀路

开放刀路可用于平面铣和型腔铣中的跟随部件切削模式。部件的偏置刀路与区域的毛坯部分相交时，形成开放刀路。

1.保持切削方向

用于指定移动开放刀路时保持切削方向，如图 2-4-27 所示。

2.变换切削方向

用于移动开放刀路时变换切削方向，如图 2-4-28 所示。

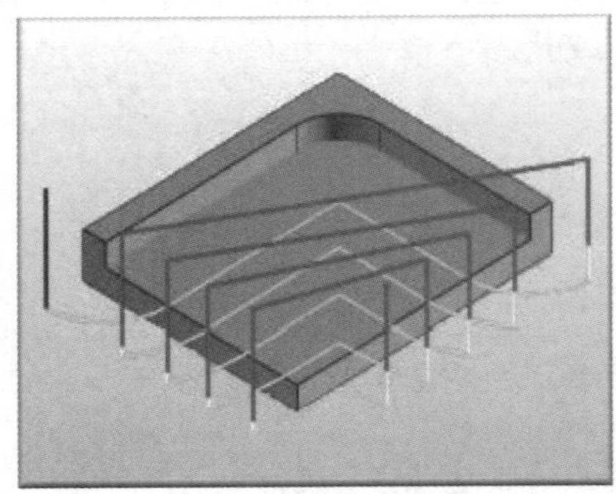

图 2-4-27　保持切削方向

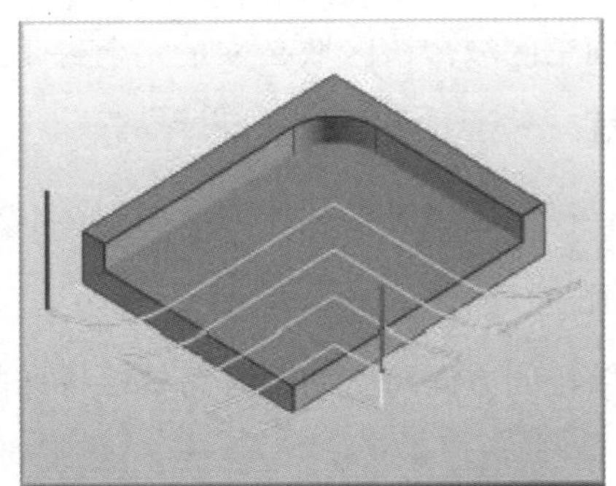

图 2-4-28　变换切削方向

十五、跟随检查几何体

识别到检查几何体时退刀，并使用指定的避让参数，或者在标识的检查几何体周围切削，如图 2-4-29 所示。

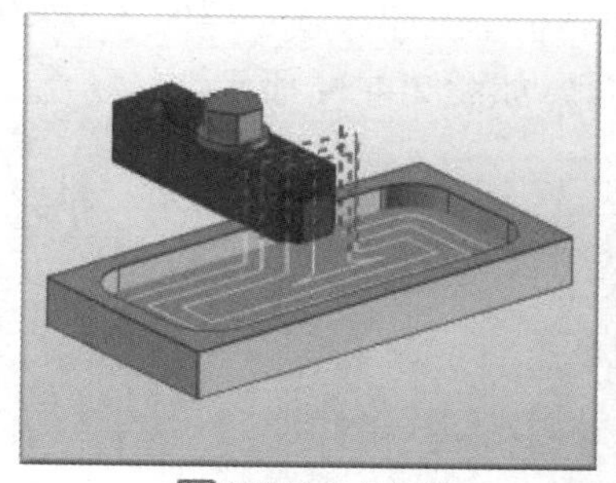

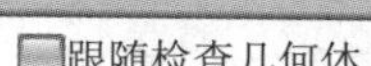

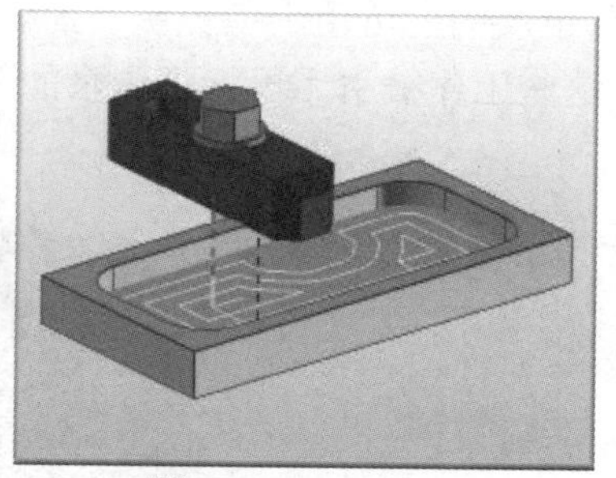

图 2-4-29　跟随检查几何体示例

十六、空间范围选项

1.修剪方式

使用修剪方式可定义并生成可加工的切削区域，可用于型腔铣和深度铣。

（1）无。切削部件的现有形状，如图 2-4-30 所示。

（2）轮廓线。根据所选部件几何体的外边缘（轮廓线）创建毛坯几何体，如图 2-4-31 所示。

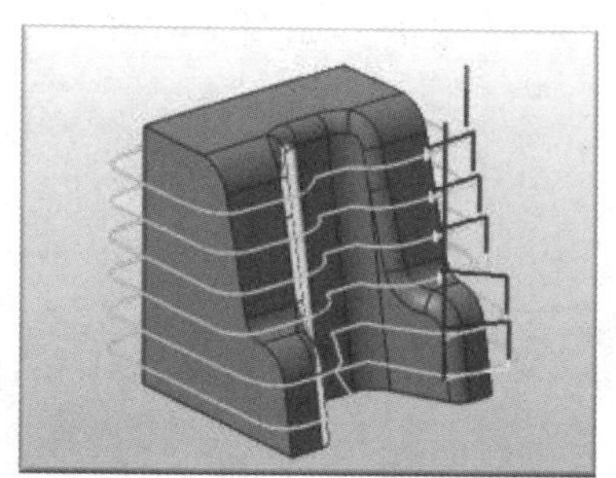

图 2-4-30　无修剪方式

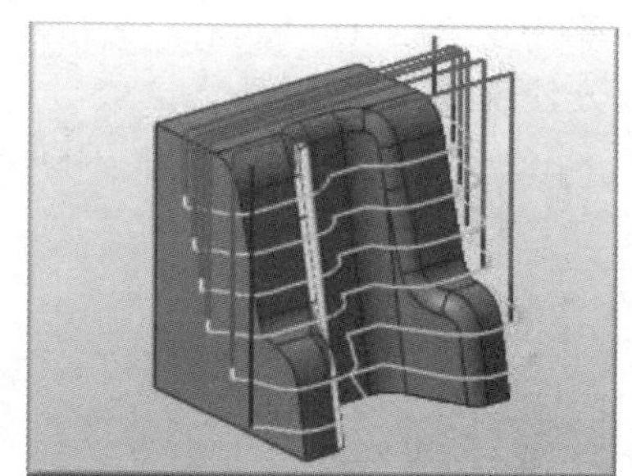

图 2-4-31　轮廓线修剪方式

2.处理中的工件

用于可视化先前工序遗留的材料（剩余材料）、定义毛坯材料并检查刀具碰撞，不可用于插铣、轮廓铣切削模式或深度铣工序。

（1）无。使用现有的毛坯几何体（如果有），或切削整个型腔，如图 2-4-32 所示。

（2）使用 3D。使用相同几何体组而非初始毛坯中先前工序的 3D IPW 几何体，如图 2-4-33 所示。

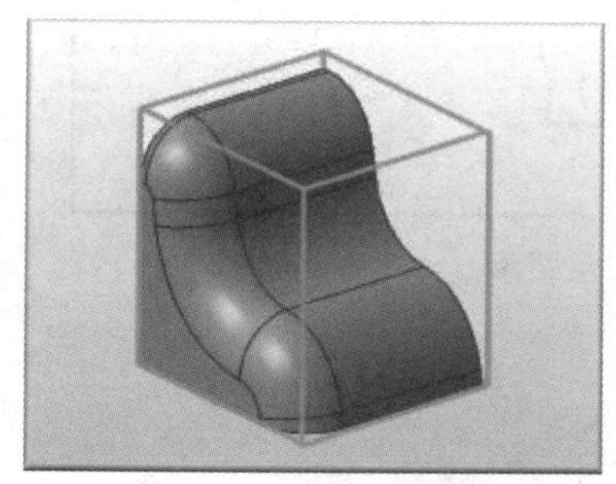

图 2-4-32　无处理中的工件

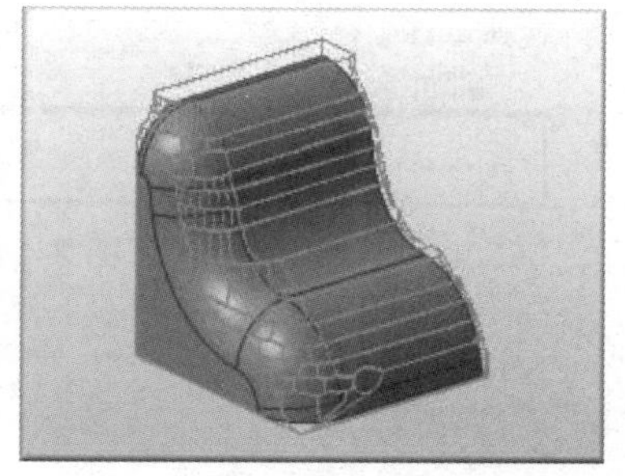

图 2-4-33　使用 3D 处理中的工件

（3）使用基于层的。可用于型腔铣、插铣和剩余铣工序。基于层的 IPW 使用先前工序的 2D 切削区域，这些工序被引用以标识剩余的余量，如图 2-4-34 所示。

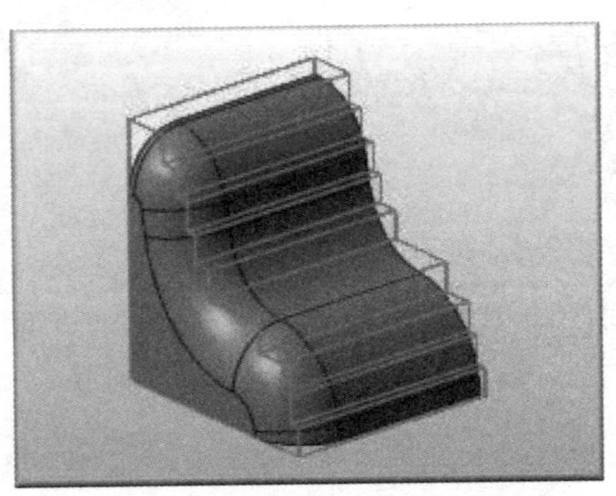

图 2-4-34　使用基于层的处理中的工件

十七、安全距离

安全距离可用于支持刀具夹持器检查的轮廓铣和平面铣工序。允许指定围绕刀具的全部三个非切削段的单一安全距离，以确保与几何体保持安全的距离，如图 2-4-35 所示。安全距离内的逼近移动部分使用进刀进给率。

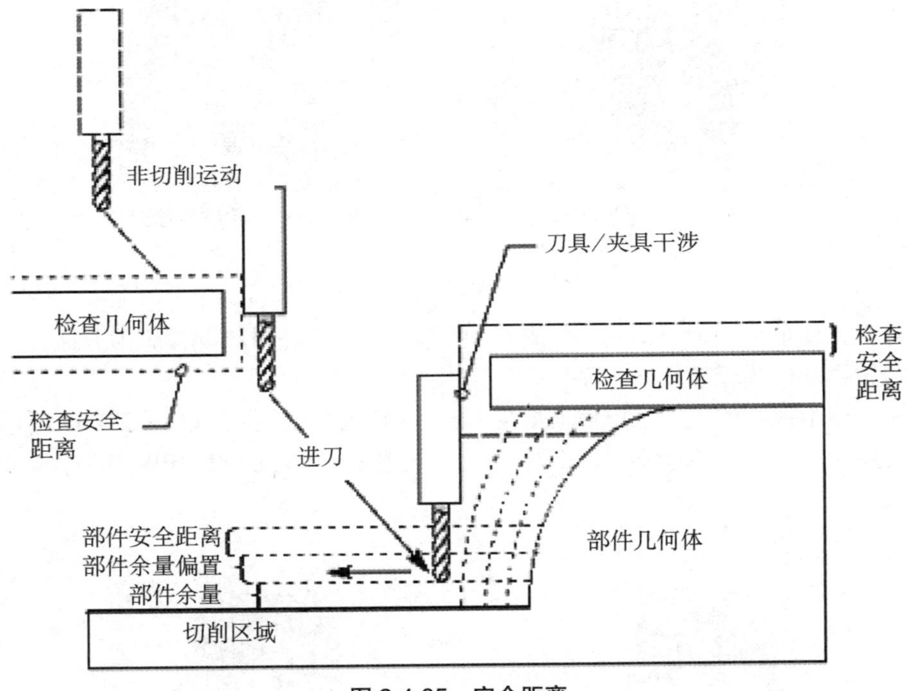

图 2-4-35　安全距离

十八、底切

型腔铣中，刀具所到层的刀柄高于底切的距离等于刀具半径时，刀具开始远离底切，如图 2-4-36 所示。

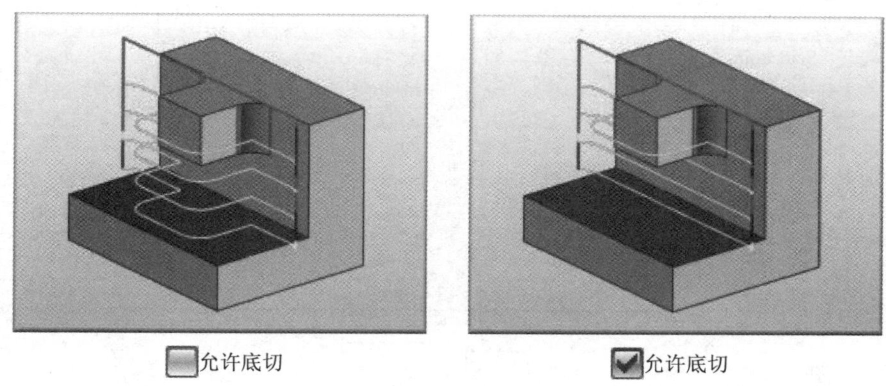

图 2-4-36　底切示例

十九、多刀路

通过逐渐地趋向部件几何体进行加工，一次加工一个切削层，来移除一定量的材料，如图 2-4-37 所示。

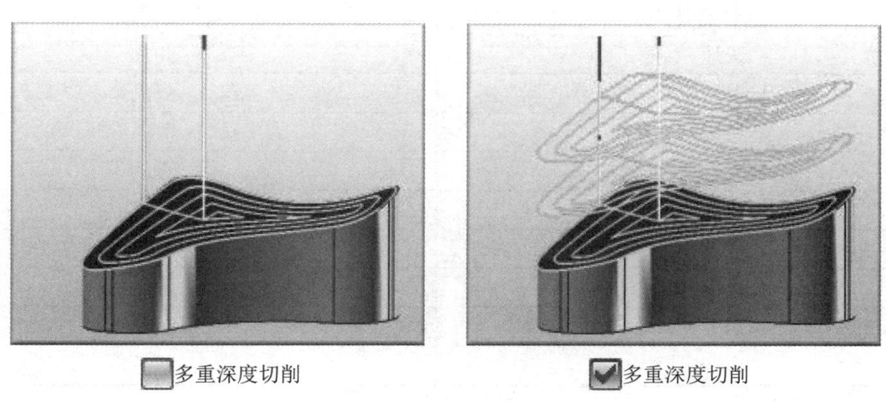

图 2-4-37　多刀路示例

理论知识 2.5　非切削移动

UG NX CAM 中刀具的非切削移动与切削过程，以及各阶段的运动形式如图 2-5-1 所示。

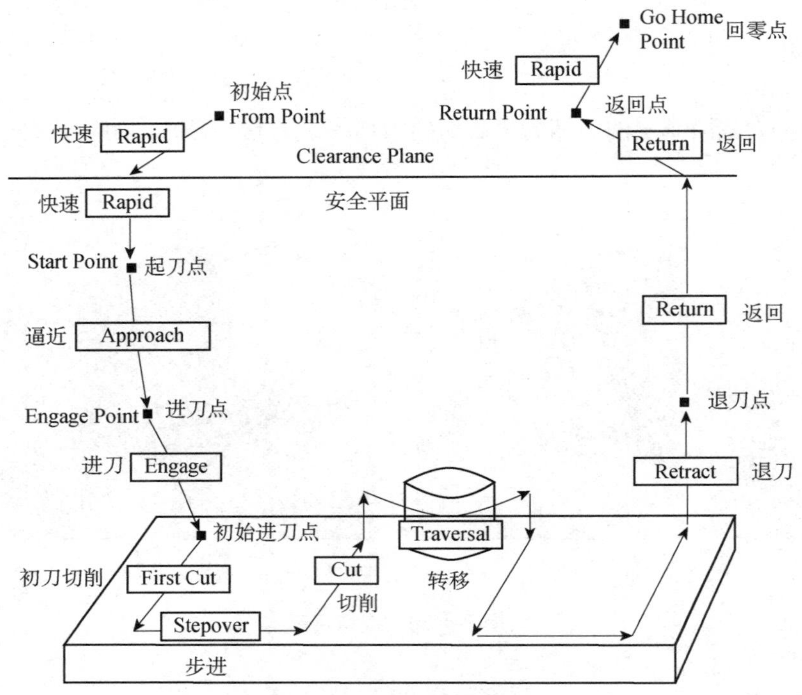

图 2-5-1　刀具运动轨迹示意

各阶段的运动类型及颜色见表 2-5-1。

表 2-5-1　各阶段的运动类型及颜色

运动类型	颜色
快速	红色
逼近	蓝色
进刀	黄色
第一刀	青色
步距	绿色
切削	青色
移刀	蓝色
退刀	白色
离开	蓝色

一、开放区域进刀类型

1. 线性

在与第一个切削运动相同方向的指定距离处创建进刀移动，如图 2-5-2 所示。

2. 线性—相对于切削

创建与刀轨相切（如果可行）的线性进刀移动。这与线性选项操作相同，但旋转角度始终相对于切削方向，如图 2-5-3 所示。

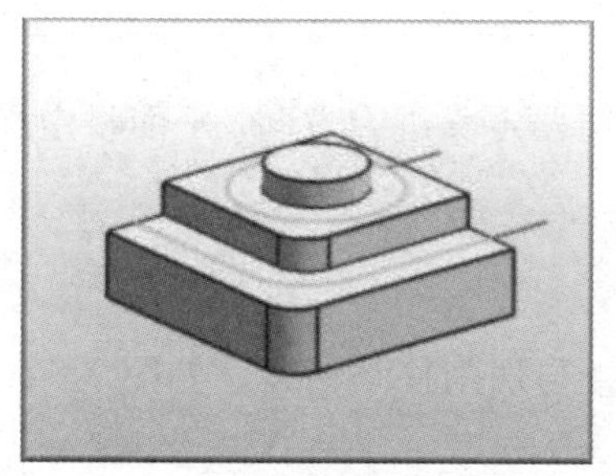
图 2-5-2　线性进刀

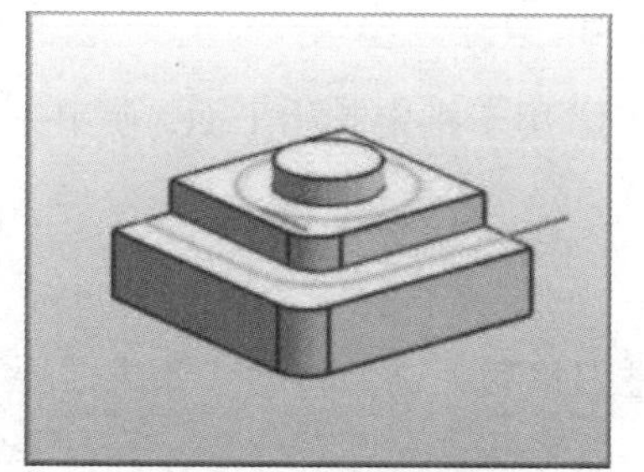
图 2-5-3　线性-相对于切削进刀

3. 圆弧

创建一个与切削移动的起点相切（如果可能）的圆弧进刀移动，如图 2-5-4 所示。

圆弧角度和圆弧半径将确定圆周移动的起点。如果有必要，在距离部件指定的最小安全距离处开始进刀，则添加一个线性移动。

4. 点

点为线性进刀指定起点，如图 2-5-5 所示。添加一个半径，以从线性进刀移动平滑过渡到部件材料上的切削移动。

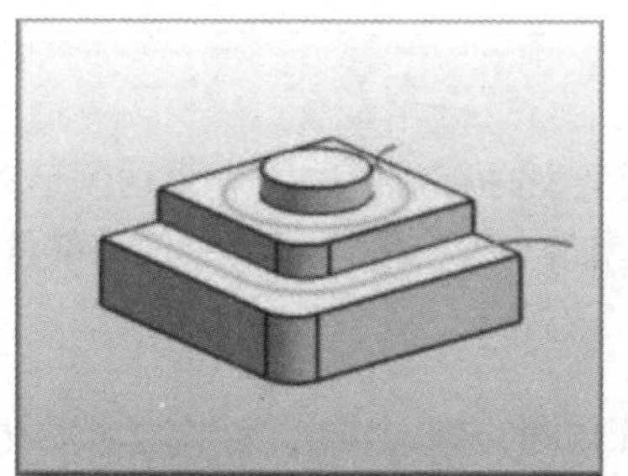
图 2-5-4　圆弧进刀

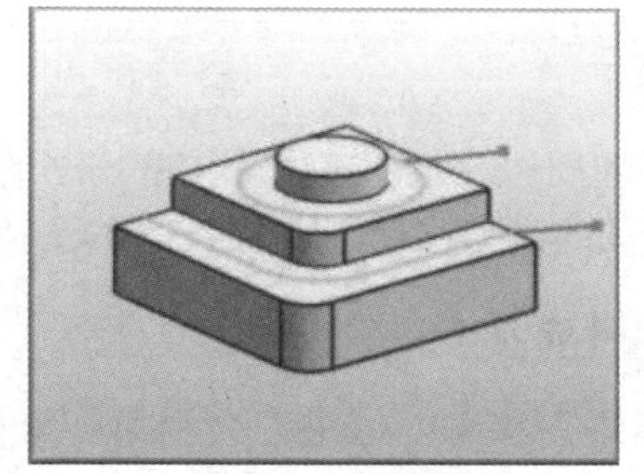
图 2-5-5　点进刀

5. 线性-沿着矢量

“线性-沿着矢量” 用于使用矢量构造器定义进刀方向，如图 2-5-6 所示。

6. 角度/角度/平面

“角度/角度/平面”用于指定起始平面。旋转角度和斜坡角定义进刀方向，平面将定义长度，如图 2-5-7 所示。

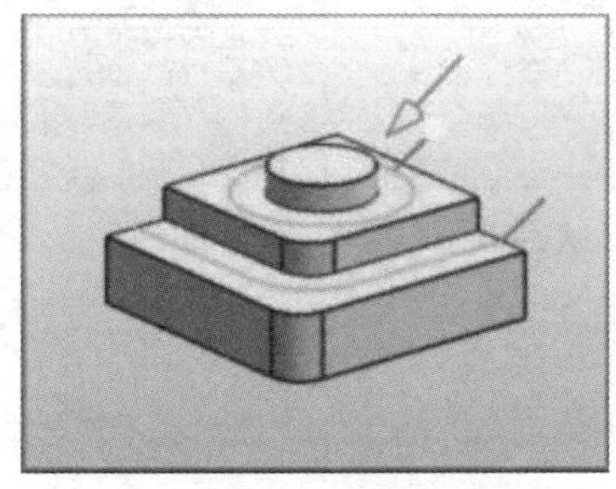
图 2-5-6　线性-沿着矢量进刀

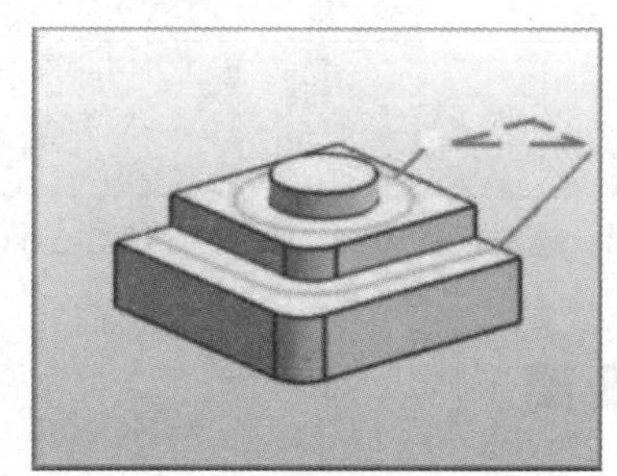
图 2-5-7　角度/角度/平面进刀

7.矢量平面

“矢量平面”用于指定起始平面。使用矢量构造器定义进刀方向，平面将定义长度，如图 2-5-8 所示。

8.无

不创建进刀移动。进刀移动（如果需要）直接与切削移动相连，如图 2-5-9 所示。

图 2-5-8　矢量平面进刀

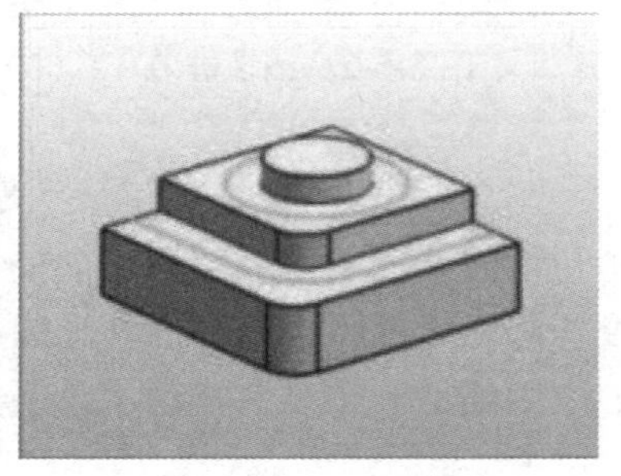
图 2-5-9　无进刀设置

二、封闭区域进刀类型

1.螺旋线

只有当跟随周边、跟随工件、轮廓切削的切削类型时有效。在第一个切削运动处创建无碰撞的、螺旋线形状的进刀移动，如图 2-5-10 所示。使用最小安全距离可避免使用部件和检查几何体。

2.沿形状斜进刀

创建倾斜进刀移动，该进刀会沿第一个切削运动的形状移动，如图 2-5-11 所示。

3.插削

直接从指定的高度进刀到部件内部，如图 2-5-12 所示。为避免碰撞，高度值必须大于面上的材料。

图 2-5-10　螺旋线进刀

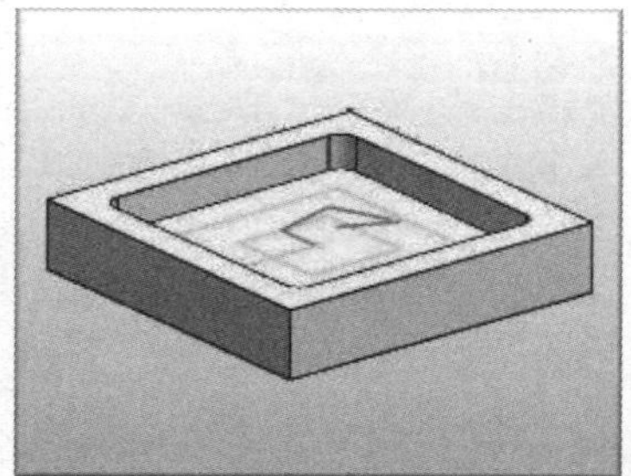
图 2-5-11　沿形状斜进刀

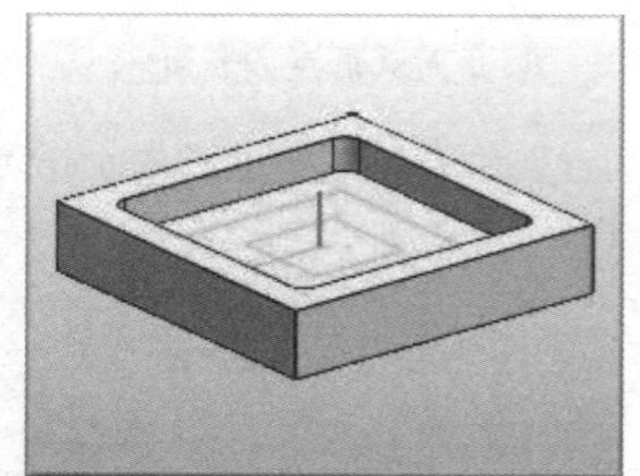
图 2-5-12　插削进刀

三、重叠距离

“重叠距离”用于指定进刀和退刀移动之间的总体重叠距离。

此选项确保在发生进刀和退刀移动的点进行完全清理，清除进刀痕迹，如图 2-5-13 所示。

四、预钻点

预先钻好的孔，刀具将在没有任何特殊进刀的情况下下降到该孔并开始加工，如图 2-5-14 所示。

图 2-5-13　重叠距离

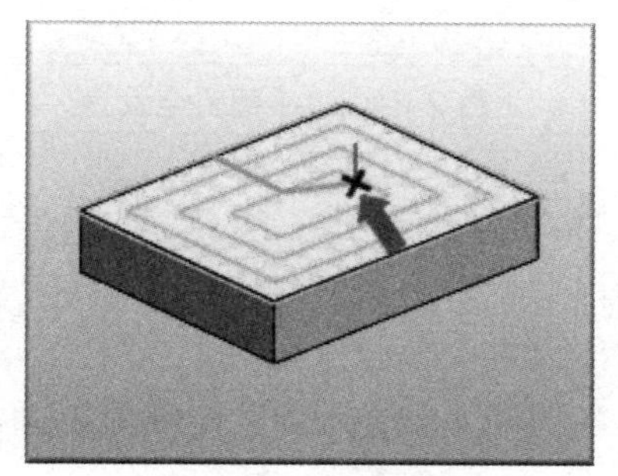

图 2-5-14　预钻点

五、转移/快速安全设置

1.使用继承的

使用在 MCS 中指定的安全平面。

2.无

不使用安全平面，如图 2-5-15 所示。

3.自动平面

将安全距离值添加到清除部件几何体的平面中，软件决定自动平面的高度，如图 2-5-16 所示。

4.平面

为此工序指定安全平面，使用平面构造器定义安全平面，如图 2-5-17 所示。

5.点

指定要转移到的安全点，可以选择预定义点或使用点构造器指定点，如图 2-5-18 所示。

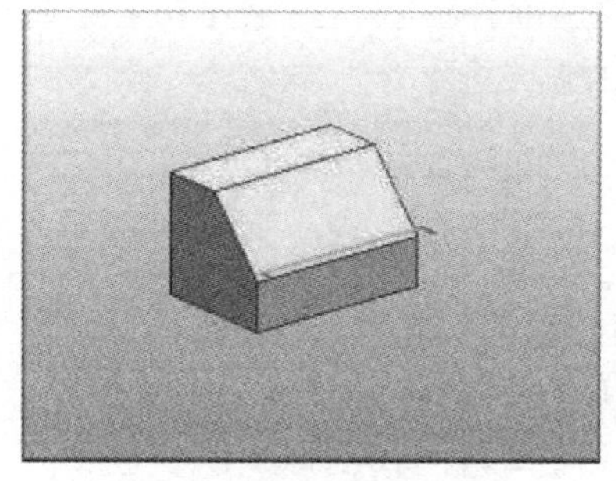

图 2-5-15　无安全设置

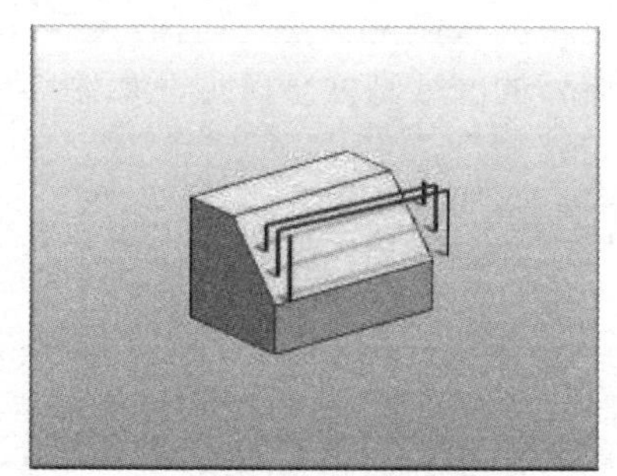

图 2-5-16　自动平面

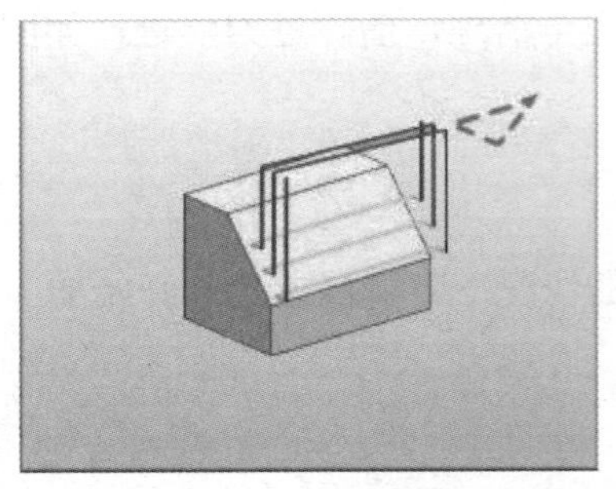
图 2-5-17 平面安全设置

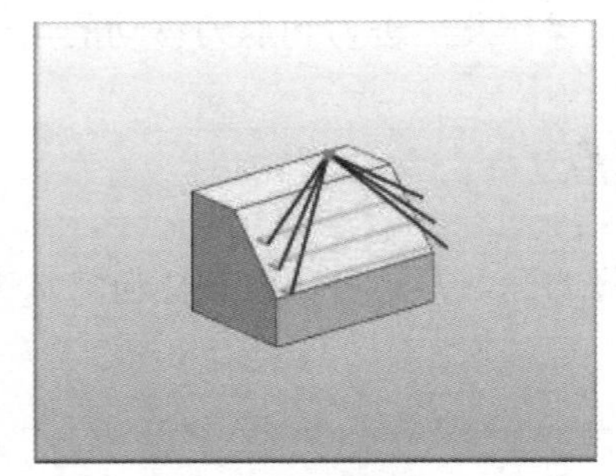
图 2-5-18 点安全设置

6.包容圆柱体

指定圆柱形状作为安全几何体。圆柱尺寸由部件形状和指定的安全距离决定，软件通常假设圆柱外的体积是安全的，如图 2-5-19 所示。

选择包容圆柱体并输入安全距离值以确定圆柱尺寸，包容圆柱体将沿 MCS 的 Z 轴拉伸。

7.圆柱

指定圆柱形状作为安全几何体。此圆柱的长度是无限的，软件通常假设圆柱外的体积是安全的，如图 2-5-20 所示。

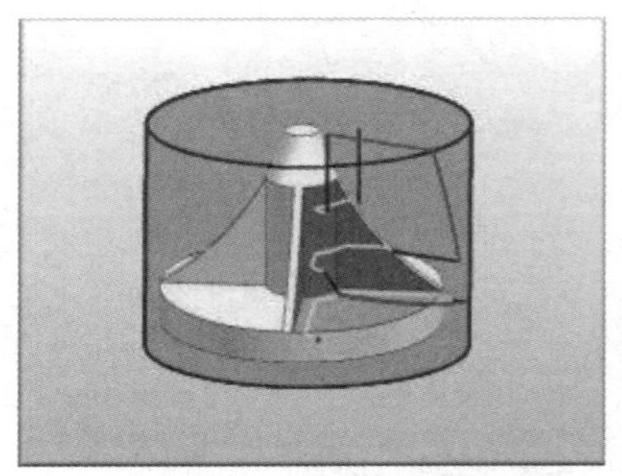
图 2-5-19 包容圆柱体安全设置

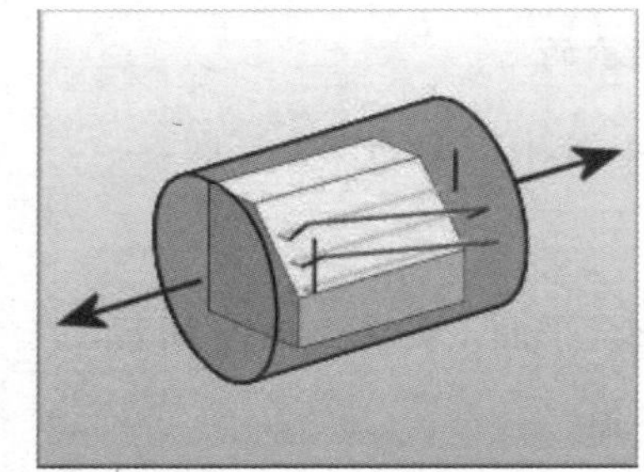
图 2-5-20 圆柱安全设置

8.球

指定球形作为安全几何体。球尺寸由半径值决定，软件通常假设球外的区域是安全区域，如图 2-5-21 所示。

9.包容块

指定包容块形状作为安全几何体。包容块尺寸由部件形状和指定的安全距离决定，软件通常假设包容块外的区域是安全区域，如图 2-5-22 所示。

六、区域之间

“区域之间”选项用于控制不同切削区域之间的退刀、转移和进刀。

（1）安全距离-刀轴。所有移动都沿刀轴方向返回到安全几何体，如图 2-5-23 所示。

（2）安全距离-最短距离。所有移动都根据最短距离返回到已标识的安全平面，如图 2-5-24 所示。

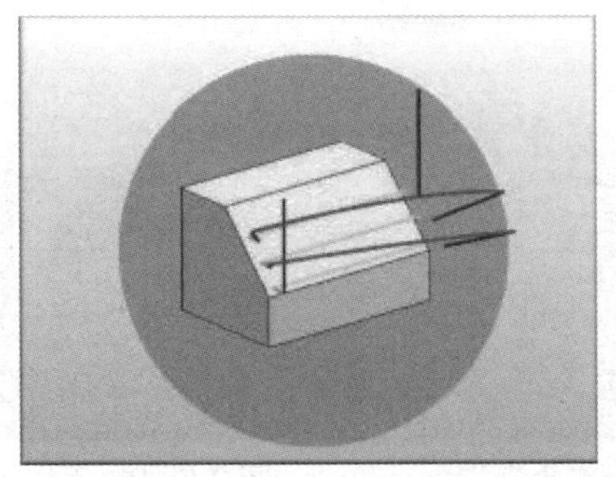

图 2-5-21　球安全设置

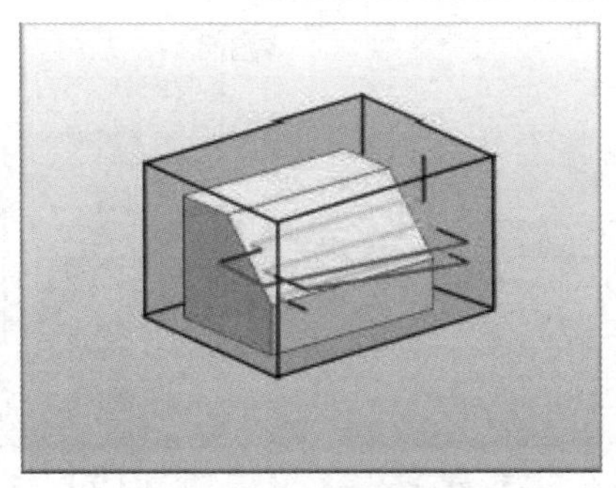

图 2-5-22　包容块安全设置

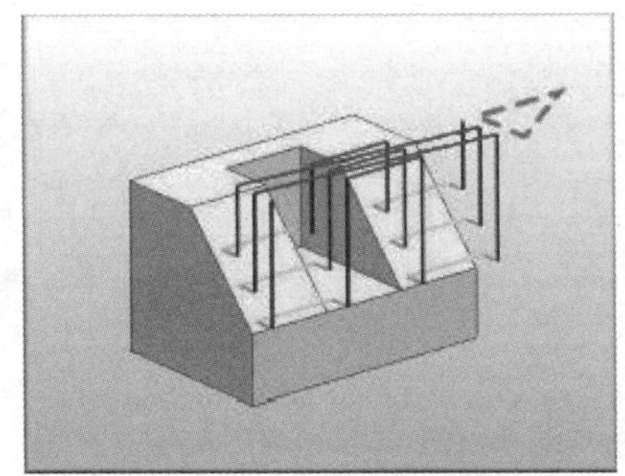

图 2-5-23　安全距离-刀轴

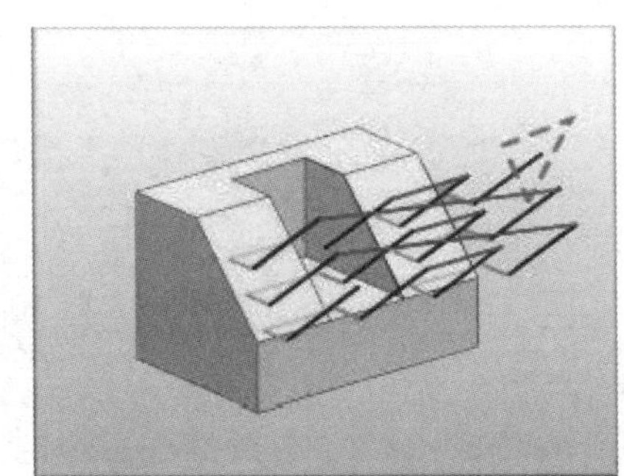

图 2-5-24　安全距离-最短距离

（3）安全距离-切削平面。所有移动都沿切削平面返回到安全几何体，如图 2-5-25 所示。

（4）前一平面。所有移动都返回到前一切削层，此层可以安全传刀以使刀具沿平面移动到新的切削区域，如图 2-5-26 所示。

如果连接当前刀位和下一进刀起点上面位置的转移移动无法安全进行，则该移动会受部件干扰。转移移动将使用前一安全层。如果没有任何前一层是安全的，则使用自动安全设置定义。

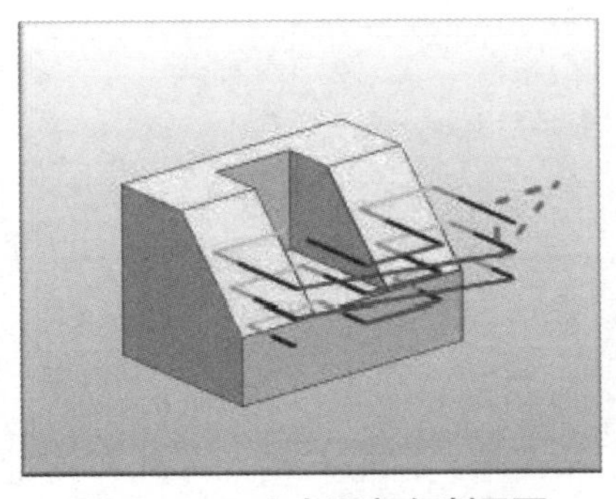

图 2-5-25　安全距离-切削平面

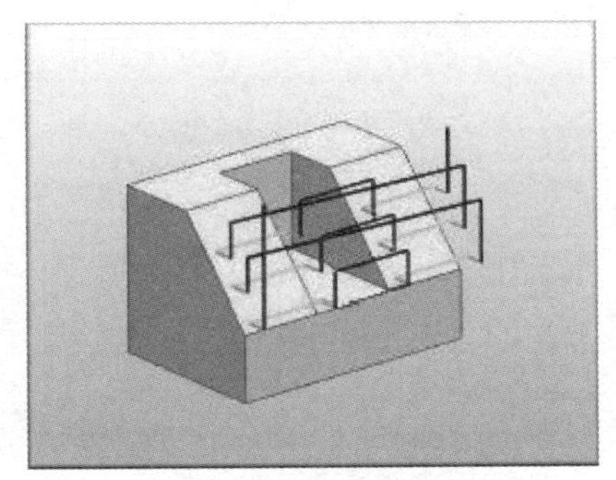

图 2-5-26　前一平面

（5）直接。在两个位置之间进行直接连接转移，如图 2-5-27 所示。

（6）最小安全值 Z。优先应用“直接”移动选项。如果移动无过切，则使用前一安全等高轮廓铣平面，如图 2-5-28 所示。

（7）毛坯平面。使刀具沿着由要移除的材料上层定义的平面转移，如图 2-5-29 所示。

在平面铣中，毛坯平面是指定的部件边界和毛坯边界中最高的平面。在型腔铣中，毛坯平面是指定的切削层中最高的平面。

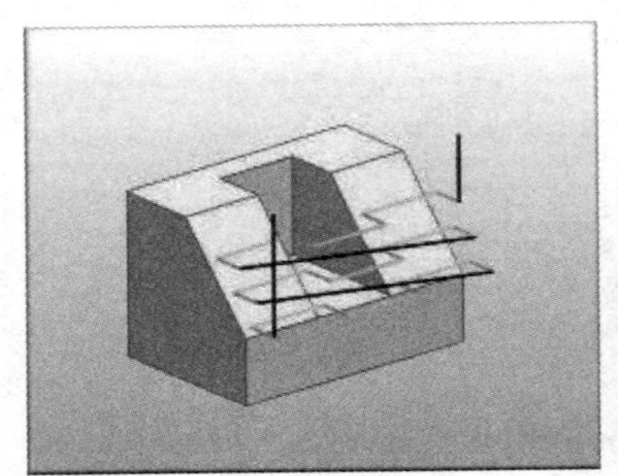

图 2-5-27　直接

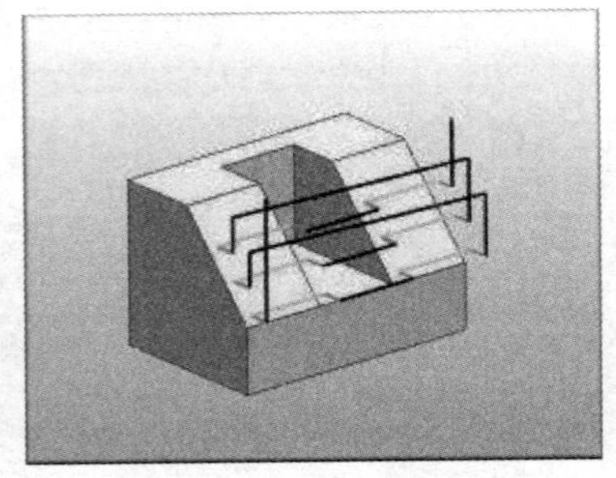

图 2-5-28　最小安全值 Z

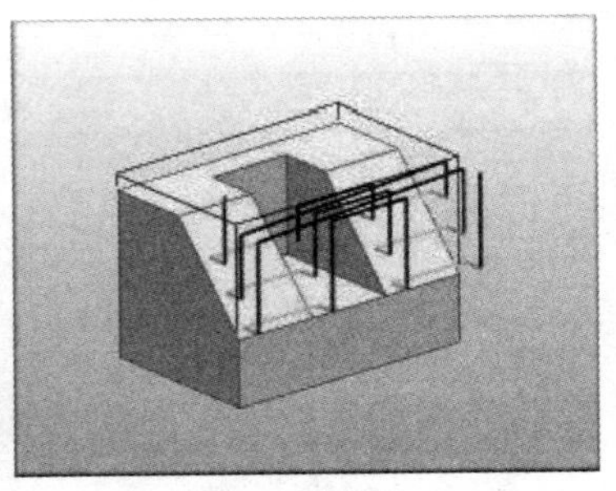

图 2-5-29　毛坯平面

模块 3　UG NX 四轴加工编程实例

UG NX 四轴加工编程实践内容就是通过具体的加工实例，引导读者掌握 UG NX 加工模块中针对四轴编程的操作方法，并对典型的四轴机床后处理器进行设置，生成驱动数控机床的 NC 程序，用于产品的实际加工。

该模块一共有 4 个实践任务，分别为：飞刀杆 3+1 轴加工编程、飞刀杆的四轴联动刻字编程、凸轮槽四轴联动编程加工和四轴数控机床的后置处理器设置。通过对 4 个实践任务的学习，使读者能够理解四轴联动编程思路，掌握相关的编程方法和技巧。

实践操作 3.1　飞刀杆 3+1 轴加工编程

在 UG NX 加工模块中完成对如图 3-1-1 所示飞刀杆端面平台的编程操作；了解四轴零件的装夹方法；学会设置刀轴矢量。

（1）四轴机床加工零件的特性。

（2）四轴加工时工件的装夹方法。

（3）3+1 轴加工。

一、建立工件与毛坯实体模型

1. 工件建模

打开文件名为“Four_axis_test1.prt”的部件，待编程部件如图 3-1-1 所示。

2. 毛坯建模

并不是所有的 CAM 操作都需要进行毛坯的创建工作的。很多时候，创建毛坯只是为了便于进行仿真模拟，在该实例中需要进行加工的区域比较简单，因此没有给部件创建相应的毛坯。

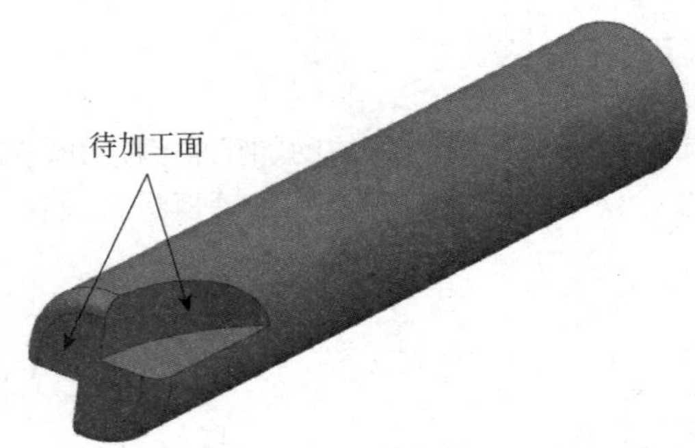

图 3-1-1　待加工部件的三维模型

二、加工前工件模型与质量分析

该模型一共有 2 个面需要加工，采用传统方法进行加工处理的话需要进行 2 次装夹。频繁地进行换装，会导致加工精度的降低，特别是对于刀杆这类高速旋转并承受很大载荷的部件，细小的误差会带来产品质量的巨大缺陷，为了弥补上述缺点，可以采用四轴机床进行编程加工，采用一次装夹就能完成两个面的数控加工。

三、了解加工工件的具体加工要求

该工具的材料为高强度工具钢，在提交 CAM 前已由普通机床将外圆柱面加工到位。

四、了解企业现有刀具库中刀具情况

利用附录 A 刀具普通切削进给参数表进行刀具的选择和切削参数的设置。

五、工件（毛坯）的装夹情况

在加工前需要对待加工工件在机床上的装夹情况有十分清楚的认识，从而在编程过程中使刀具做有效的避让。对于该实践来讲，其装夹的形式可以考虑采用如图 3-1-2 所示的方式。

图 3-1-2　工件装夹示意图

六、CAM 编程操作

1.UG NX CAM 的准备工作

执行主菜单中的“开始”→“加工”命令，即由建模模块进入加工模块。单击“开始”菜单下的 加工(N)... 按钮，打开如图 3-1-3 所示的“加工环境”对话框，在“加工环境”对话框中选择“cam_general”和“mill_planar”选项，单击“确定”按钮，完成加工环境设置。

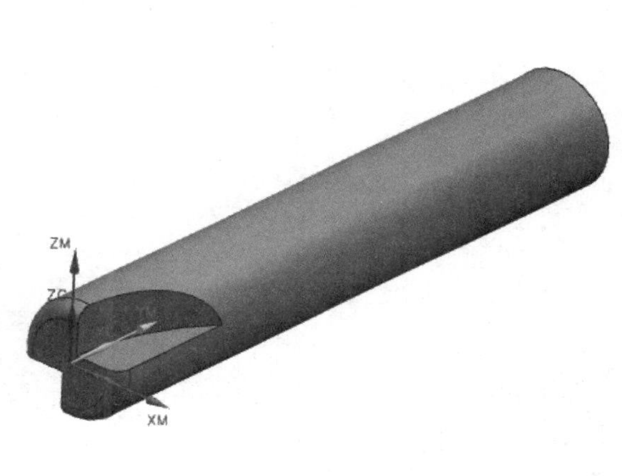

图 3-1-3　CAM 环境示意图

（1）建立 MCS。执行主菜单中的“格式”→“WCS”→“定向”命令。再单击如图 3-1-4 所示的旋转示意球使工作坐标系绕 ZC 轴旋转 90°，如图 3-1-5 所示，确保 XC 轴指向刀杆的轴向。

单击“资源栏”上的“工序导航器”按钮，再单击“几何视图”按钮。在“工序导航器”中，双击 MCS_MILL ，打开“CSYS”对话框。在“类型”选项组中选择“动态”选项，在“参考 CSYS”选项组中选择参考对象为“WCS”，如图 3-1-6 所示。单击“确定”按钮完成 MCS 的设置。

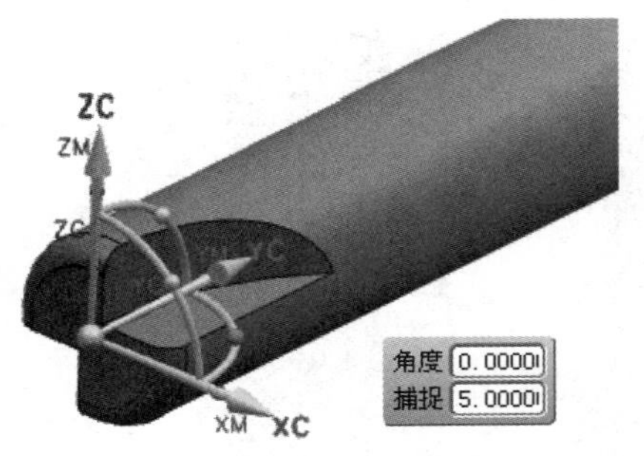

图 3-1-4 旋转圆圈操作

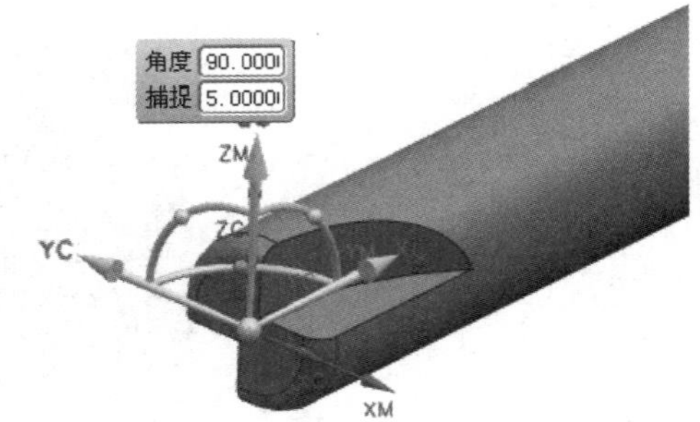

图 3-1-5 调整角度操作

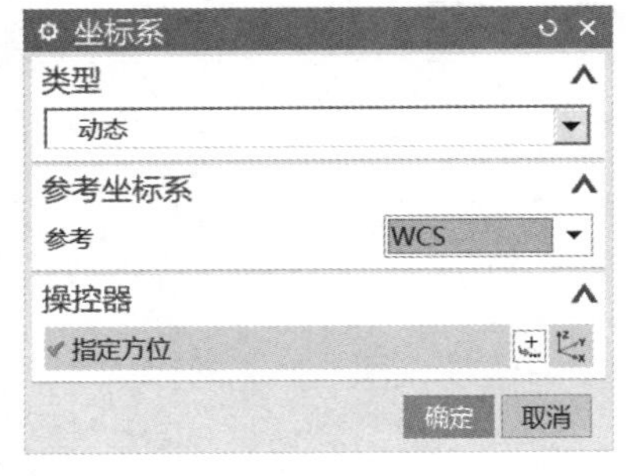

图 3-1-6 MCS 创建

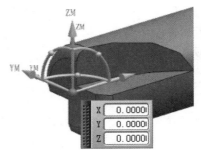

（2）建立安全平面。在“安全设置选项”列表中选择“平面”选项。再指定平面为 ZC 平面，在“距离”文本框中输入“30.5”，如图 3-1-7 所示。按回车键完成安全平面的位置设置。

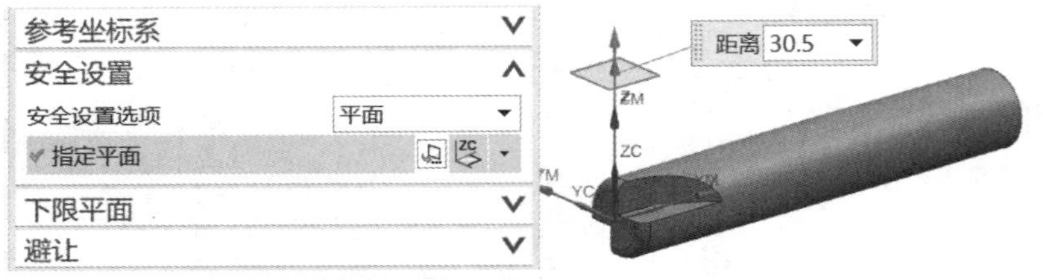

图 3-1-7 安全平面设置

（3）创建加工几何体。单击“资源栏”上的“工序导航器”按钮，在 “工序导航器”的空白处右击，在弹出的快捷菜单中选择“几何视图”选项，在“工序导航器—几何”栏中，单击“MCS_MILL”前面的加号，展开下一级条目，如图 3-1-8 所示。

双击“WORKPIECE”选项，在弹出的“工件”对话框中，选择如图 3-1-9 所示的待加工的刀杆为部件体。再单击“确定”按钮，完成部件几何体的设置。

再单击按钮，在弹出的“毛坯几何体”对话框中，选择“类型”为“包容圆柱块”选项，展开“轴”选项组，“方向”设为“指定矢量”，选择“XC”为方向矢量，再设置相关的参数，如图 3-1-10 所示。

参数设置完成后，单击“确定”按钮，显示如图 3-1-11 所示的模型和毛坯示意图。

（4）创建刀具组。在“插入”工具条中单击“创建刀具”按钮，再单击“MILL”按钮，在“名称”文本框中输入“D10”，再单击“确定”按钮，在“直径”文本框中输入“10”，完成直径为 10 的端铣刀创建，如图 3-1-12 所示。

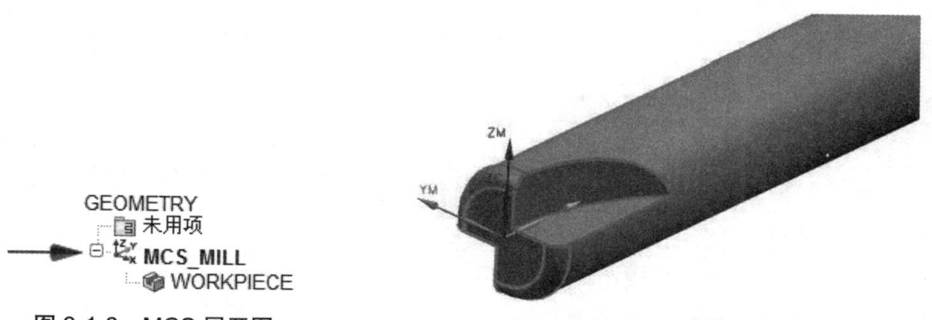

图 3-1-8　MCS 展开图　　　　图 3-1-9　待加工部件

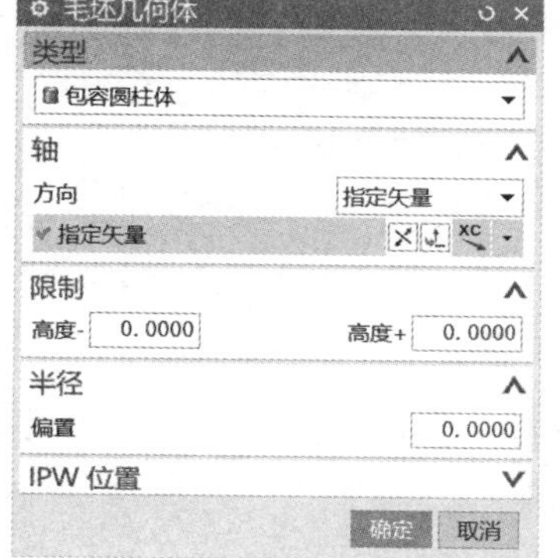

图 3-1-10　自动包容圆柱体设置

图 3-1-11　模型毛坯示意图

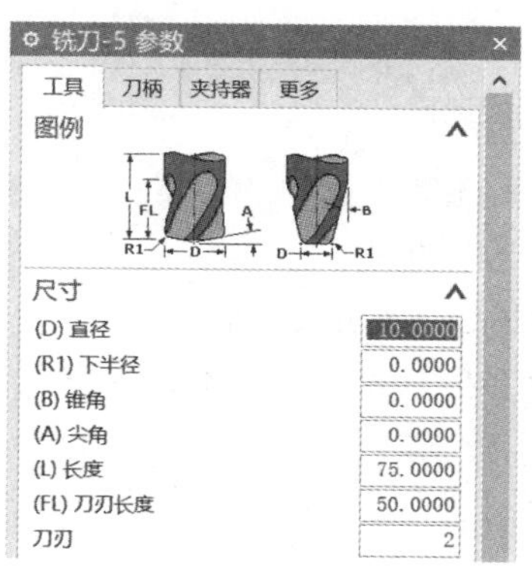

图 3-1-12　刀具创建

（5）创建加工方法组。在刀杆的编程操作实例中，将会采用平底刀按照平面铣削的方式完成精加工刀路的创建，因此在加工方法组中不进行粗加工和半精加工的方法创建。

2.CAM 编程操作

（1）定义平面铣精加工操作。

①在工具条中单击“创建操作”按钮。

②“类型”列表中选择“mill_planar”选项，如图 3-1-13 所示。

③单击“PLANAR_MILL”按钮。

④其他参数设置如图 3-1-14 所示。

⑤在“名称”文本框中输入“PLANAR_MILL_1”，单击“确定”按钮。

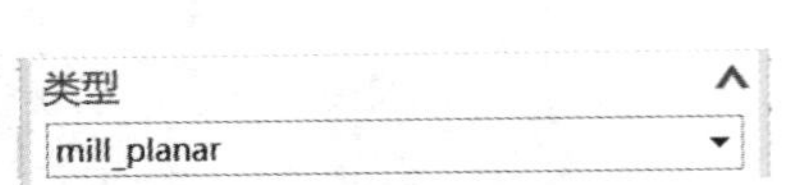

图 3-1-13 类型选择列表

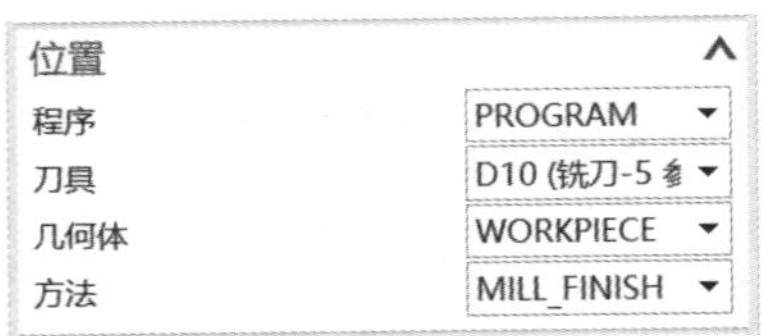

图 3-1-14 平面铣位置参数设置

（2）定义部件边界。

①单击“指定部件边界”按钮。

②在“选择方法”列表中选择“曲线”选项，如图 3-1-15 所示。

③在“边界类型”列表中选择“开放”选项，如图 3-1-16 所示。

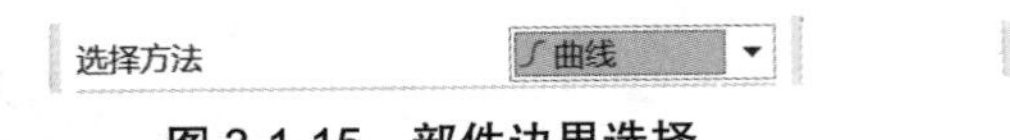

图 3-1-15 部件边界选择

边界类型 开放

图 3-1-16 边界类型选择

④在“平面”中选择“指定”选项。

⑤单击“平面对话框”按钮。

⑥“类型”列表中选择“XC-YC 平面”选项，如图 3-1-17 所示。

⑦在“距离”中输入 8，确保“选择”框选中“WCS”，指定投影平面位于“ZC=8”的位置，如图 3-1-18 所示。

图 3-1-17 平面类型选择

图 3-1-18 平面距离设置

⑧单击“确定”按钮完成“平面”对话框的设置。

⑨再选择如图 3-1-19 所示的边界曲线。

⑩单击“确定”按钮完成创建边界对话框的设置。

⑪在“刀具侧”列表中选择“左”选项，如图 3-1-20 所示。

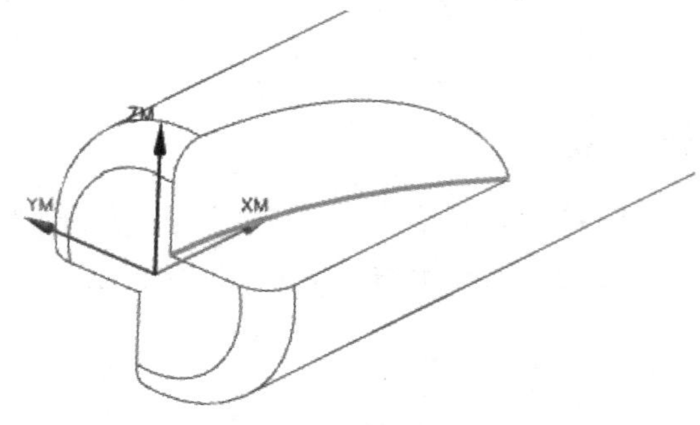

图 3-1-19 待选择边界曲线

刀具侧 左

图 3-1-20 材料侧示意图

⑫单击“确定”按钮完成边界几何体对话框的设置。

（3）定义底面。

①单击“指定底面”按钮。

②选择如图 3-1-21 所示的平面。

③单击“确定”按钮完成底面对话框的设置。

（4）指定切削模式。在“切削模式”列表中选择“轮廓”选项，如图 3-1-22 所示。

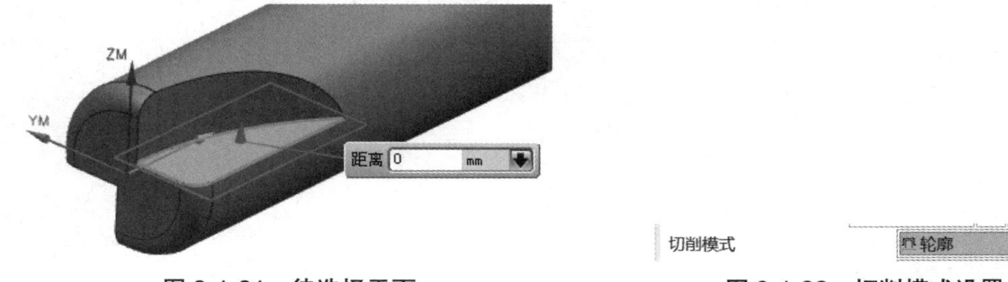

图 3-1-21　待选择平面　　图 3-1-22　切削模式设置

（5）定义每层切削量。

①单击“切削层”按钮。

②在“类型”列表中选择“用户定义”选项。

③在“每刀切削深度”选项组的“公共”框中输入“0.2”，如图 3-1-23 所示。

④单击“确定”按钮返回“平面铣”对话框。

（6）定义切削参数。

①单击“切削参数”按钮。

②选择“策略”选项卡，在“切削顺序”列表中选择“深度优先”选项，如图 3-1-24 所示。

③单击“确定”按钮返回“平面铣”对话框。

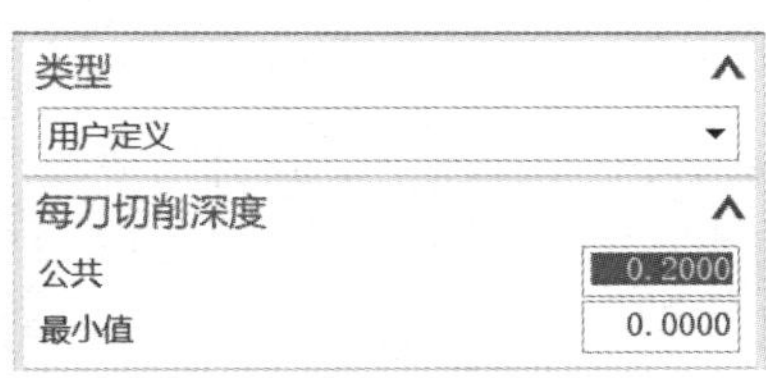

图 3-1-23　切削深度设置　　图 3-1-24　切削顺序选项

（7）定义非切削运动。

①单击“非切削移动”按钮。

②选择“进刀”选项卡，在“开放区域”选项组中，选择“进刀类型”为“圆弧”，设置“半径”为刀具直径的 60%，“最小安全距离”为“无”，如图 3-1-25 所示。

③选择“移动/快速”选项卡，在“区域内”选项组中，选择“转移方式”为“进刀/退刀”，“转移类型”为“前一平面”，“安全距离”为“3mm”，如图 3-1-26 所示。

④单击“确定”按钮返回“平面铣”对话框。

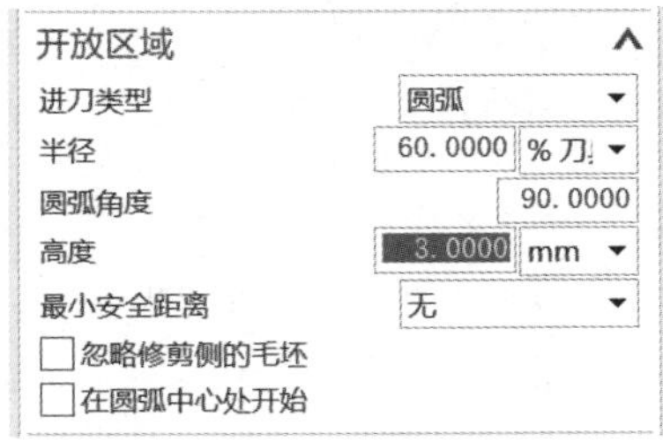

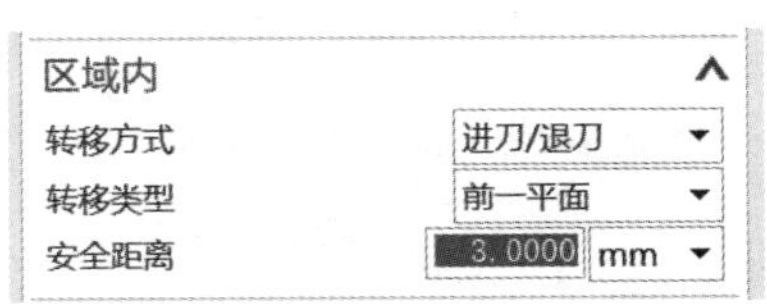

图 3-1-25　进刀类型参数设置　　图 3-1-26　转移方式参数设置

（8）定义主轴转速 S 及切削速度 F。

①单击“进给率和速度”按钮。

②在“主轴速度”选项组中设置“主轴速度”为“2500”，在“进给率”选项组中设置“切剪”为“1000”，展开“更多”，设置“进刀”为“600”，“移刀”为“5000”，如图 3-1-27 所示。

③单击“确定”按钮返回“平面铣”对话框。

（9）生成加工。单击“生成”按钮，显示如图 3-1-28 所示的刀路。

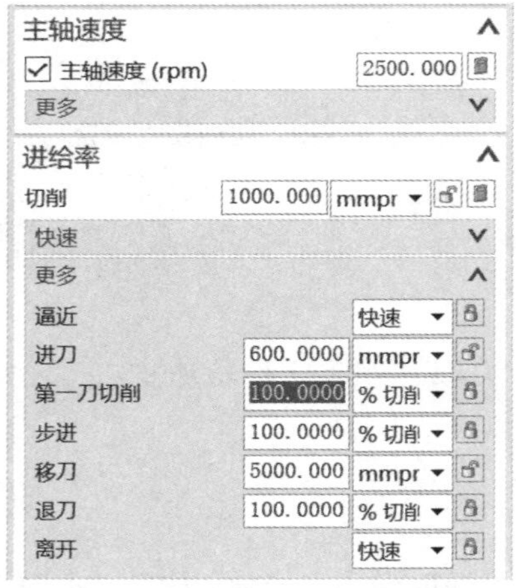

图 3-1-27　进给率参数设置

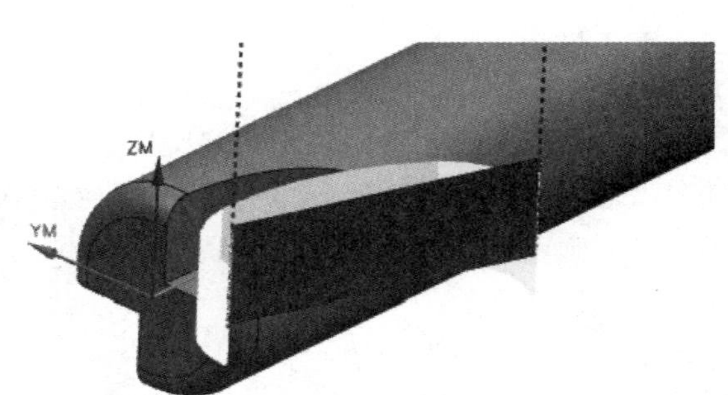

图 3-1-28　切削刀路

3. 创建另一面加工刀路

（1）复制刀路操作。右击上步创建的操作“PLANAR_MILL_1”，选择“复制”选项，再右击“PROGRAM”，在弹出的快捷菜单中选择“内部粘贴”选项，右击复制的操作“PLANAR_MILL_1_COPY”，在弹出的快捷菜单中选择“重命名”选项，输入文件名为“PLANAR_MILL_2”，如图 3-1-29 所示。

（2）修改部件边界。

①双击“PLANAR_MILL_2”操作。

②在工具条上单击“旋转”按钮，调整视图显示状态如图 3-1-30 所示。

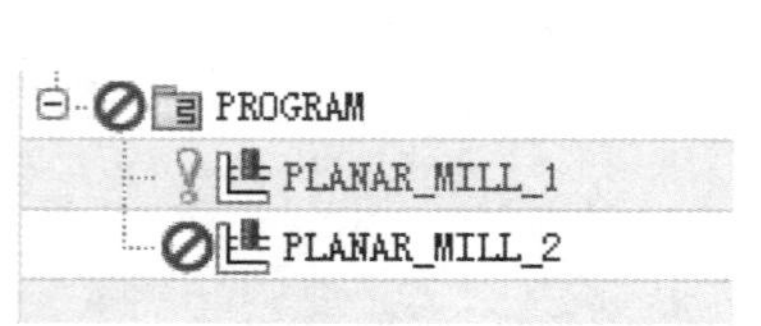

图 3-1-29　复制文件操作

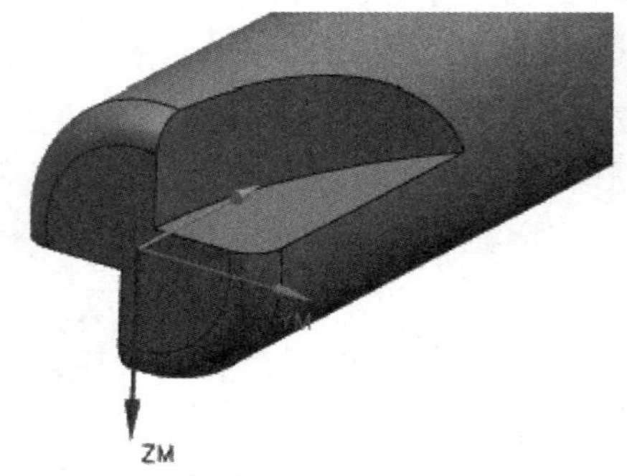

图 3-1-30　调整视图显示

③在“平面铣”对话框中单击“指定边界”按钮。

④在“列表”选项框中，单击“移除”按钮，将原有的曲线删除，如图 3-1-31 所示。

⑤在“选择方法”列表中选择“曲线”选项。

⑥在“边界类型”列表中选择“开放”选项，如图 3-1-32 所示。

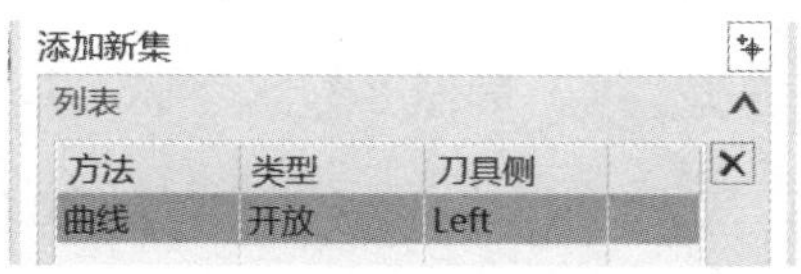

图 3-1-31　原有曲线移除

图 3-1-32　边界类型选择

⑦在“平面”列表中选择“用户定义”选项。

⑧“类型”列表中选择“XC-YC 平面”选项，如图 3-1-33 所示。

⑨在“距离”文本框中输入“-8”，确保“偏置和参考”框选中“WCS”，指定投影平面位于“ZC=-8”的位置，如图 3-1-34 所示。

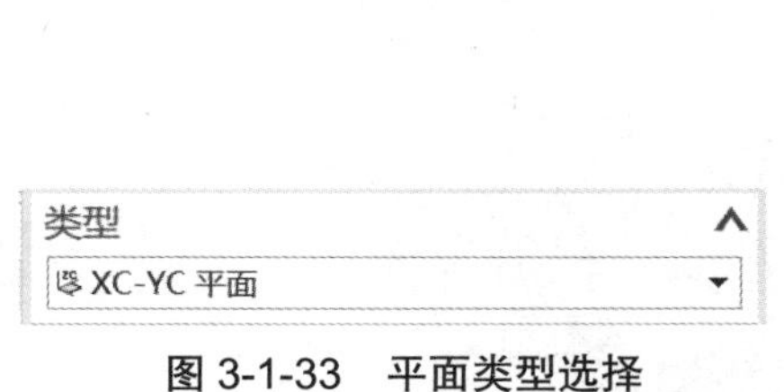

图 3-1-33　平面类型选择

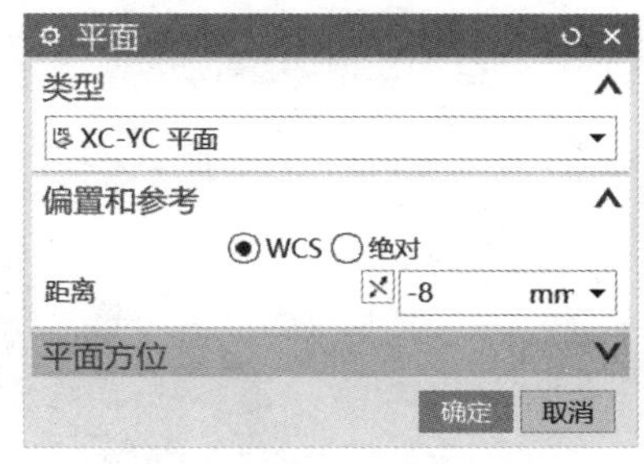

图 3-1-34　距离参数设置

⑩单击“确定”按钮完成“平面”对话框的设置。

⑪选择如图 3-1-35 所示的边界曲线。

⑫单击“确定”按钮完成创建边界对话框的设置。

⑬在“刀具侧”列表中选择“左”选项，如图 3-1-36 所示。

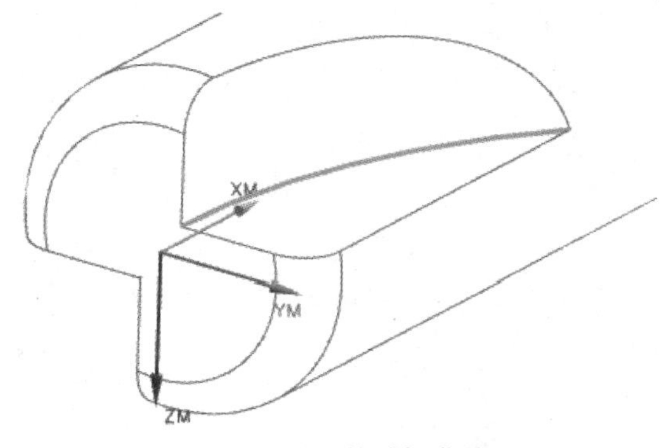

图 3-1-35　待选择曲线

图 3-1-36　刀具侧设置

⑭单击“确定”按钮完成边界几何体对话框的设置。

⑮再次单击“确定”按钮完成编辑边界对话框的设置。

（3）修改底面。

①单击“指定底面”按钮。

②选择如图 3-1-37 所示的平面。

③单击“确定”按钮返回“平面铣”对话框。

（4）指定刀轴矢量。

①展开“刀轴”选项组。

②在“轴”列表中选择“指定矢量”选项。

③在“指定矢量”列表中选择“面/平面法向”选项，如图 3-1-38 所示。

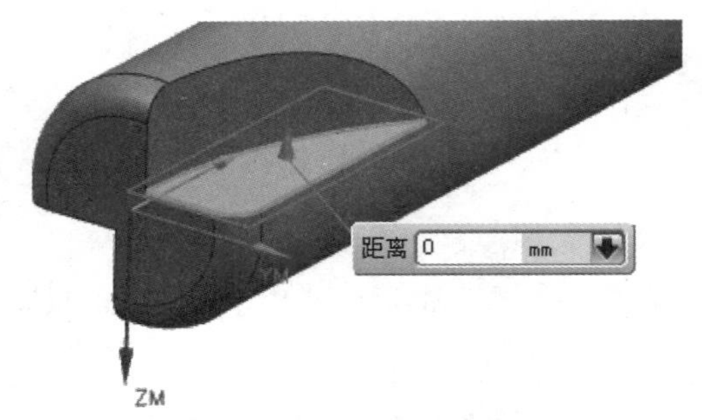

图 3-1-37　底面示意图

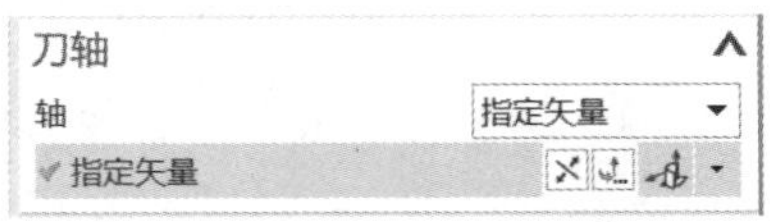

图 3-1-38　指定矢量设置

④选择如图 3-1-39 所示的平面，确保矢量方向朝上。

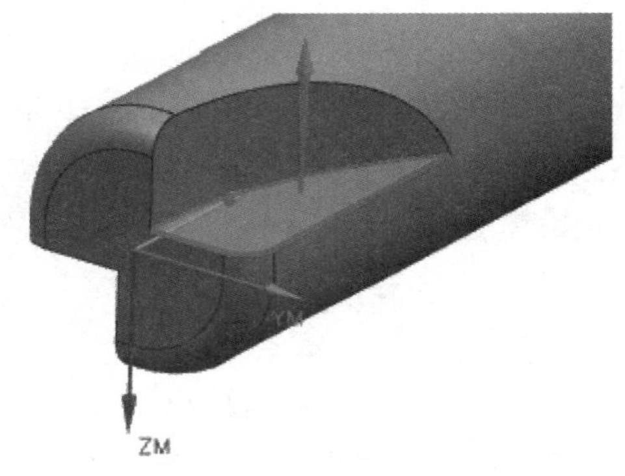

图 3-1-39　平面示意图

注意：NX 加工编程操作中，刀轴矢量一般默认为是 ZM 轴，因此生成的加工刀路都是三轴的，通过更改刀轴矢量的方向，可以实现多轴加工编程操作。

（5）定义非切削运动。

①单击“非切削移动”按钮。

②选择“移动/快速”选项卡，在“安全距离”组内，选择“安全设置选项”为“平面”，“指定平面”选项为 ZC，在“距离”文本框中输入“-30.5”，如图 3-1-40 所示，按回车键完成设置安全平面的位置。

③单击“确定”按钮完成“非切削移动”对话框的设置。

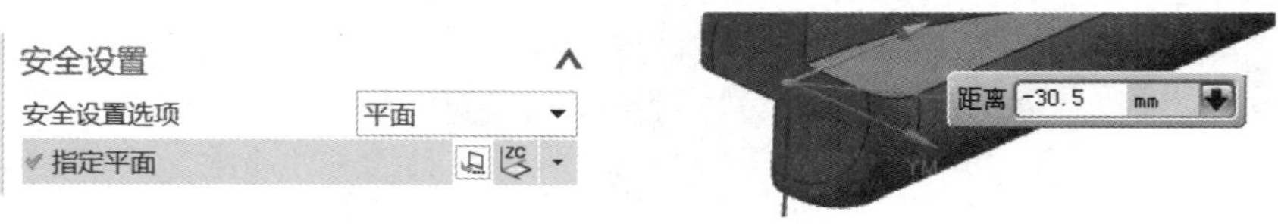

图 3-1-40　安全平面设置

（6）生成刀路。单击“生成”按钮，完成刀路的生成，如图 3-1-41 所示。

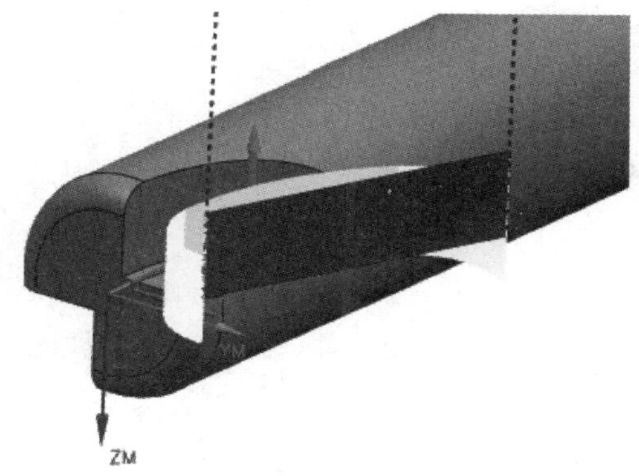

图 3-1-41　另一侧切削刀路

4.刀具轨迹动态模拟

所有刀路都产生后，右击“PROGRAM”程序组，在弹出的快捷菜单中执行“刀轨”→“确认”命令，对生成的刀轨进行验证，加工结果如图 3-1-42 所示。

图 3-1-42　模拟加工结果

实践操作 3.2　飞刀杆四轴联动刻字加工编程

在 UG NX 加工模块中完成对如图 3-2-1 所示部件中刻字程序的编程操作；学习四轴加工中曲线驱动方法的设置；学会在编程操作中多重刀路的添加。

（1）四轴编程驱动方法的设置。

（2）多重刀路的添加。

（3）安全空间的设置。

一、建立工件与毛坯实体模型

1. 工件建模

打开文件名为“Four_axis_test2.prt”的部件，待编程部件如图 3-2-1 所示。

图 3-2-1 待加工部件的三维模型

2. 毛坯建模

并不是所有的 CAM 操作都需要进行毛坯的创建。很多时候，创建毛坯的目的只是便于进行仿真模拟，在该实例中需要进行加工的区域比较简单，因此没有给部件创建相应的毛坯。

二、加工前工件模型与质量分析

在回转体面上进行刻字是广告设计人员及模具设计人员经常遇到的操作，对于这一类技术问题，可以采用四轴联动的加工方法，从而方便快捷地完成相应操作。

三、了解加工工件的具体加工要求

该工具的材料为铝合金，在提交 CAM 前已由普通机床将外圆柱面加工到位或直接由同规格的型材供应。

四、了解企业现有刀具库中刀具情况

利用附录 A 刀具普通切削进给参数表进行刀具的选择和切削参数的设置。

五、工件（毛坯）的装夹情况

在加工前，需要对加工工件在机床上的装夹情况有十分清楚的认识，从而在编程过程中使刀具做有效的避让。对于该实例来讲，其装夹的形式可以考虑采用如图 3-2-2 所示的方式。

图 3-2-2　工件装夹示意图

六、CAM 编程操作

1. UG NX CAM 的准备工作

执行主菜单中的“开始”→“加工”命令，即由建模模块进入加工模块。单击“开始”菜单下的 加工(N)... 按钮，打开如图 3-2-3 所示的“加工环境”对话框，在“加工环境”对话框中选择“cam_general”和“mill_planar”选项，单击“确定”按钮，完成加工环境设置。

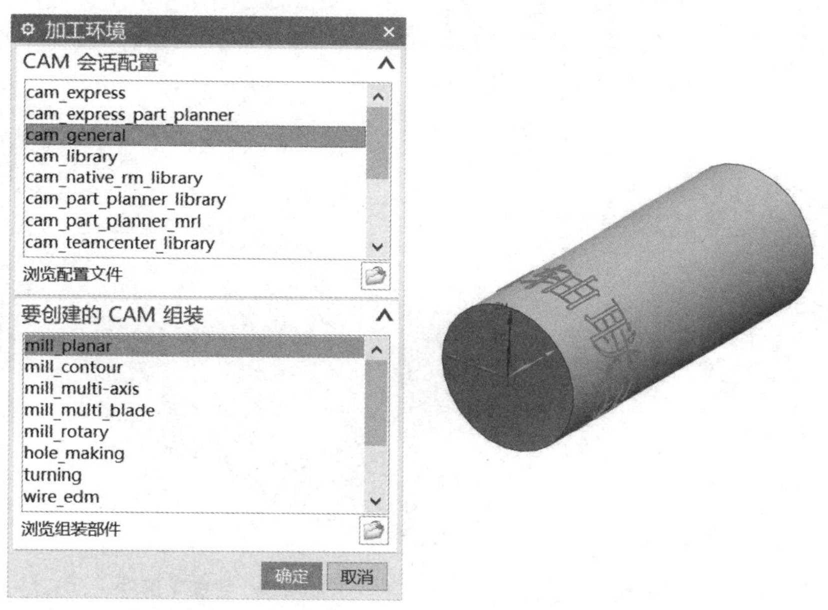

图 3-2-3　CAM 环境示意图

（1）建立 MCS。单击“资源栏”上的“工序导航器”按钮，再单击“几何视图”按钮。在“工序导航器”中，双击“MCS_MILL” MCS_MILL ，打开“坐标系”对话框。在“类型”选项组中选择“动态”选项，在“参考坐标系”选项组中选择参考对象为“WCS”，如图 3-2-4 所示。单击“确定”按钮完成 MCS 的设置。

（2）建立安全平面。在“安全设置”选项列表中选择“平面”选项。再指定平面为 ZC 平面，在“距离”文本框中输入“30.5”，如图 3-2-5 所示。按回车键完成安全平面的位置设置。

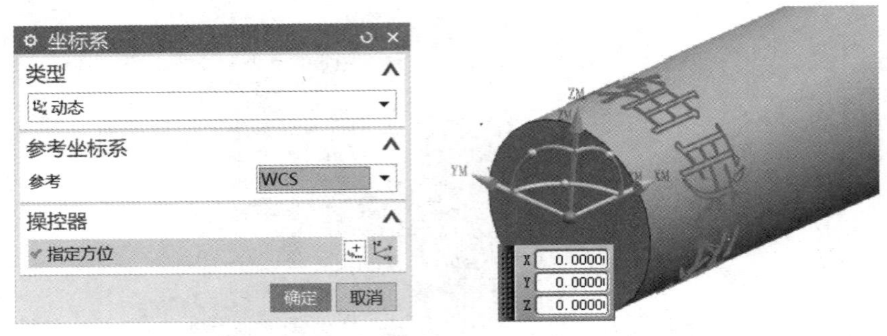

图 3-2-4　MCS 创建

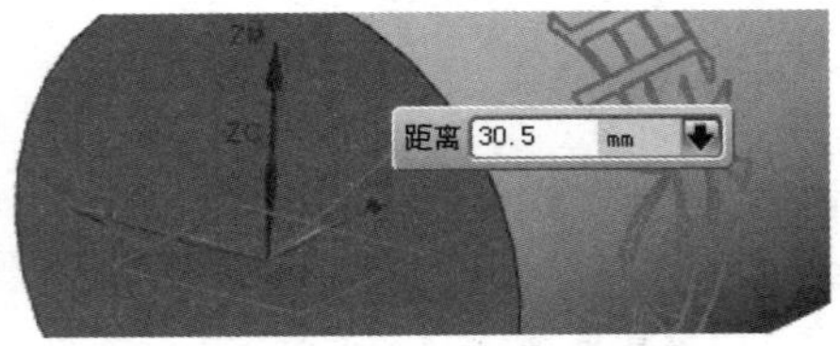

图 3-2-5　安全平面设置

（3）创建加工几何体。单击“资源栏”上的“工序导航器”按钮，在 “工序导航器”的空白处右击，在弹出的快捷菜单中选择“几何视图”选项，在“工序导航器—几何”栏中，单击“MCS_MILL”前面的加号，展开下一级条目，如图 3-2-6 所示。

双击“WORKPIECE”选项，在弹出的“工件”对话框中，选择如图 3-2-7 所示的待加工的圆柱为部件体，再单击“确定”按钮，完成部件几何体的设置。

图 3-2-6　MCS 展开图

图 3-2-7　待加工部件

（4）创建刀具组。在“插入”工具条中单击“创建刀具”按钮，再单击“MILL”按钮，在“名称”中输入“D10”，再单击“确定”按钮，在“直径”文本框中输入“10”，在“尖角”文本框中输入“80”，在“长度”文本框中输入“50”，在“刀刃长度”文本框中输入“25”，最后单击“确定”按钮，完成刀具的创建，如图 3-2-8 所示。

（5）创建加工方法组。对于文字的雕刻中，将会采用雕刻刀一次完成精加工刀路的创建，因此在加工方法组中不进行粗加工和半精加工方法的创建。

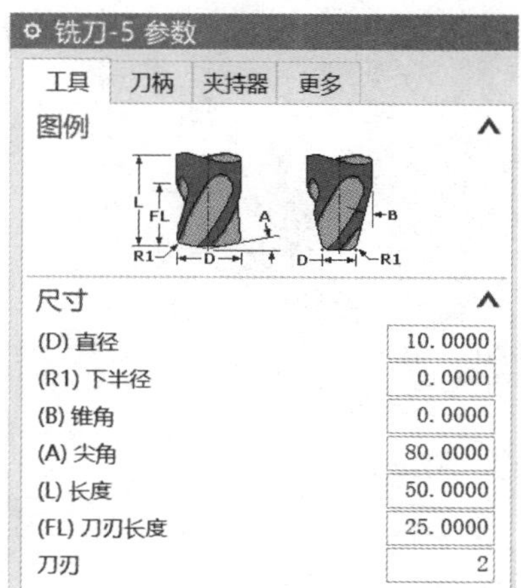

图 3-2-8　刀具创建

2.CAM 编程操作

（1）定义可变轴曲面铣加工操作。

①在工具条中单击创建操作 。

②“类型”列表中选为“mill_multi-axis”，如图 3-2-9 所示。

③单击“VARIABLE_CONTOUR”按钮 。

④设置“位置”选项组中的内容如图 3-2-10 所示。

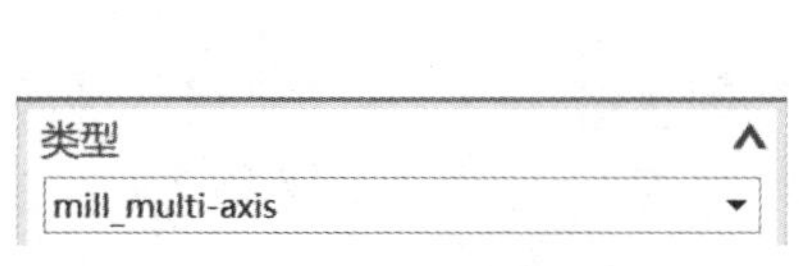

图 3-2-9　类型选择列表

图 3-2-10　位置参数设置

⑤在“名称”文本框中输入“VARIABLE_CONTOUR_1”，单击“确定”按钮。

（2）设置驱动方法。

①在“驱动方法”选项组中，选择“方法”为“曲线/点”，如图 3-2-11 所示，弹出“曲线/点驱动方法”对话框。

②单击对话框中的“选择曲线”按钮 ，展开驱动几何体组中的列表 ， 设置“选择意图”列表栏为“相连曲线”，如图 3-2-12 所示。

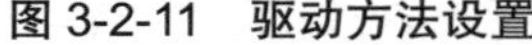

图 3-2-11　驱动方法设置

图 3-2-12　选择示意图

③依次选取待刻字文字“UG 四轴联动”，注意每次选择完成一段封闭曲线之后，要单击鼠标中键或单击“驱动几何体”选项组中的“添加新集”按钮 ，结果如图 3-2-13 所示。

④在“驱动设置”选项组中，设置“公差”为“0.01”，如图 3-2-14 所示。单击“确定”按钮，完成驱动方法的设置。

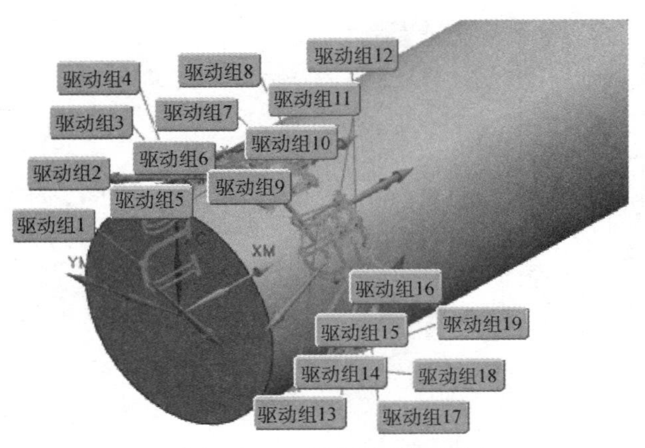

图 3-2-13　选择曲线示意图

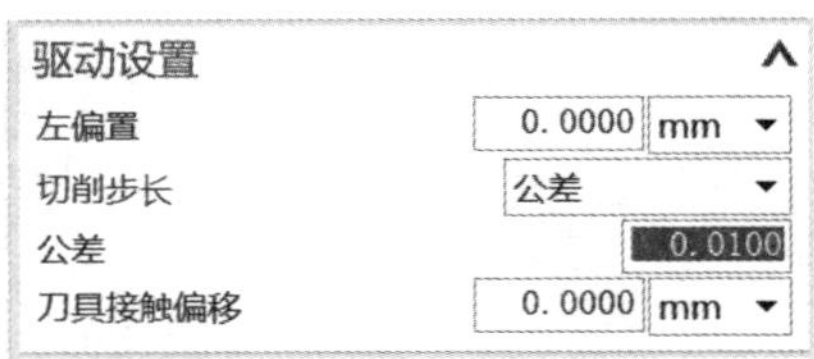

图 3-2-14　公差参数设置

（3）设置投影矢量。

①在“投影矢量”选项组中设置“矢量”为“朝向直线”，如图 3-2-15 所示。

②在弹出的“朝向直线”对话框中，设置“指定矢量”选项组为“XC 轴”，如图 3-2-16 所示。

图 3-2-15　投影矢量设置

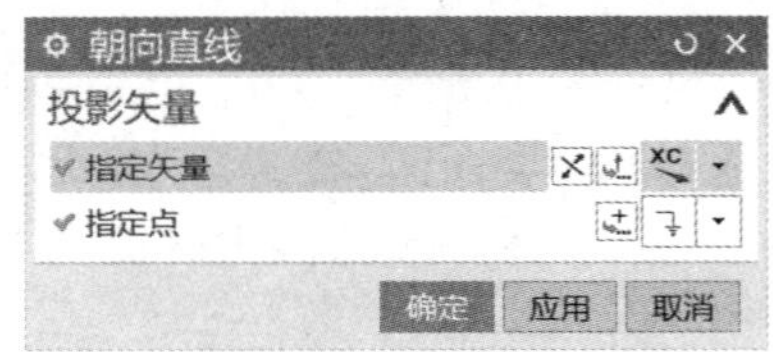

图 3-2-16　矢量选择

③在“指定点”选项组中，单击“点”按钮，在弹出的“点”对话框中，设置“参考”为“WCS”，设置“XC、YC、ZC”坐标值分别为“0、0、0”，如图 3-2-17 所示。

④单击“确定”按钮，完成“点”的设置。

⑤再单击“确定”按钮，完成“朝向直线”对话框的设置。

（4）设置刀轴矢量。

①在“刀轴”选项组中，设置“轴”为“4 轴，垂直于部件”，如图 3-2-18 所示。

图 3-2-17　“点”设置

图 3-2-18　刀轴参数设置

②在打开的“4 轴，垂直于部件”对话框中，设置“旋转轴”矢量为 XC，如图 3-2-19 所示。

③单击“确定”按钮完成刀轴矢量的设置。

（5）定义切削参数。

①单击“切削参数”按钮。

②在弹出的“切削参数”对话框中选择“多刀路”选项卡，在“部件余量偏置”文本框中输入“1”。勾选“多重深度切削”，在“步进方法”选项中选择“增量”选项，设置“增量”为“0.2”，如图 3-2-20 所示。

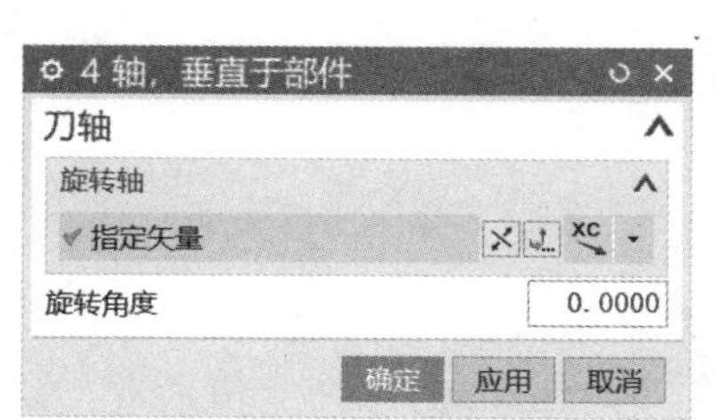

图 3-2-19　矢量选择

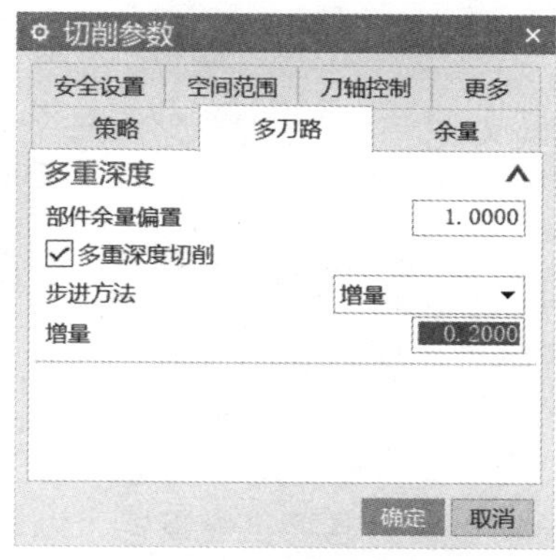

图 3-2-20　多刀路设置

③选择“余量”选项。

④在“公差”选项组中设置内、外公差为“0.01”，如图 3-2-21 所示。

⑤单击“确定”按钮。

（6）定义非切削运动。

①单击“非切削移动”按钮。

②在打开的“非切削移动”对话框中选择“进刀”选项卡，在“开放区域”选项组中，设置“进刀类型”为“插削”，“进刀位置”为“距离”，“高度”为“5.5”，如 3-2-22 所示。

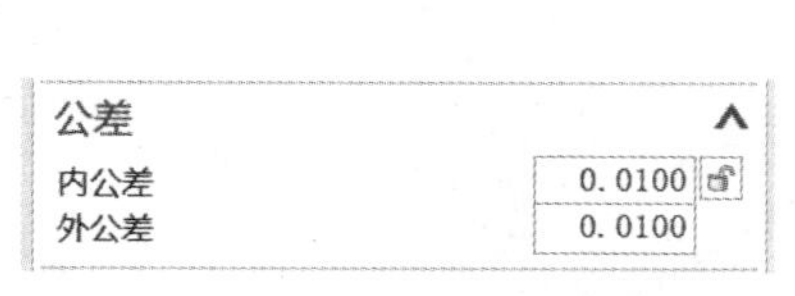

图 3-2-21　公差参数设置

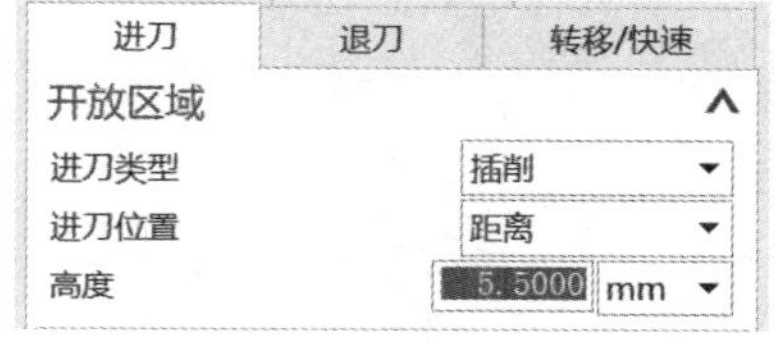

图 3-2-22　进刀方式选择

③选择“转移/快速”选项。

④在“公共安全设置”选项组中，设置“安全设置选项”为“圆柱”，如图 3-2-23 所示。

⑤单击“点”按钮。

⑥在弹出的“点”对话框中，设置“坐标”选项组中的“参考”为“绝对坐标系-工作部件”，“X”为“10”，“Y”和“Z”都为“0”，如图 3-2-24 所示。

⑦单击“确定”按钮，完成“点”的设置。

⑧在“指定矢量”选项组中，设置“指定矢量”为“XC”，如 3-2-25 所示。

⑨在“半径”文本框中，输入“8”。

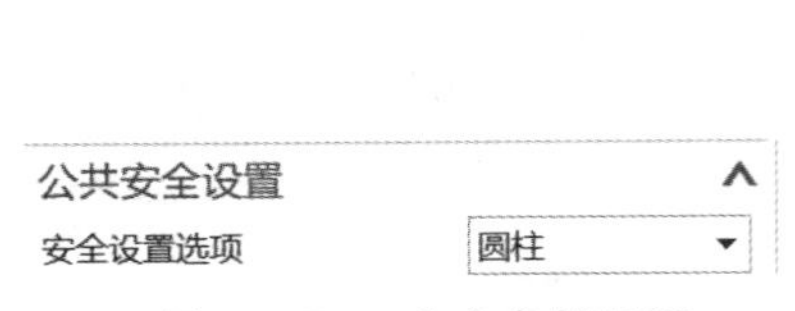

图 3-2-23　安全参数设置

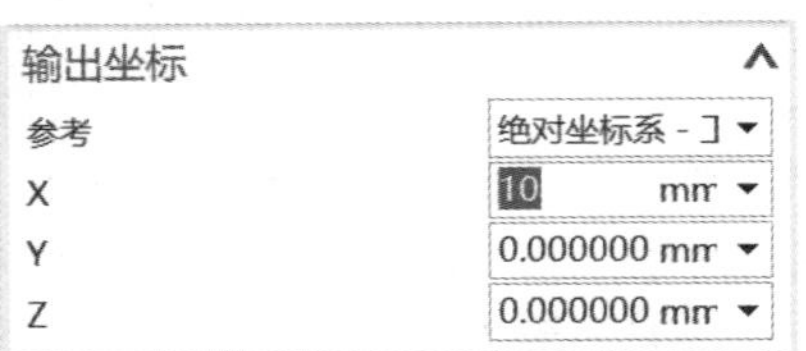

图 3-4-24　点构造器设置

⑩在“光顺”选项组中，选中“光顺拐角”“广顺移刀拐角”复选框，如图 3-2-26 所示。

图 3-2-25　矢量设置

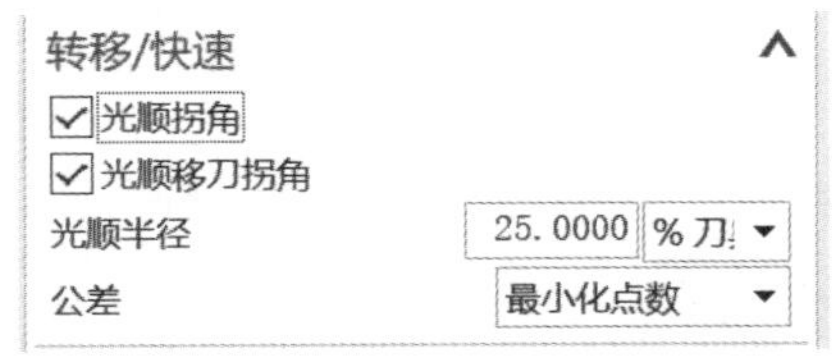

图 3-2-26　刀路光顺设置

⑪单击“确定”按钮。

（7）定义主轴转速 S 及切削速度 F。

①单击“进给率和速度”按钮，打开“进给量和速度”对话框。

②在“主轴速度”选项组中设置“主轴速度”为“12000”，在“进给率”选项组中设置“切削”为“1000”，单击“更多”按钮，设置“进刀”为“600”，“移刀”为“5000”，如图 3-2-27 所示。

③单击“确定”按钮返回“平面铣”对话框。

（8）生成加工。单击“生成”按钮，完成的刀路如图 3-2-28 所示。

图 3-2-27　进给率参数设置

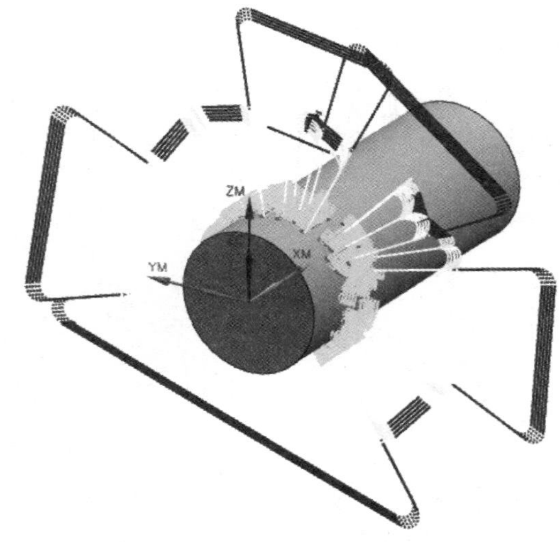

图 3-2-28　切削刀路

（9）刀具轨迹动态模拟。右击“NC_PROGRAM”程序组，在弹出的快捷菜单中执行“刀轨”→“确认”命令，对生成的刀轨进行验证，如图 3-2-29 所示。

图 3-2-29　模拟加工结果

实践操作 3.3　凸轮槽四轴联动加工编程

在 UG NX 加工模块中完成对如图 3-3-1 所示部件中凸轮槽四轴编程操作；掌握刀具夹持器的创建；学习四轴加工中曲面驱动方法的设置；理解刀路变换操作。

（1）不依赖部件和毛坯进行编程操作。

（2）辅助驱动面的构建。

（3）刀路变换操作。

一、建立工件与毛坯实体模型

1. 工件建模

打开文件名为“Four_axis_test3.prt”的部件，待编程部件如图 3-3-1 所示。

图 3-3-1　待加工部件的三维模型

2. 辅助驱动面以及驱动曲线的创建

在编程之前，一般会创建毛坯以便于进行仿真分析。本实例中，由于部件形状比较特殊，有 4 个相同的凸轮槽需要进行加工，因此在操作过程中没有采用创建毛坯的方法，而是进行辅助驱动面以及驱动曲线的创建。

在建模模块中，执行"插入"→"派生曲线"命令，单击"在面上偏置"按钮 在面上偏置...，在弹出的如图 3-3-2 所示的"在面上偏置曲线"对话框中，设置"类型"为"恒定"。

图 3-3-2 "在面上偏置曲线"对话框

（1）在"曲线"选项栏中，单击"选择曲线"按钮，选取如图 3-3-3 所示的"凸轮的下边缘曲线"，在"截面线 1：偏置 1"距离选项中，单击下拉箭头▼，选择"测量"选项 测量(M)...，弹出"测量距离"对话框，如图 3-3-4 所示。

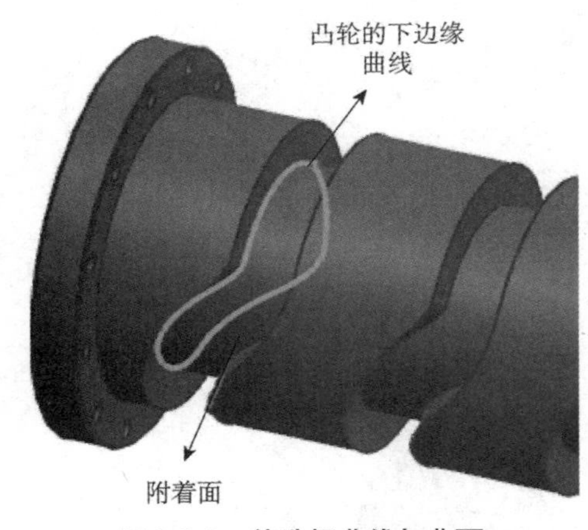

图 3-3-3 待选择曲线与曲面

图 3-3-4 "测量距离"对话框

（2）在如图 3-3-4 所示的"测量距离"对话框中，选择测量"类型"为"距离"，选取凸轮的两个侧面为测量的"起点"和"终点"，示值为"6.2340"时，单击"确定"按钮。

（3）此时，"偏置 1"对话框中值为"6.2340"，单击下拉箭头▼，选择"公式"选项= **公式(F)...**，弹出"表达式"对话框，在公式栏内修改信息为"distance27/2"，单击"确定"按钮。

（4）在“面或平面”选项中，单击按钮，将选择意图切换为“单个面”，选择如图 3-3-3 所示的“附着面”，单击“确定”按钮。

（5）至此，完成第一根曲线的偏置，如有需要，可更改偏置方向。

（6）用同样的方法，从凸轮两个侧面的下边缘分别偏置另外两条曲线，距离为 2.05mm，最终创建的曲线如图 3-3-5 所示。

①利用“曲线 1”和“曲线 3”构建一个直纹面，执行“插入”→“网格曲线”命令，单击“通过曲线组”按钮 通过曲线组(T)...，打开如图 3-3-6 所示的“通过曲线组”对话框。

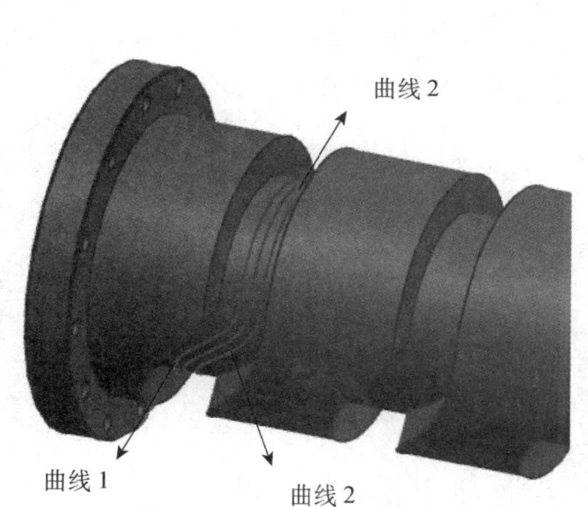

图 3-3-5　最终创建的三条曲线

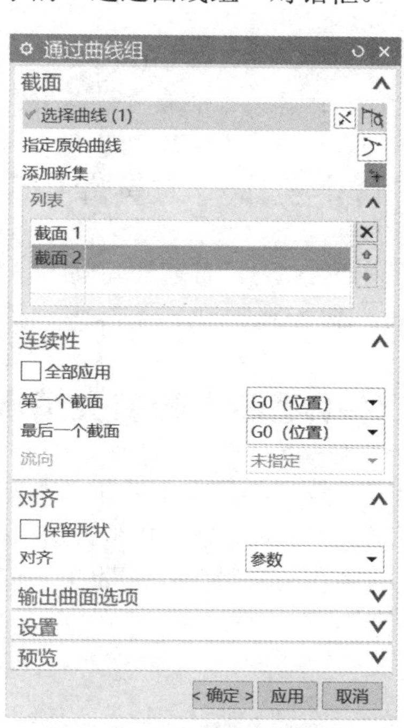

图 3-3-6　通过曲线组对话框

②在“通过曲线组”对话框中，选择“曲线 1”作为“截面线串 1”，“曲线 2”作为“截面线串 2”，“对齐方式”为“参数”对齐，单击“确定”按钮，最终创建的面如图 3-3-7 所示。

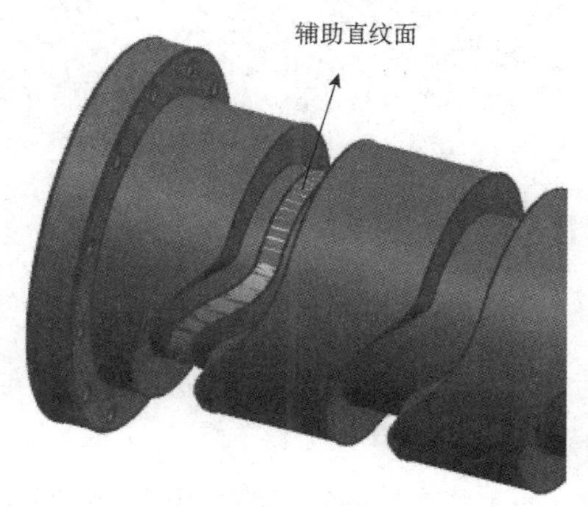

图 3-3-7　辅助直纹面

二、加工前工件模型与质量分析

该模型一个有 4 个凸轮槽需要加工，可以只针对一个凸轮槽进行加工后进行变换即可，由于槽内没有圆角的部分，因此刀具都选用立铣刀。

三、了解加工工件的具体加工要求

该工件的材料为钢件，在提交 CAM 前已由普通机床将凸轮的圆柱面加工到位，加工凸轮槽时需要获取良好的表面质量，以减少后继的修磨操作。

四、了解企业现有刀具库中刀具情况

利用附录 A 刀具普通切削进给参数表进行刀具的选择和切削参数的设置，在刀具类型中选择“D6”及“D4”的立铣刀，分别作为粗加工和精加工用刀具。

五、工件（毛坯）的装夹情况

在加工前需要对加工工件在机床上的装夹情况有十分清楚的认识，从而在编程过程中使刀具做有效的避让，对于该实践来讲，为了获得更高的表面加工质量及减少多次装夹带来的误差，其装夹的形式可以考虑采用如图 3-3-8 所示的方式。

图 3-3-8　工件装夹示意图

工件通过芯棒和紧固螺母固定于转台上。

六、CAM 编程操作

1.UG NX CAM 的准备工作

执行主菜单中的“开始”→“加工”命令，即由建模模块进入加工模块。按照前述模块的介绍，选择“CAM 会话配置”中的“cam_general”选项，选择“CAM 设置”中的“mill_multi_axis”选项，单击“确定”按钮，进入 UG NX 加工环境。

（1）建立 MCS。单击“资源栏”上的“工序导航器”按钮，再单击“几何视图”按钮。在“工序导航器”中，双击“MCS”按钮，弹出“MCS”对话框，单击“指定 MCS”后的“CSYS”按钮。在“类型”选项组中选择“动态”选项，将工作坐标系调整到如图 3-3-9 所示的方位，在“参考坐标系”选项组中选择参考对象为“WCS”，单击“确定”按钮完成 MCS 的设置，如图 3-3-9 所示。

（2）建立安全平面。在“安全设置”选项组中选择“安全设置选项”为“平面”，“指定平面”为“ZC”，在“距离”文本框中输入“30”，其他按照默认设置，单击“确定”按钮完成“MCS”对话框的设置，如图 3-3-10 所示。

图 3-3-9　MCS 设置

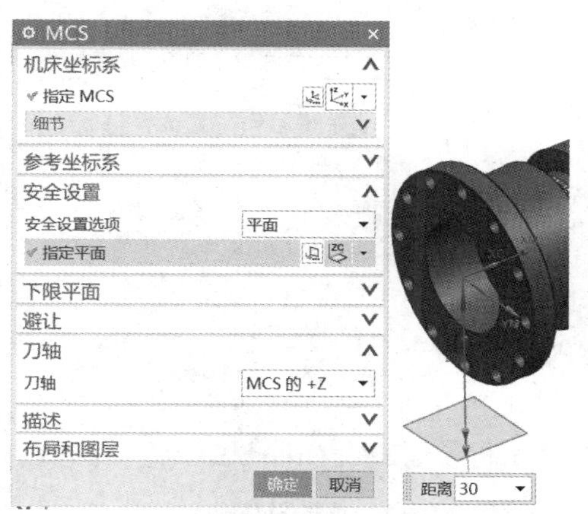

图 3-3-10　安全平面设置

（3）创建加工几何体。单击“资源栏”上的“工序导航器”按钮，在“工序导航器”的空白处右击，在弹出的快捷菜单中选择“几何视图”选项，在“工序导航器—几何”栏中，单击“MCS”前面的加号，展开下一级条目，如图 3-3-11 所示。

双击“WORKPIECE”选项，在弹出的“工件”对话框中，设置“指定部件”为先前建立的实体模型，单击“确定”按钮。

（4）创建刀具组。在“插入”工具条中单击“创建刀具”按钮，再单击“MILL”按钮，在“名称”文本框中输入“D6”，再单击“确定”按钮，在“直径”文本框中输入“6”，“长度”文本框中输入“40”，“刀刃长度”文本框中输入“30”，“刀刃”文本框中输入“4”，如图 3-3-12 所示。

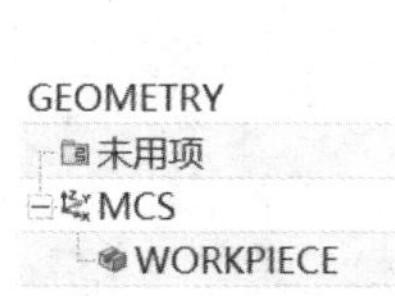

图 3-3-11　MCS 展开图

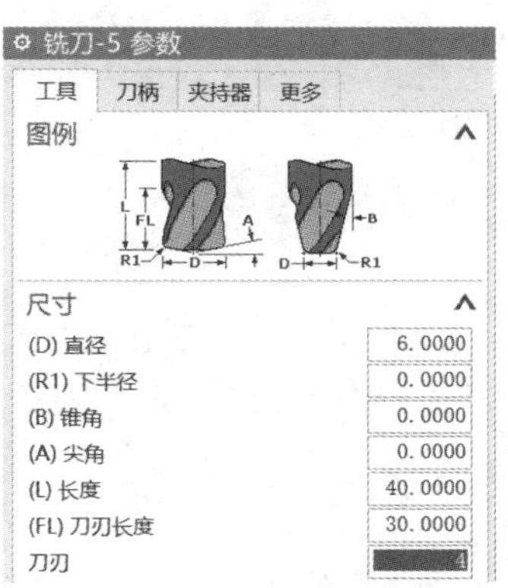

图 3-3-12　刀具创建

选择“夹持器”选项卡，参照机床上用的夹持器输入相关参数，首先在“下直径”文本框中输入“13.5”，在“长度”文本框中输入“8.2”，在“锥角”文本框中输入“35”，然后单击“添加新集”按钮，在“下直径”和“上直径”文本框中输入“25”，在“长度”文本框中输入“22.75”，然后再单击“添加新集”按钮，在“下直径”和“上直径”文本框中输入“50”，在“长度”文本框中输入“26”，如图 3-3-13 所示。

单击“确定”按钮，创建的刀具和夹持器如图 3-3-14 所示。

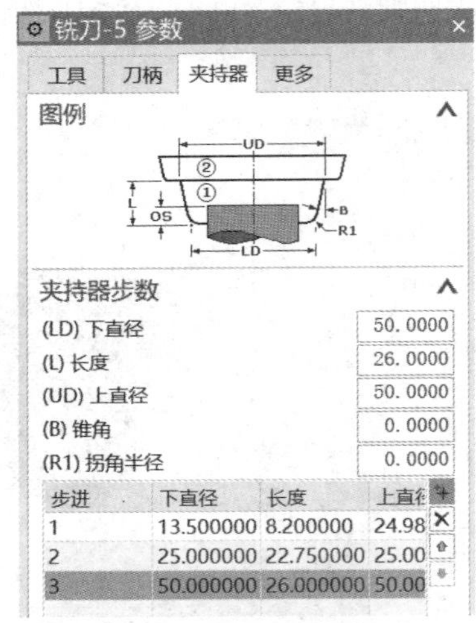

图 3-3-13 夹持器参数设置

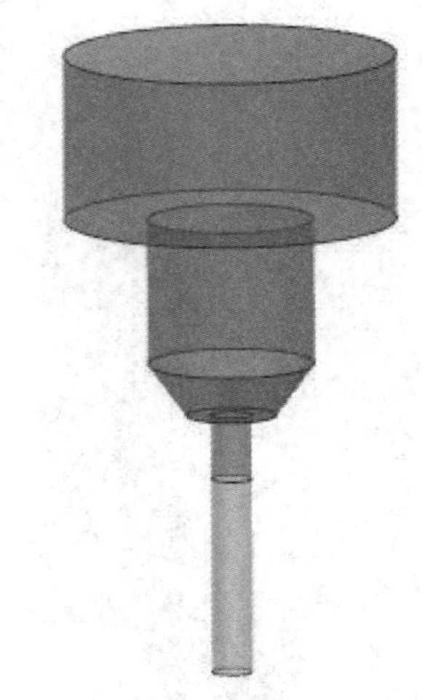

图 3-3-14 刀具和夹持器模型

用同样的方法创建 D4 的立铣刀，夹持器的参数同上。

注意：创建刀具夹持器可以在仿真模拟时进行碰撞检查，模拟实际加工过程中的刀轴碰撞。

（5）创建加工方法组。单击“资源栏”上的“工序导航器”按钮，在“工序导航器”的空白处右击，在弹出的快捷菜单中选择“加工方法视图”选项，在“加工方法视图”选项中双击“MILL_ROUGH”，打开“铣削粗加工”对话框，在“部件余量”文本框中输入“0.1”，“内公差”“外公差”文本框中均输入“0.03”，如图 3-3-15 所示，单击“确定”按钮。

图 3-3-15 加工余量设置

用同样的方法，设置“MILL_SEMI_FINISH”选项中“部件余量”为“0.05”，“内公差”“外公差”均为“0.01”，“MILL_FINISH”选项中“部件余量”为“0”，“内公差”“外公差”为“0.003”。

2.凸轮槽粗加工创建

（1）定义可变轴曲面铣加工操作。在工具条中单击“创建工序”按钮，在“类型”中选择“mill_multi-axis”选项，“子类型”中选择“可变轮廓铣”选项，其他选项如图 3-3-16 所示，单击“确定”按钮。

（2）定义加工几何体。在“可变轮廓腔铣”对话框中，单击“指定部件”按钮，在打开的“部件几何体”对话框中，选择如图 3-3-17 所示的“凸轮底面”作为部件几何体，单击“确定”按钮。

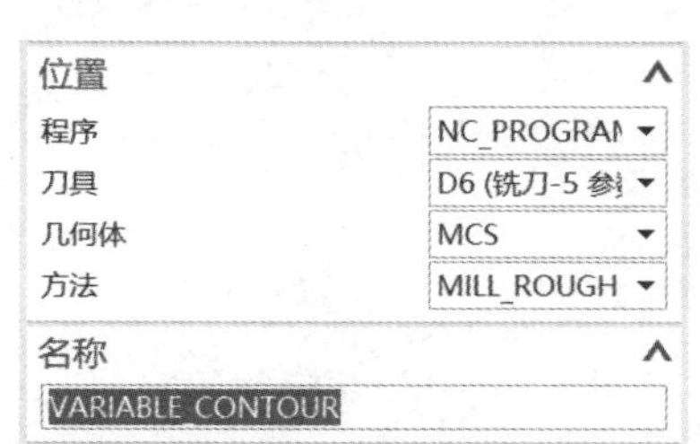

图 3-3-16　可变轮廓铣位置参数设置

图 3-3-17　待选择的曲线和曲面

注意：选择时，可以通过调整选择过滤器菜单 面 整个装配 来进行切换。

（3）设置驱动方法。在“驱动方法”选项栏中，选择“方法”为“曲线/点”，在弹出的“曲线/点驱动方法”对话框中，选择图 3-3-5 中的“曲线 2”作为“驱动几何体”，在“切削步长”中设置为“公差”，“公差”文本框中输入“0.01”，如图 3-3-18 所示，单击“确定”按钮。

（4）设置投影矢量。展开“投影矢量”选项组，选择“矢量”为“朝向直线”，在弹出的“朝向直线”对话框中，指定“矢量”为“XC 轴”，更改“指定点”选项为“圆弧圆心”，选择待加工部件上的任一外圆周曲线，单击“确定”按钮。

（5）设置刀轴矢量。展开“刀轴”选项组，选择“轴”为“4 轴，垂直于部件”，在弹出的“4 轴，垂直于部件”对话框中，指定“XC”为“旋转轴矢量”，单击“确定”按钮，以上操作完成后如图 3-3-19 所示。

图 3-3-18　待加工部件的三维模型

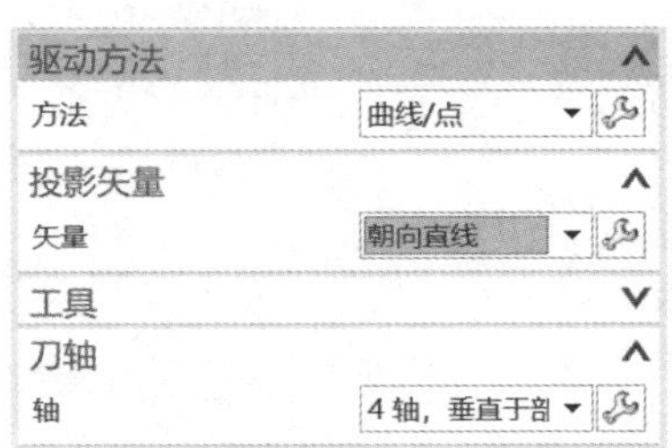

图 3-3-19　驱动方法参数设置

（6）定义切削参数。

①单击“切削参数”按钮。

②在打开的“切削参数”对话框中选择“多刀路”选项卡，勾选“多重深度切削”，在“部件余量偏置”文本框中输入“4”，“步进方法”设置为“增量”，数值为“0.2”，如图 3-3-20 所示。

③选择“安全设置”选项卡，设置“过切时”为“跳过”，“检查安全距离”为“0”，如图 3-3-21 所示，单击“确定”按钮。

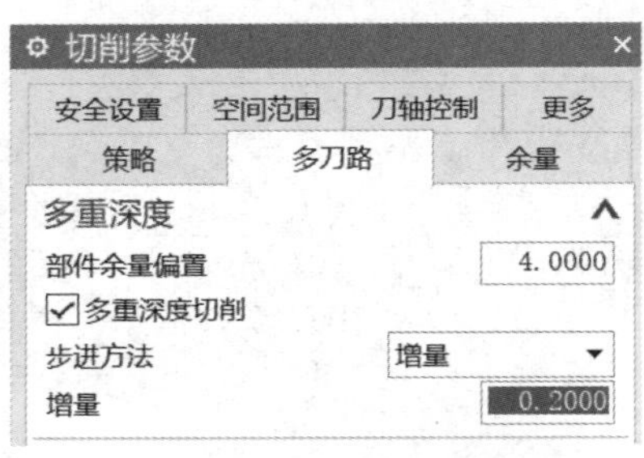

图 3-3-20　多重刀路参数设置

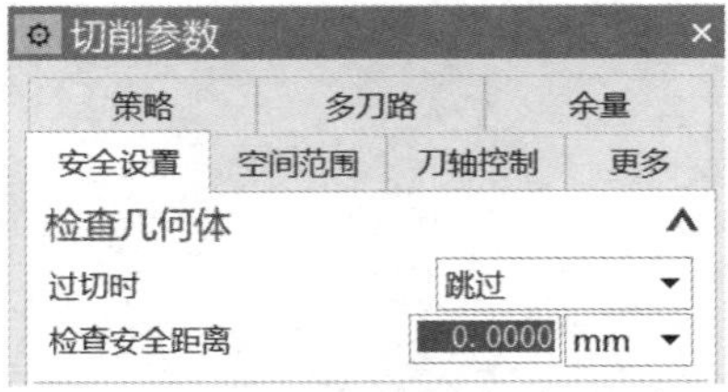

图 3-3-21　过切检查设置

（7）定义非切削运动。

①单击“非切削移动”按钮。

②在打开的“非切削移动”对话框中选择“转移/快速”选项卡，设置“安全设置选项”为“圆柱”，在“指定点”选项中，单击“点”按钮，在弹出的“点”对话框中，选择“类型”为“自动判断的点”，输出坐标“参考”为“绝对坐标系-工作部件”，设置“X=0，Y=40，Z=0”，如图 3-3-22 所示，单击“确定”按钮。

③“指定矢量”为“XC”，在“半径”文本框中输入“30”，如图 3-3-23 所示。

④在“光顺”选项组中，选中“光顺拐角”复选框，“光顺半径”为“25%刀具”，单击“确定”按钮。

图 3-3-22　点坐标设置

图 3-3-23　转移/快速参数设置

（8）定义主轴转速 S 及切削速度 F。进给率和速度按照相应的方法设置，也可以在后处理后进行设置，此处不再进行设置。

（9）生成加工。在操作栏中，单击“生成”按钮，完成一个凸轮槽开粗操作的创建，如图 3-3-24 所示，单击“确定”按钮。

（10）变换粗加工操作。选中“MILL_ROUGH”方法组中的“VARIABLE_CONTOUR”并右击，在弹出的快捷菜单执行“对象”→“变换”变换... 操作，按照如图 3-3-25 所示的参数进行变换设置，单击“确定”按钮，完成另外 3 个凸轮槽的开粗加工。

图 3-3-24　凸轮槽底面开粗刀路

图 3-3-25　变换参数设置

3．凸轮槽底面半精加工创建

（1）定义可变轴曲面铣加工操作。在工具条中单击“创建工序”按钮，在“类型”选项中选择“mill_multi-axis”选项，“子类型”选项中选择“可变轮廓铣”选项，其他选项如图 3-3-26 所示，单击“确定”按钮。

（2）定义加工几何体。可“变轮廓腔铣”对话框中，单击“指定部件”按钮，在弹出的“部件几何体”对话框中，选择建模中创建的“直纹面”作为“指定部件”，单击“指定检查”按钮，选择“凸轮侧面”作为“检查几何体”，如图 3-3-27 所示，单击“确定”按钮。

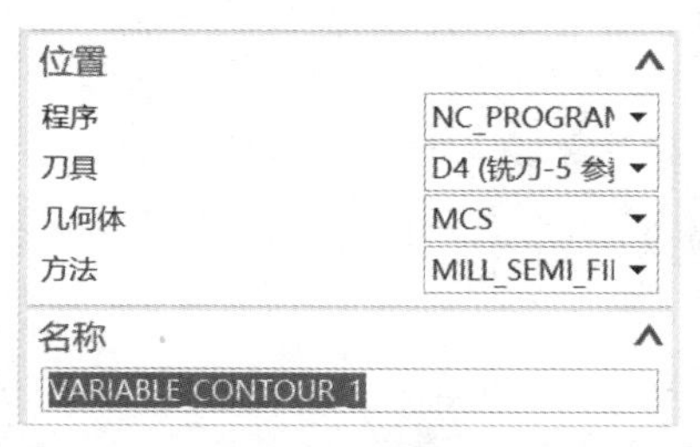

图 3-3-26　可变轴轮廓铣位置参数设置

图 3-3-27　部件和检查体示意图

可以通过调整选择过滤器菜单片体 整个装配来进行切换。

（3）设置驱动方法。在“驱动方法”选项组中，选择“方法”为“流线”，在弹出的 “流线驱动方法”对话框中，选择“驱动设置”中的“刀具位置”为“对中”，“切削模式”为“螺旋或平面螺旋”，“步距”为“数量”，“步距数”为“3”，如图 3-3-28 所示，单击“确定”按钮。

（4）设置投影矢量。展开“投影矢量栏”选项组，选择“投影矢量”为“刀轴”。

（5）设置刀轴矢量。展开“刀轴”选项组，选择“轴”为“远离直线”，在弹出的“远离直线”对话框中，指定“XC”为“旋转轴矢量”，更改“指定点”选项为“圆弧圆心”，选择待加工部件任一外圆周曲线，单击“确定”按钮，完成设置后如图 3-3-29 所示。

（6）定义切削参数。

①单击“切削参数”按钮。

②在打开的“切削参数”对话框中，选择“安全设置”选项卡，设置“过切时”为“跳过”，“检查安全距离”为“0”，如图 3-3-30 所示，单击“确定”按钮。

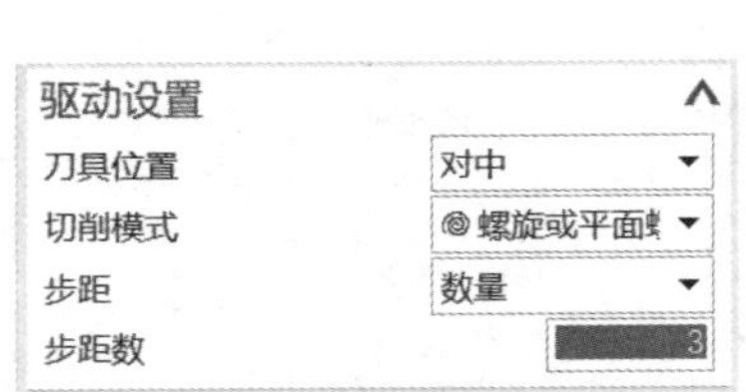

图 3-3-28　驱动参数设置

图 3-3-29　完成设置后示意图

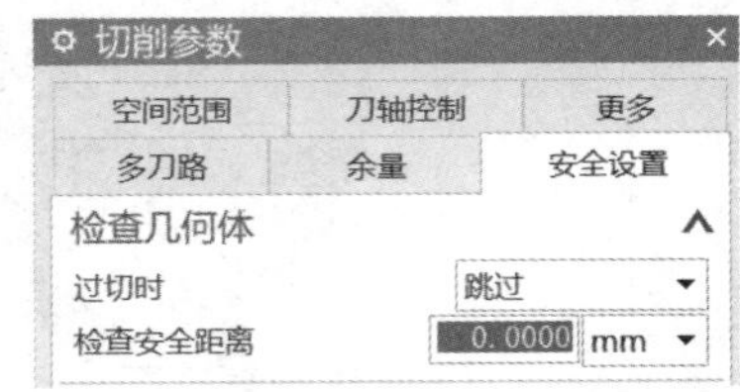

图 3-3-30　检查几何体参数设置

（7）定义非切削运动。

①单击“非切削移动”按钮。

②在打开的“非切削移动”对话框中，选择“转移/快速”选项卡，设置“安全设置选项”为“圆柱”，在“指定点”选项中，单击“点”按钮，在打开的“点”对话框中，选择“类型”为“自动判断的点”，“输出坐标”选项组的“参考”为“绝对坐标系-工作部件”，设置“X=0，Y=40，Z=0”，单击“确定”按钮。选择“指定矢量”为“XC”，在“半径”文本框中输入“30”，如图 3-3-31 所示。

③在“光顺”选项组中，选中“光顺拐角”复选框，“光顺半径”为“25%刀具”，如图 3-3-32 所示，单击“确定”按钮。

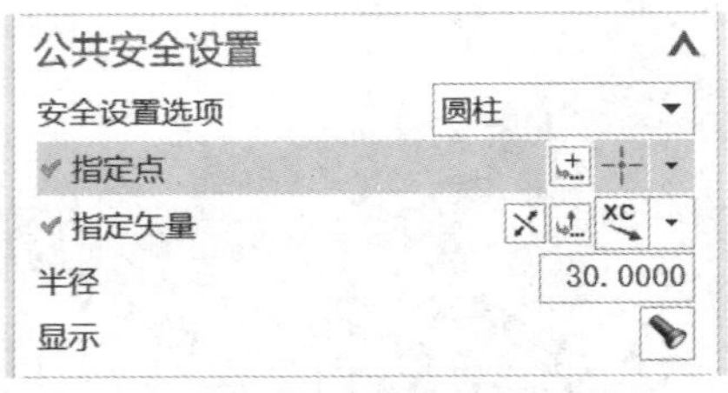

图 3-3-31　公共安全设置

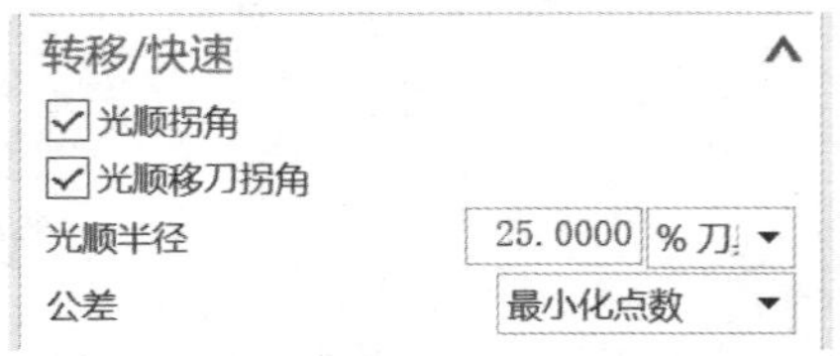

图 3-3-32　转移/快说参数设置

（8）定义主轴转速 S 及切削速度 F。进给率和速度按照相应的方法设置，也可以在后处理后进行设置，此处不再进行设置。

（9）生成加工。在操作栏中，单击“生成”按钮，完成一个凸轮槽半精加工操作的创建，如图 3-3-33 所示，单击“确定”按钮。

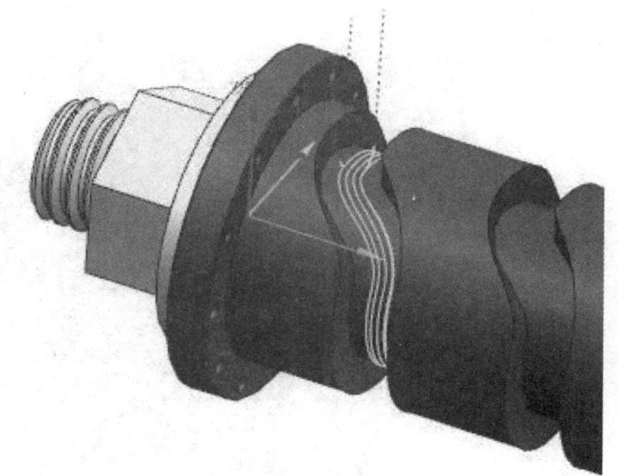

图 3-3-33　凸轮槽半精加工刀路

（10）变换半精加工操作。选中“MILL_SEMI_FINISH”方法组中的“VARIABLE_CONTOUR_1”并右击，在弹出的快捷菜单中执行“对象”→“变换”命令 变换...，按照如图 3-3-34 所示的参数进行变换设置，单击“确定”按钮，完成另外 3 个凸轮槽的开粗加工。

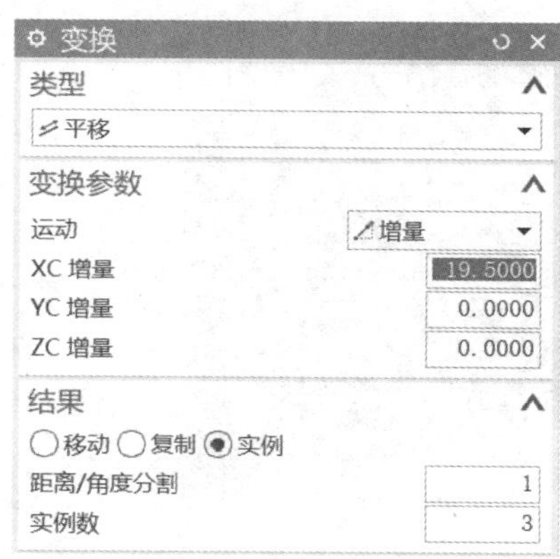

图 3-3-34　变换参数设置

4.凸轮槽侧面半精加工

（1）定义可变轴曲面铣加工操作。在“插入”工具条中单击“创建操作”按钮，在“类型”中选择“mill_multi-axis”选项，“子类型”中选择“可变轮廓铣”选项，其他选项如图 3-3-35 所示，单击“确定”按钮。

（2）定义加工几何体。在“可变轮廓腔铣”对话框中，单击“指定部件”按钮，在打开的“部件几何体”对话框中，选择如图 3-3-36 所示的“凸轮单侧面”作为“部件几何体”，单击“确定”按钮。

（3）设置驱动方法。在“驱动方法”选项组中，选择“方法”为“曲面区域”，在弹出的“曲面区域驱动方法”对话框中，设置“指定驱动几何体” 为先前指定的“凸轮单侧面”，单击“切削方向”按钮，确保选取如图 3-3-37 所示的方向为“切削方向”，通过调整“材料反向”按钮来设置正确的材料方向。

展开“更多”选项组，设置“切削步长”为“公差”，“内公差”“外公差”均为“0.1”，如图 3-3-38 所示，单击“确定”按钮。

图 3-3-35　可变轴轮廓铣位置参数设置

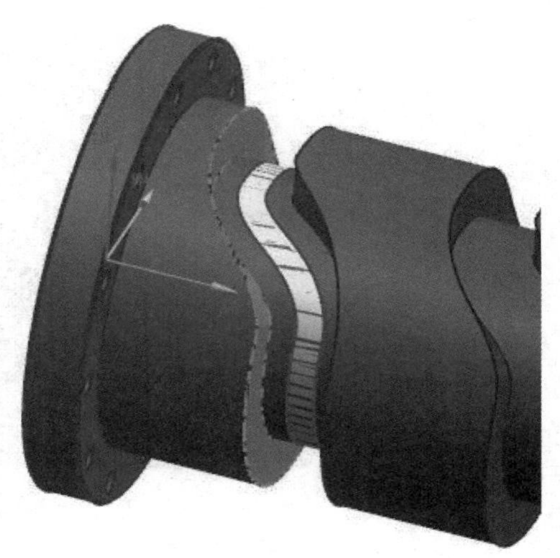

图 3-3-36　指定部件对象示意图

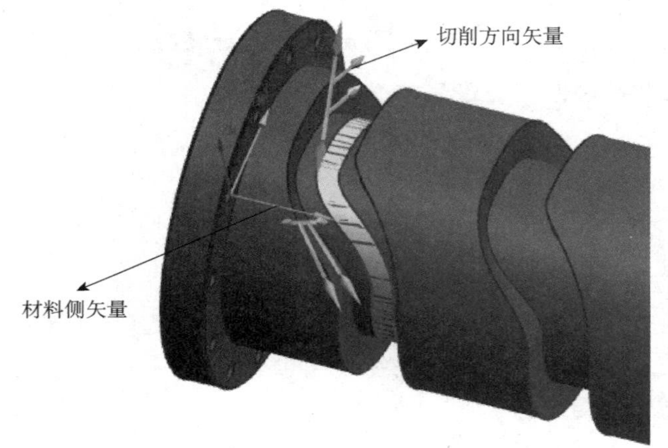

图 3-3-37　待选择矢量示意图

图 3-3-38　切削步长参数设置

（4）设置投影矢量。展开“投影矢量”选项组，选择“投影矢量”为“垂直于驱动体”选项。

（5）设置刀轴矢量。展开“刀轴”选项组，选择“轴”为“远离直线”，在弹出的“远离直线”对话框中，指定“XC”为“旋转轴矢量”，更改“指定点”选项为“圆弧圆心”，选择待加工部件的任一外圆周曲线，单击“确定”按钮，如图 3-3-39 所示。

（6）定义切削参数。单击“切削参数”按钮，在打开的“切削参数”对话框中，选择“安全设置”选项卡，设置“过切时”为“跳过”，“检查安全距离”为“0”，如图 3-3-40 所示，单击“确定”按钮。

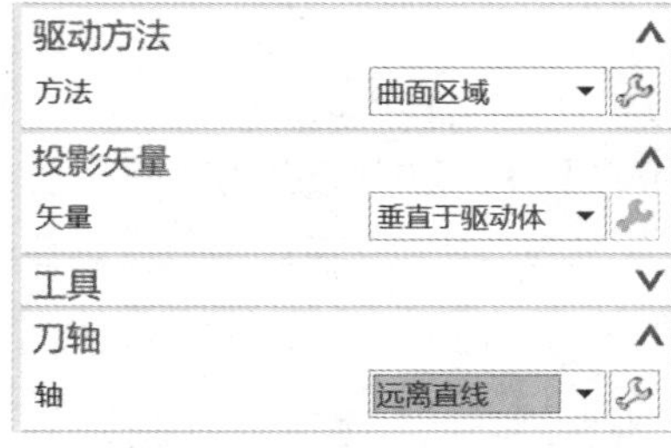

图 3-3-39　完成操作后示意图

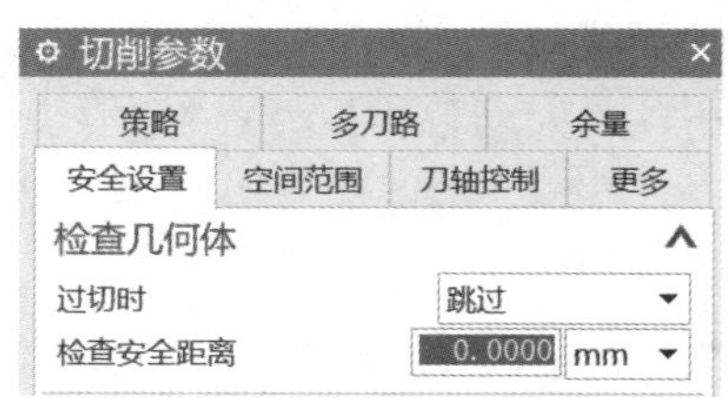

图 3-3-40　检查几何体参数设置

（7）定义非切削运动。单击“非切削移动”按钮，在打开的“非切削移动”对话框中，选择“转移/快速”选项卡，设置“安全设置选项”为“圆柱”，在“指定点”选项中，单击“点”按钮，在打开的“点”对话框中，选择“类型”为“自动判断的点”，输出坐标参考为“绝对坐标系-工作部件”，设置“X=0，Y=40，Z=0”，如图3-3-41所示，单击“确定”按钮。

设置“指定矢量”为“XC”，在“半径”文本框中输入“30”，在“光顺”选项组中，选中“光顺拐角”复选框，“光顺半径”为“25%刀具”，如图3-3-42所示，单击“确定”按钮。

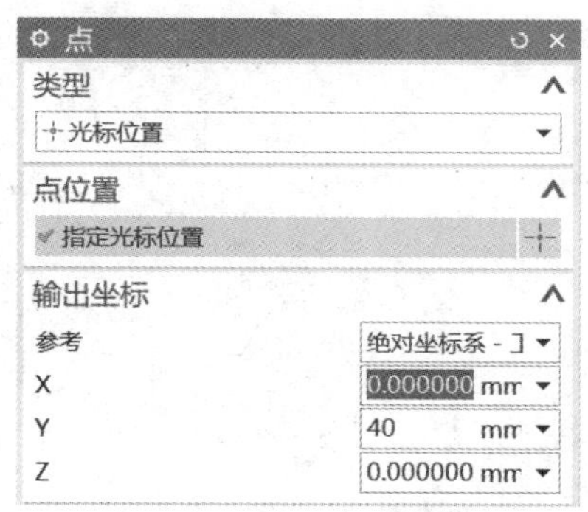

图3-3-41　点构造器参数设置

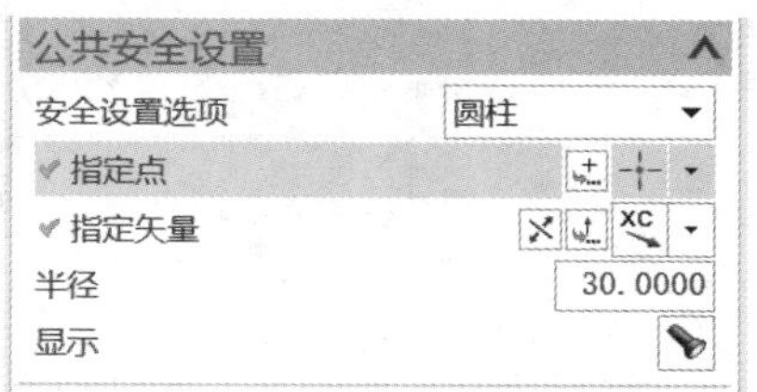

图3-3-42　转移/快速参数设置

（8）定义主轴转速S及切削速度F。进给率和速度按照相应的方法设置，也可以在后处理后进行设置，此处不再进行设置。

（9）生成加工。在操作栏中，单击“生成”按钮，完成凸轮槽其中一个侧面的半精加工创建，如图3-3-43所示，单击“确定”按钮。

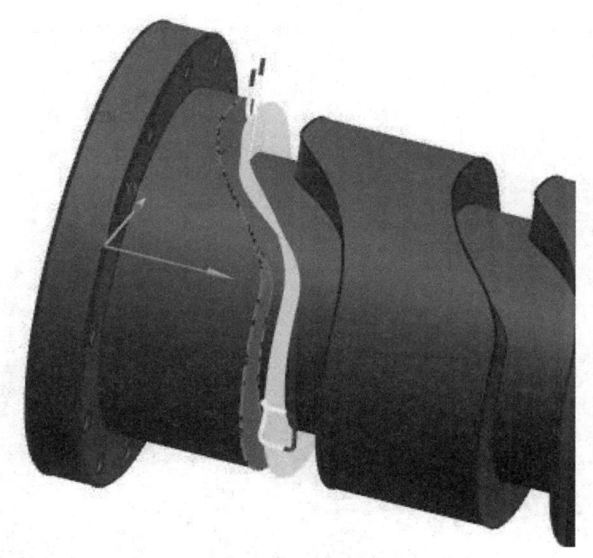

图3-3-43　侧壁半精加工刀路

（10）变换侧壁半精加工操作。选中“MILL_SEMI_FINISH”方法组中的“VARIABLE_CONTOUR_2”并右击，在弹出的快捷菜单中执行“对象”→“变换”命令 变换...，按照如图3-3-44所示的参数进行变换设置，单击“确定”按钮，完成另外3个凸轮单侧壁槽的半精加工。

（11）复制另一侧面半精加工刀路操作。在资源条的“工序导航器”中调整显示方式为“加工方法视图”，在“MILL_SEMI_FINISH”方法组中的“VARIABLE_CONTOUR_2”，选择“复制”选项，再右击“MILL_SEMI_FINISH”方法组，在弹出的快捷菜单中选择“内部粘贴”选项，复制同样的操作，设置文件名为“VARIABLE_ CONTOUR_2_COPY”。

（12）修改加工几何体。双击“VARIABLE_CONTOUR_2_COPY”，在弹出的“可变轴曲面轮廓铣”对话框中单击“指定部件”按钮，在打开的“部件几何体”对话框中，展开“列表”选项，单击按钮，删除原先的曲面，重新选择另一侧的“凸轮侧面”为“指定部件”，如果3-3-45 所示，单击“确定”按钮。

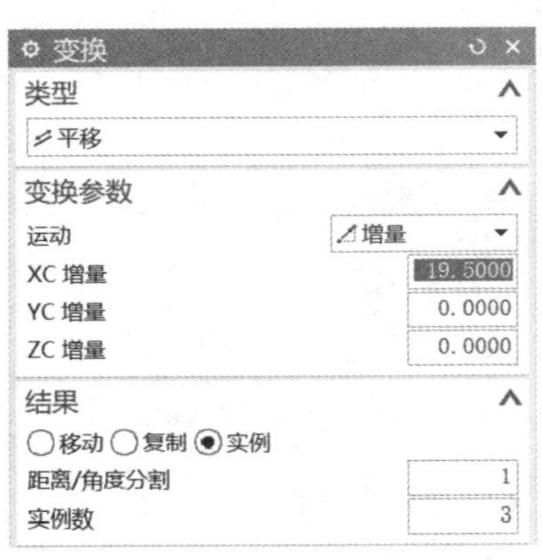

图 3-3-44　变换参数设置

图 3-3-45　待选择曲面示意图

（13）设置驱动方法。单击“驱动方法”选项组中的“设置”按钮，在打开的“驱动方法设置”对话框中选择“指定驱动几何体”选项，单击按钮，删除原先的曲面，重新选择如图 3-3-45 所示的另一侧的“凸轮侧面”为“驱动面”，单击“切削方向”按钮，确保选取如图 3-3-46 所示的方向为“切削方向”，通过调整“材料反向”按钮来设置正确的材料方向，其他参数不变，单击“确定”按钮。

（14）生成加工。在操作栏中，单击“生成”按钮，完成凸轮槽另外一个侧面的半精加工创建，如图 3-3-47 所示，单击“确定”按钮。

（15）变换另一侧面半精加工操作。选中“MILL_SEMI_FINISH”方法组中的“VARIABLE_CONTOUR_2_COPY”并右击，在弹出的快捷菜单中执行“对象”→“变换”命令 变换...，按照如图 3-3-48 所示的参数进行变换设置，单击“确定”按钮，完成另外 3 个凸轮槽侧面的半精加工。

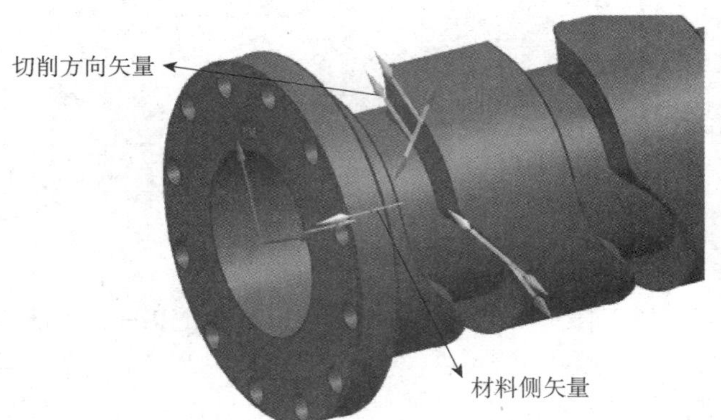

图 3-3-46　待选择矢量示意图

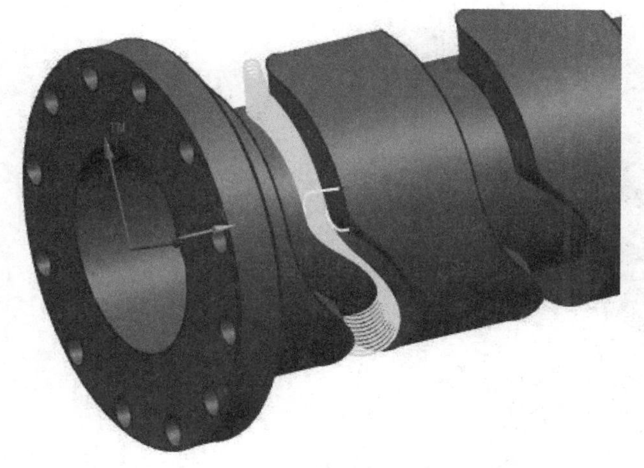

图 3-3-47　另一侧侧壁半精加工刀路

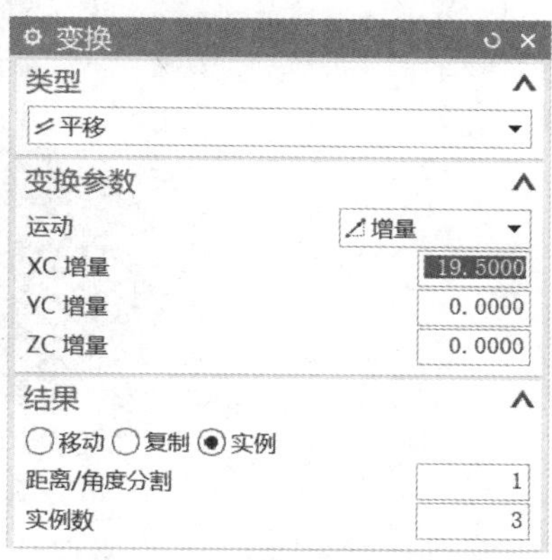

图 3-3-48　变换参数设置

5.凸轮槽精加工操作

（1）复制刀路操作。将“MILL_SEMI_FINISH”方法组中的所有操作都选中（同样通过按住 Shift 或 Ctrl 键来选取），并将所有的刀路都复制到“MILL_FINISH”组中。

（2）修改部件余量。双击“MILL_FINISH”组中的每一个操作，将“切削参数”中的余量都改为“0”，如图 3-3-49 所示。

注意：若原操作对余量无特殊设置，则将刀路执行内部粘贴后，余量已自动改为父级组所设置的参数值。

（3）生成刀路。完成参数修改后单击“生成”按钮，并确保复制后的每一个操作都执行上述的修改过程。

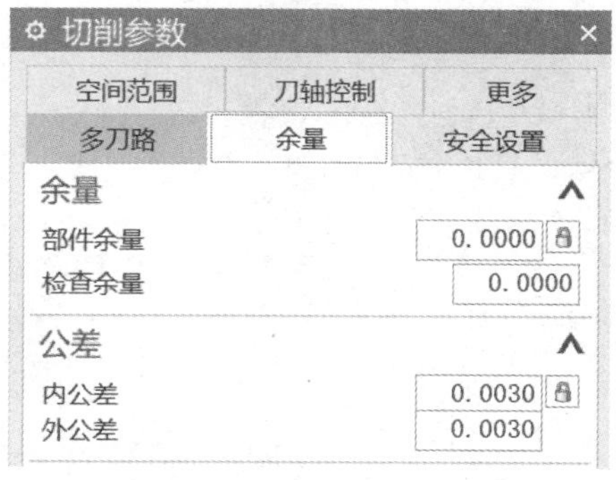

图 3-3-49　切削余量设置

6.刀具轨迹动态模拟

所有部件都完成 CAM 编程之后，可以选择“工序导航器”中“程序视图”下的“program”选项栏，再右击，在弹出的快捷菜单中执行“刀轨”→“确认”命令，进行模拟切削，结果如图 3-3-50 所示。

图 3-3-50　模拟加工结果

实践操作 3.4　四轴数控机床后置处理器设计

在 UG NX 后处理构造器模块中完成典型四轴机床后置处理器的设计；掌握普通四轴机床后置处理器的设计方法。

（1）UG NX 后置处理器的作用。

（2）刀位文件的概念和 NC 文件的概念。

（3）NC 文件的生成与修改。

一、新建后置处理器文件

在 Windows 操作系统中，执行“开始”→“SIEMENS NX 12.0”→“后处理构造器”命令，打开如图 3-4-1 所示的“NX/后处理构造器”对话框。

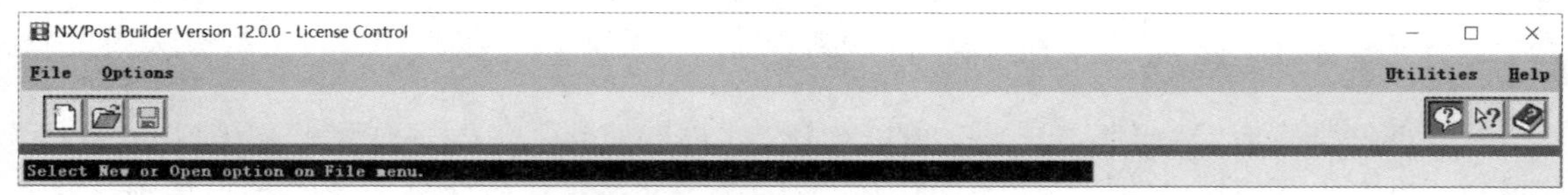

图 3-4-1　后处理构造器对话框

单击“新建”按钮，打开“Create New Post Processor”对话框，在“后处理名称”（Post Name）文本框中输入“Mill_machine_VMC_fanuc_4axis”，在“后处理输出单位”（Post Output

Unit）中选择“毫米”选项（Millimeters），“机床”（Machine Tool）类型为铣（Mill），并单击选择符号，调整为“4 轴带轮盘”（4-Axis with Rotary head），在“控制器”（Controller）选项组中，选中库（Library），类别设为“fanuc_6M”，如图 3-4-2 所示，并单击“确定”按钮。

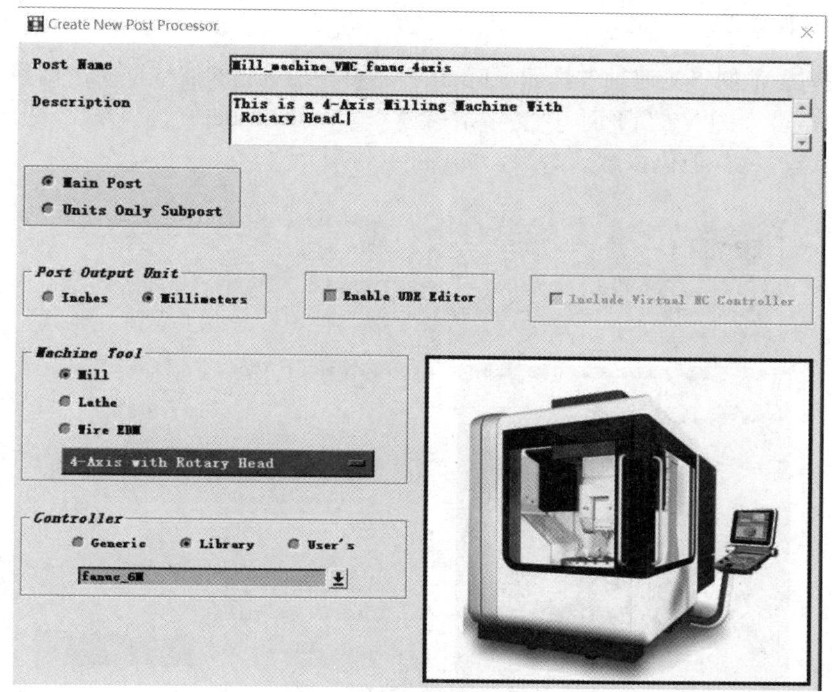

图 3-4-2　新建参数设置

二、设置机床参数

1. 机床基本参数设置

单击“机床参数”按钮，选择左侧列表栏中的“一般参数”选项（General Parameters），在右侧的“参数设置”选项组中，按照机床的行程参数设置“X=800，Y=500，Z=600”，其他按照默认参数，如图 3-4-3 所示。

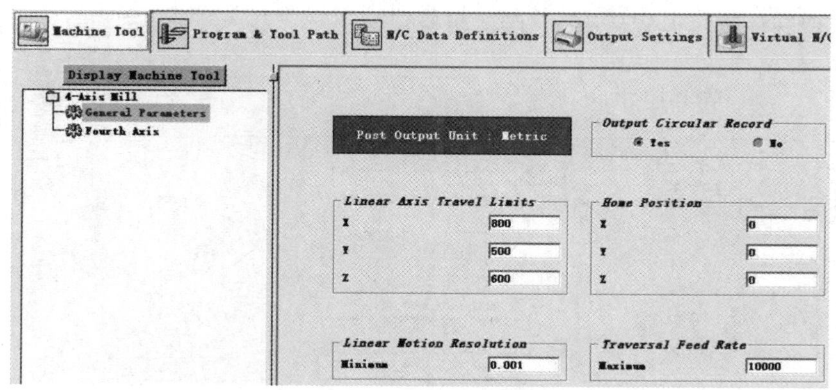

图 3-4-3　机床基本参数设置

注意：机床的基本参数可以参照每台机床的机床操作手册，确认 X、Y、Z 的最大行程及最大进给率和运动分辨率进行设置。

2.第四轴参数设置

单击左侧列表中的“第四轴”按钮（Fourth Axis），在右侧的参数框中，调整“旋转平面”（Plane of Rotation）为“YZ”平面，“文字指引线”（Word Leader）为“A”，复选“旋转轴可以是递增的”选项，其他值按默认参数，如图 3-4-4 所示。

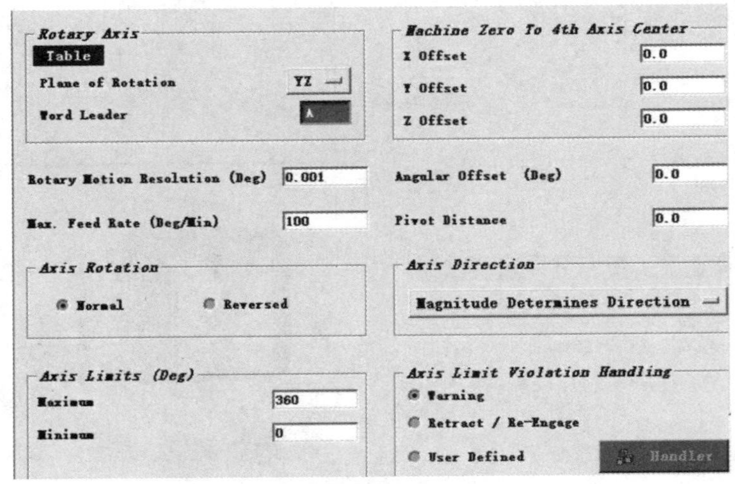

图 3-4-4　第四轴参数设置

注意：对于四轴机床来说，旋转平面 *YZ* 代表绕 *X* 轴旋转，也就是 *A* 轴；旋转平面 *XZ* 代表绕 *Y* 轴旋转，也就是 *B* 轴。

三、设置程序和刀轨参数

1.设置程序起始序列参数

单击“程序和刀轨”按钮，选择“程序”选项，选择左侧的“程序起始序列”选项（Start of Program），展开如图 3-4-5 所示的右侧参数设置页。

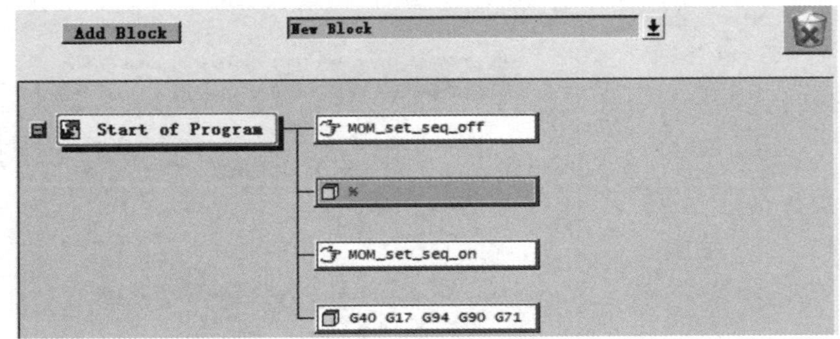

图 3-4-5　程序起始序列参数设置

（1）单击“G40 G17 G94 G90 G71”块，打开如图 3-4-6 所示的操作块，选中“G94”将其拖放到回收站中进行删除。

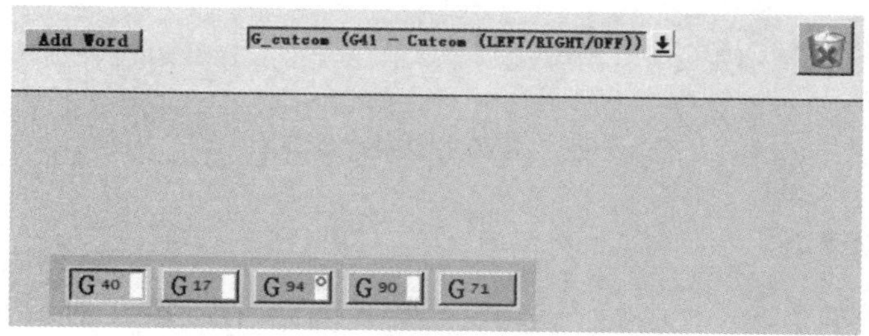

图 3-4-6　操作块设置示意图

（2）单击“添加文字”（Add Word）后的下拉箭头，选中“G_motion（G80-cycle off）”如图 3-4-7 所示。

图 3-4-7　待添加文字示意图

（3）单击“添加文字”按钮，将其拖入“G90”后面，单击“确定”按钮，设置完成的“程序起始序列”如图 3-4-8 所示。

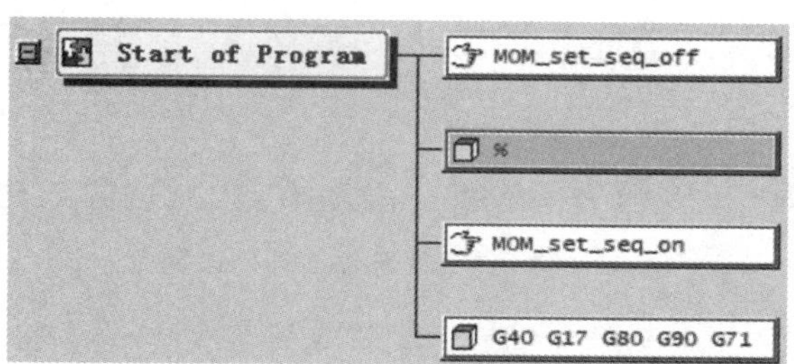

图 3-4-8　完成设置后示意图

2.设置操作起始序列参数

选择左侧的“操作起始序列”选项栏（Operation Start Sequence），展开如图 3-4-9 所示的右侧操作参数设置页。

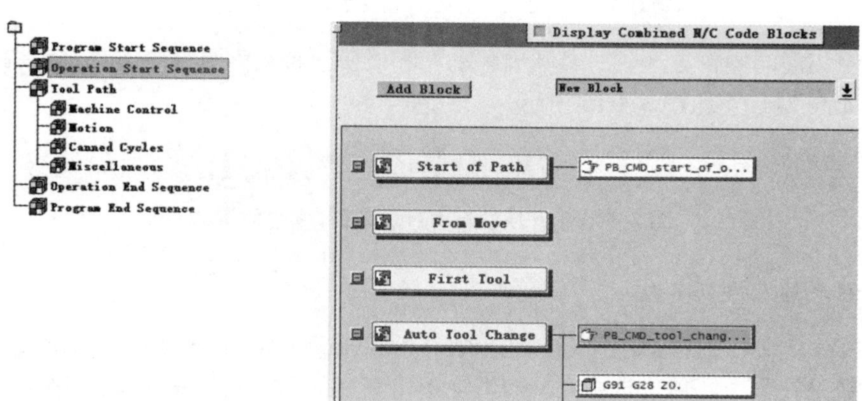

图 3-4-9　操作开始序列示意图

单击“刀轨开始”（Start of Path）后的程序代码，打开如图 3-4-10 所示的“定制命令框”，在文本编辑框中删除“fifth_axis”文本，单击“确定”按钮。

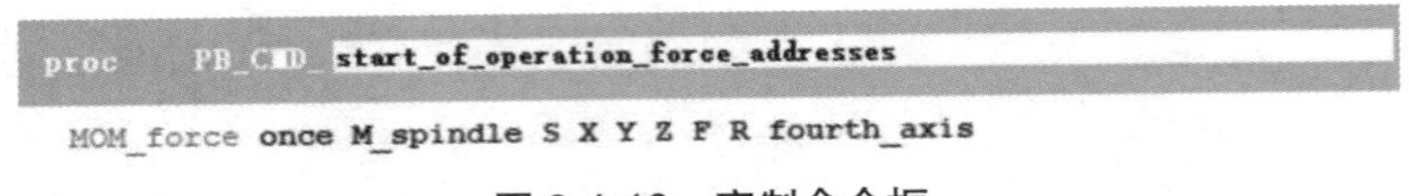

图 3-4-10　定制命令框

3.设置刀轨运动参数

选择左侧的“刀轨”选项栏中的“运动”子菜单，在如图 3-4-11 所示的右侧操作参数设置页中单击“线性移动”按钮（Linear Move）。

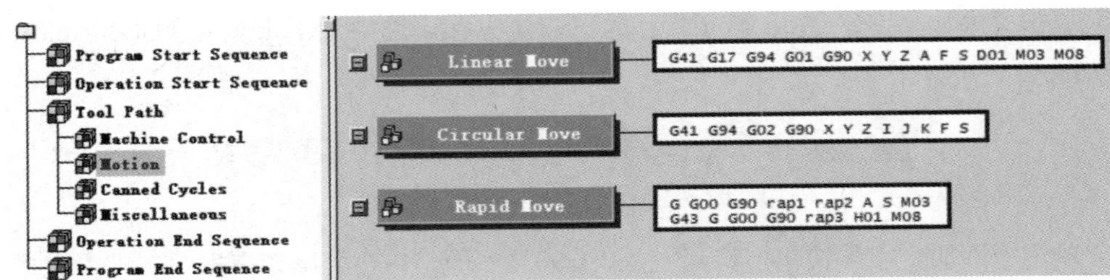

图 3-4-11　刀轨运动示意图

（1）在“线性移动事件”设置框中，单击“G94”按钮，将其拖放到回收站中进行删除，结果如图 3-4-12 所示。

图 3-4-12　“线性移动事件”设置框

（2）拖动滚动条至最后，拖动“S”块将其放置在整个符号块的上方，完成之后再拖动“M03”块放置在“S”块之后，如图 3-4-13 所示，单击“确定”按钮。

图 3-4-13　完成设置后的线性移动事件设置框

（3）采用相同的操作方法，对“圆周移动”和“快速移动”事件中的“符号块”做相同的操作，最终如图 3-4-14 和图 3-4-15 所示。

图 3-4-14　完成设置后的圆周移动事件设置框

4.设置程序结束序列参数

（1）选择左侧的“程序结束序列”选项栏（Program End Sequence），在如图 3-4-16 所示的右侧操作参数设置页中，单击选中“M02”块，将其拖放到回收站中进行删除。

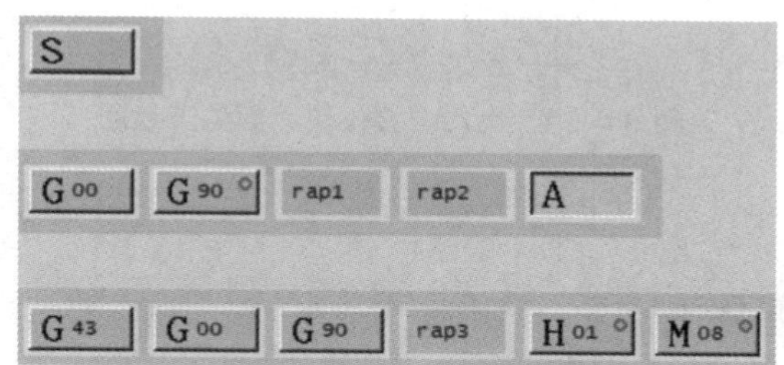

图 3-4-15　完成设置后的快速移动事件设置框

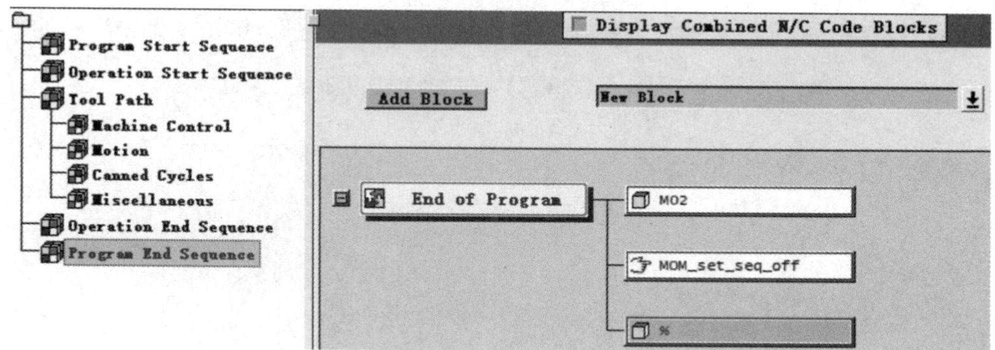

图 3-4-16　程序结束序列示意图

（2）单击“添加块”（Add Block）后的下拉箭头，选中“G91-------（incremental_mode）”，如图 3-4-17 所示。

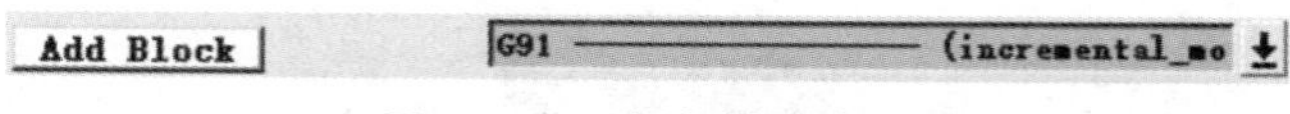

图 3-4-17　添加块示意图

（3）单击“添加块”按钮，将其拖放在“MOM_set_seq_off”前面，如图 3-4-18 所示。

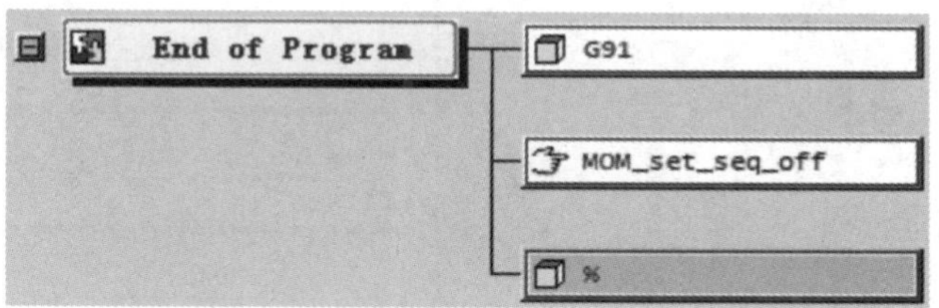

图 3-4-18　添加完毕之后的程序结束序列示意图

（4）单击“G91”所在的块，在弹出的“块程序”对话框中，单击“添加文字”后的下拉箭头，选中“G”→“G28-Return Home”，如图 3-4-19 所示。

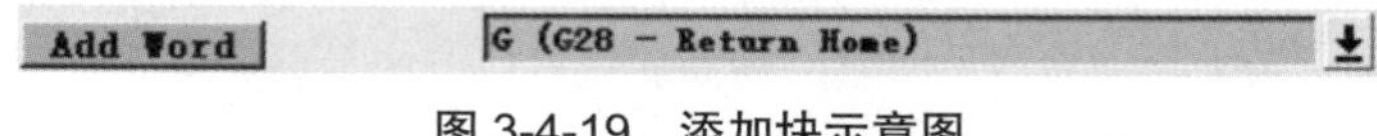

图 3-4-19　添加块示意图

（5）单击“添加文字”按钮，将其拖到“G91”后面，用同样的方法再将“Z0.”添加到“G28”后面（添加“Z0.”时，选择“Z”→“Z0.-Return Home Z”），如图 3-4-20 所示，单击“确定”按钮。

图 3-4-20　添加完操作块之后的示意图

（6）再次单击“添加块”后的下拉箭头，选中“新块”（New Block），如图 3-4-21 所示。

图 3-4-21　添加新块示意图

（7）单击“添加块”按钮，将其拖到“G91”块后面，在弹出的“程序操作”块中，按照上面讲述的方法将“M05”块拖放入操作框中，如图 3-4-22 所示，单击“确定”按钮。

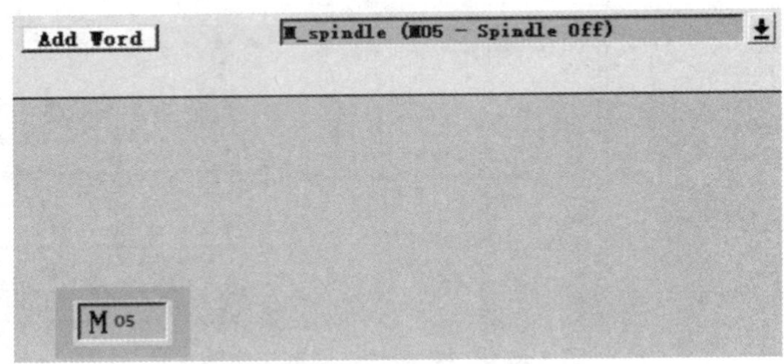

图 3-4-22　添加操作后示意图

（8）用同样的方法将“M09”“M30”块依次添加在“M05”块后面，注意该操作在“程序结束序列”（End of Program）中进行操作，如图 3-4-23 所示。

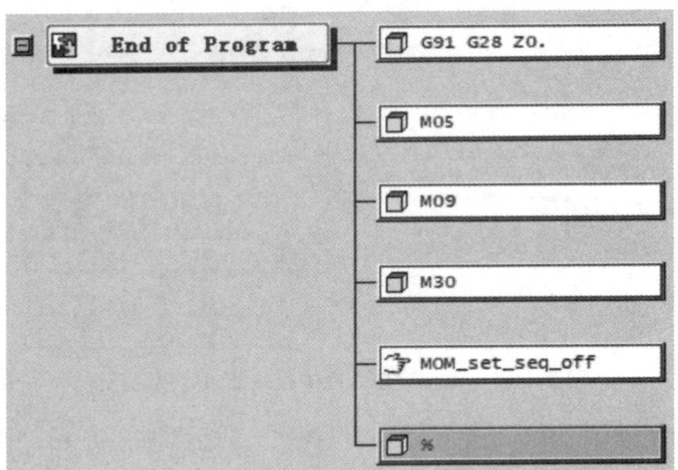

图 3-4-23　完成设置后的程序结束操作块示意图

四、定义输出设置参数

选择“输出设置”选项卡（Output Settings），选择“其他选项”选项（Other Options），将“N/C 输出文件扩展名”（NIC Output File Extension）改为“NC”，如图 3-4-24 所示。

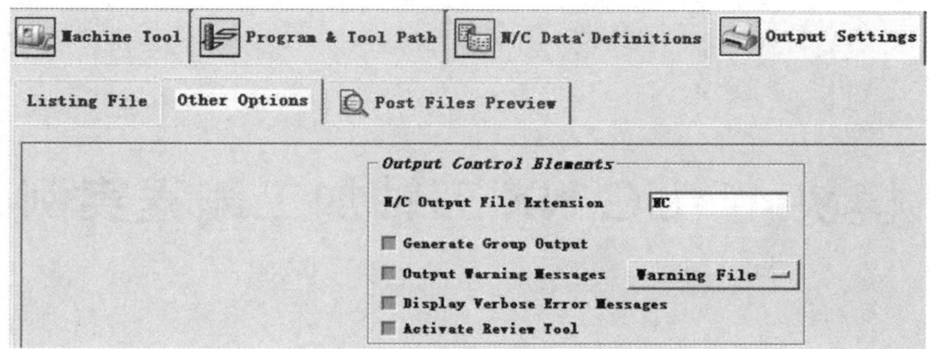

图 3-4-24　输出控制单元参数设置

以上操作完成之后，单击如图 3-4-1 所示中的“保存”按钮，将其指定放置在相应的目录文件夹下，完成后关闭所有对话框。

五、生成 NC 文件

在 NX 加工模块中，以模块 3.3 凸轮槽加工为例，在“工序导航器”的“程序视图”中，左键选中开粗刀路“variable_contour”，选择菜单中的“后处理”选项，打开如图 3-4-25 所示的“后处理”对话框，单击“浏览以查找后处理器”按钮， 选择刚才创建并保存的机床后处理文件“Mill_machine_VMC_fanuc_4axis.pui”。

设置文件输出的位置及文件名，单击“确定”按钮，输出如图 3-4-26 所示的 G 代码文件。

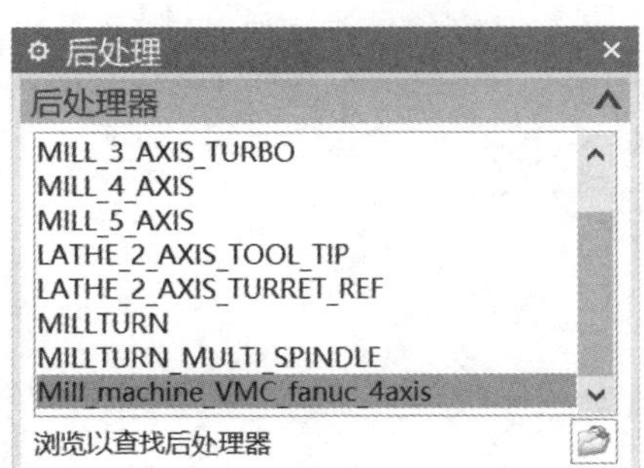

图 3-4-25　“后处理”对话框

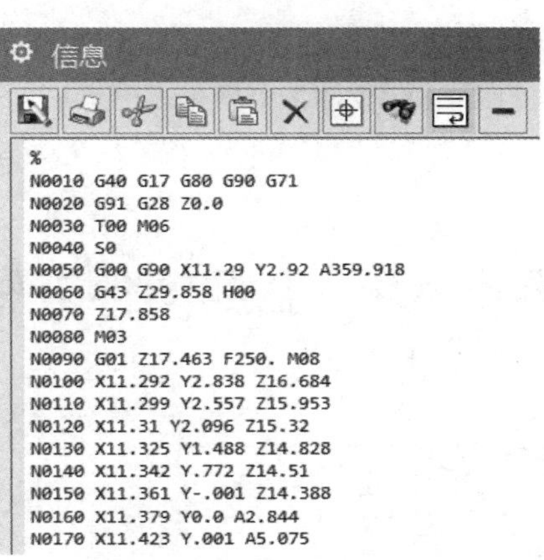

图 3-4-26　后处理后的 G 代码

模块 4　UG NX 五轴加工编程实例

UG NX 五轴加工编程实践内容就是通过具体的加工实例，引导读者掌握 UG NX 加工模块中针对五轴编程的操作方法，并对典型部件进行五轴机床在线模拟加工，验证刀路的准确性。

该模块包含 3 个实践任务，分别为金属镶件五轴加工编程、叶轮五轴加工编程及叶轮五轴机床模拟加工，通过对 3 个实践任务的学习，使读者能够理解五轴联动编程思路，掌握相关的编程方法和技巧。

实践操作 4.1　金属镶件五轴加工编程

在 UG NX 加工模块中完成对如图 4-1-1 所示金属镶件的编程操作；了解五轴零件的装夹方法；掌握 3+2 轴加工的方法。

（1）一次装夹与多次装夹的对比。

（2）五轴加工时工件的装夹方法。

（3）3+2 轴加工。

一、建立工件与毛坯实体模型

1.工件建模

打开文件名为“Five_axis_test1.prt”的部件，待编程部件如图 4-1-1 所示。

2.毛坯建模

建模模块中暂时不进行毛坯模型的创建，在进行 CAM 编程时由自由块直接生成。

图 4-1-1　待加工部件的三维模型

二、加工前工件模型与质量分析

该模型一共有 5 个面需要加工，按传统方法进行加工处理的话需要进行 5 次装夹，另外由于倾斜面的存在，在加工此类面的时候更需要采用特制的夹具，从而导致加工成本升高，同时频繁地进行换装，也会导致加工精度的降低，为了弥补上述缺点，可以采用五轴机床进行编程加工，采用一次装夹就能完成多个面的数控加工。

三、了解加工工件的具体加工要求

该工具的材料为铝合金，牌号为 7050，在提交 CAM 前已由普通机床将一侧面加工到位，底面的高度暂时不做要求，可以在另外 5 个面加工到位后再通过切割（线切割）实现。

四、了解企业现有刀具库中刀具情况

利用附录 A 刀具普通切削进给参数表进行刀具的选择和切削参数的设置。

五、工件（毛坯）的装夹情况

在加工前需要对加工工件在机床上的装夹情况有十分清楚的认识，从而在编程过程中使刀具做有效的避让，对于该实例来讲，考虑到现有的五轴机床为双摆台数控加工机床，其装夹的形式可以考虑采用图 4-1-2 所示的方式。

注意： 工件的外形有所调整，主要是便于装夹定位，实际的 CAM 编程还是以如图 4-1-1 所示的三维模型为准。

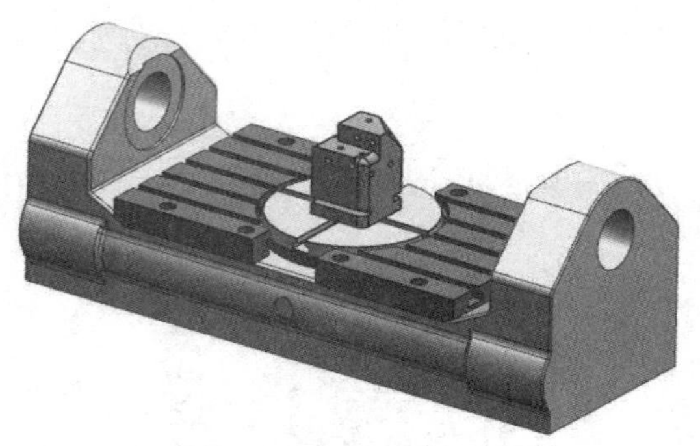

图 4-1-2　工件装夹示意图

六、CAM 编程操作

1.UG CAM 的准备工作

执行主菜单中的“应用模块”→“加工”命令，即由建模模块进入加工模块。按照前述模块的介绍，选择“CAM 会话配置”中的“cam_general”选项，选择“CAM 设置”中的“mill_planar”选项，单击“确定”按钮，进入 UG NX 加工环境。

（1）建立 MCS。单击“资源条”上的“工序导航器”按钮，再单击“几何视图”按钮，在“工序导航器”中，双击“MCS_MILL”按钮 MCS_MILL ，打开“CSYS”对话框。在“类型”中选择“动态”选项，在“参考 CSYS”选项组中选择参考对象为“WCS” 参考 WCS，单击“确定”按钮完成 MCS 的设置，如图 4-1-3 所示。

（2）建立安全平面。在“安全设置”选项组中选择“安全设置选项”为“自动平面”，“安全距离”文本框中输入“10”，其他按照默认设置，单击“确定”按钮完成“MCS 铣削”对话框的设置，如图 4-1-4 所示。

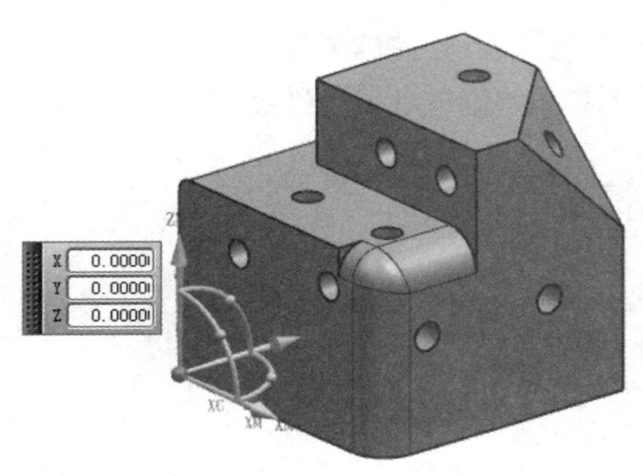

图 4-1-3　MCS 创建

图 4-1-4　安全平面设置

（3）创建加工几何体。单击“资源条”上的“工序导航器”按钮，在“工序导航器”的空白处右击，在弹出的快捷菜单中选择“几何视图”选项，在“工序导航器—几何”栏中，单击“MCS_MILL”前面的加号，展开下一级条目，如图 4-1-5 所示。

双击“WORKPIECE”选项，在弹出的“工件”对话框中，设置“指定部件”为先前建立的实体模型，单击“毛坯”按钮，在打开的“毛坯几何体”对话框中，选择“类型”为“包容块”，相关的参数设置如图 4-1-6 所示。

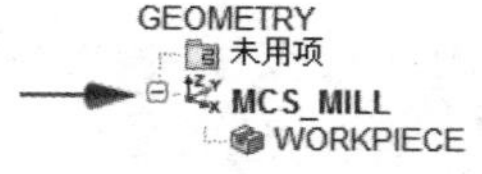

图 4-1-5　MCS 展开图

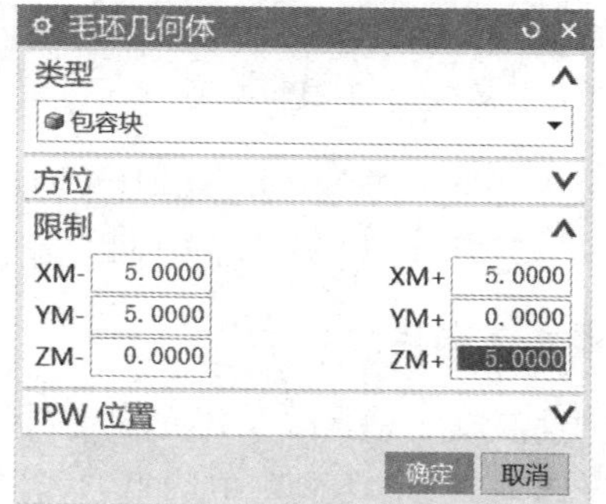

图 4-1-6　自动包容块设置

参数设置完成后，单击“确定”按钮，显示如图 4-1-7 所示的模型和毛坯示意图。

（4）创建刀具组。在“插入”工具条中单击“创建刀具”按钮，再单击“MILL”按钮，在“名称”文本框中输入“D20R0.8”，单击“确定”按钮，在打开的“铣刀-5 参数”对话框中，设置“直径”文本框为“20”，在“下半径”文本框中输入“0.8”，单击“确定”按钮，完成刀具的创建，如图 4-1-8 所示。

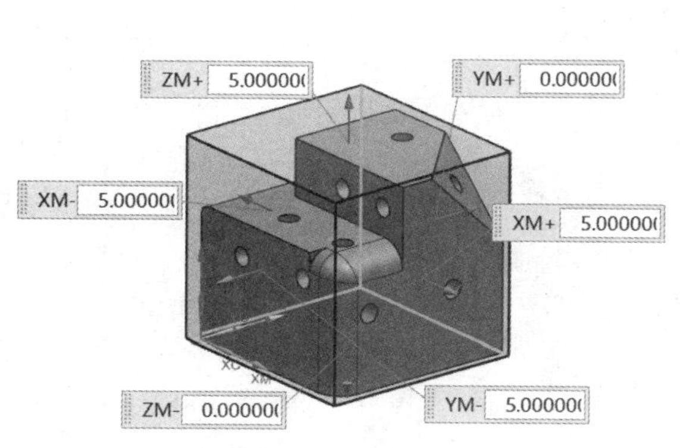

图 4-1-7　模型毛坯示意图

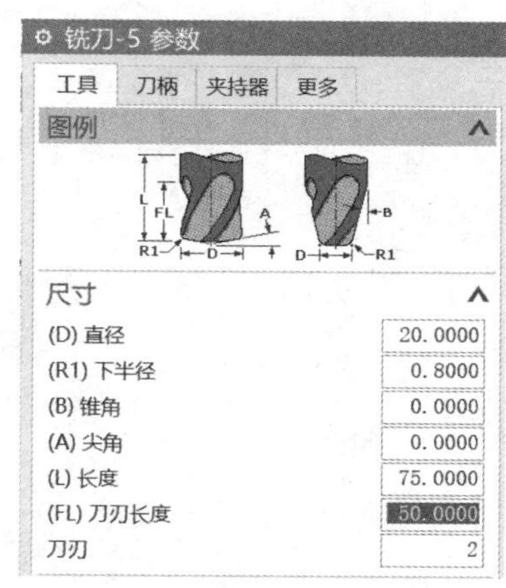

图 4-1-8　刀具创建

用同样的方法创建 D16、D5R2.5 的铣刀及 DRILLING_D10 的钻头，最终的刀具组如图 4-1-9 所示。

注意： 在创建钻头时，需要将“创建刀具”对话框中的“类型”改为“hole_making”，“刀具子类型”改为“STD_DRILL”（钻头）。

（5）创建加工方法组。单击“资源条”上的“工序导航器”按钮，在“工序导航器”的空白处右击，在弹出的快捷菜单中选择“加工方法视图”选项，在“加工方法视图”选项中双击“MILL_ROUGH”，打开“铣削粗加工”对话框，在“部件余量”文本框中输入“0.3”，“内公差”“外公差”文本框中输入“0.03”，如图4-1-10所示，单击“确定”按钮。

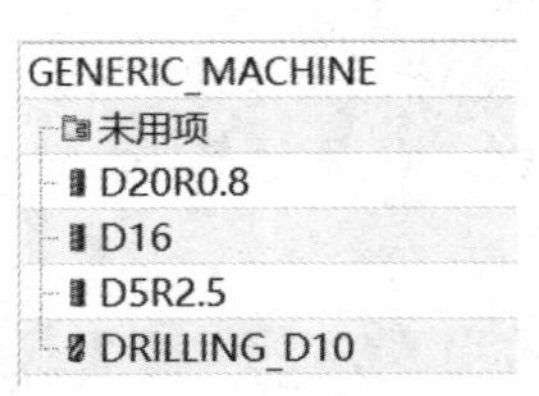

图4-1-9　刀具组视图

图4-1-10　加工余量设置

用同样的方法，设置“MILL_SEMI_FINISH”中的“部件余量”为“0.15”，“内公差”“外公差”为“0.01”，“MILL_FINISH”中的“部件余量”为“0”，“内公差”“外公差”为“0.003”。

2.型腔铣粗加工创建

（1）定义型腔铣加工操作。在工具条中单击“创建操作”按钮，在“类型”中选择“mill_contour”选项，“子类型”中选择“型腔铣”选项，其他选项如图4-1-11所示，单击“确定”按钮。

（2）定义刀轨设置。在“型腔铣”对话框中，设置“切削模式”为“跟随周边”，“步距”为“%刀具平直”，“平面直径百分比”为“70”，“公共每刀切削深度”为“恒定”，“最大距离”为“3”，如图4-1-12所示。

图4-1-11　型腔铣位置参数设置

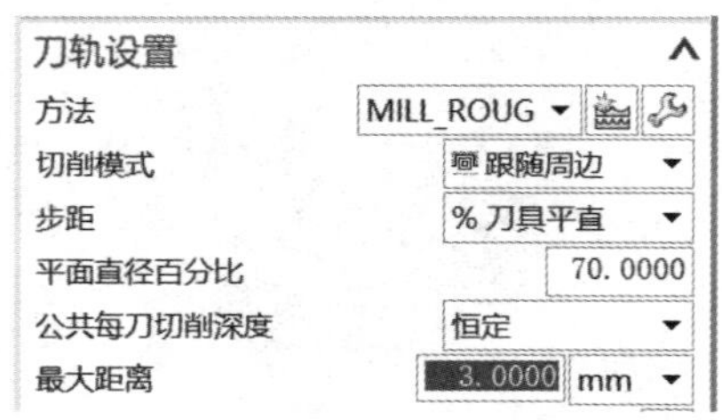

图4-1-12　刀轨参数设置

（3）定义切削参数。

①单击“切削参数”按钮。

②在打开的“切削参数”对话框中，选择“策略”选项卡，设置“切削方向”为“顺铣”，“切削顺序”为“深度优先”，“刀路方向”为“向内”，如图4-1-13所示，单击“确定”按钮。

（4）定义非切削运动。

①单击“非切削移动”按钮。

②在打开的“非切削移动”对话框中，选择“进刀”选项卡，设置“封闭区域”选项组中

的“进刀类型”为“螺旋”，“斜坡角度”为“5”，“高度”为“2”，如图 4-1-14 所示。

③选择“转移/快速”选项卡，设置“区域内”选项组中的“转移类型”为“前一平面”，如图 4-1-15 所示，单击“确定”按钮。

（5）定义主轴转速 S 及切削速度 F。进给率和速度按照相应的方法设置，也可以在后处理后进行设置，此处不再进行设置。

（6）生成加工。在操作栏中，单击“生成”按钮，完成型腔铣操作的创建，如图 4-1-16 所示，单击“确定”按钮。

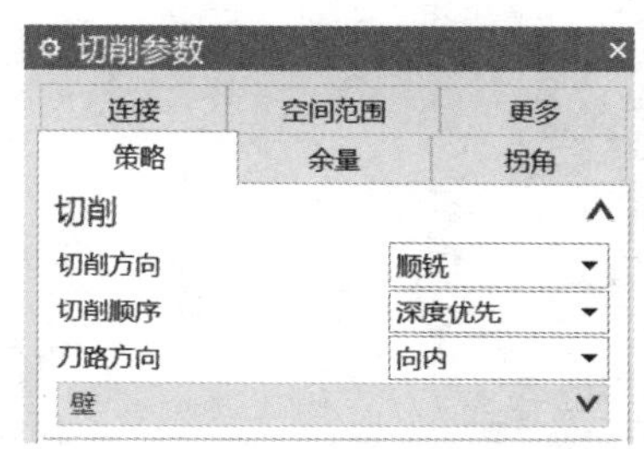

图 4-1-13　加工策略参数设置

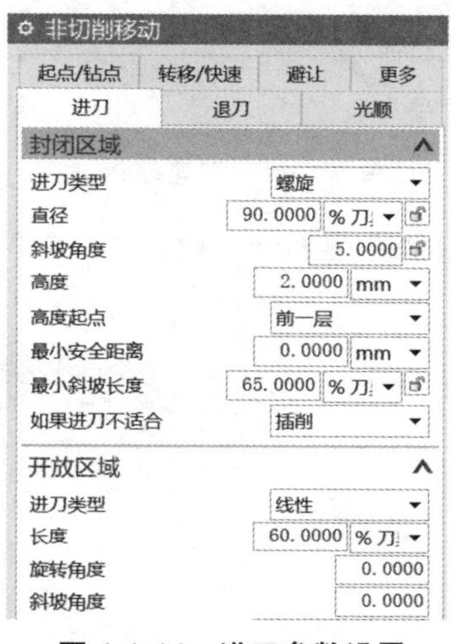

图 4-1-14　进刀参数设置

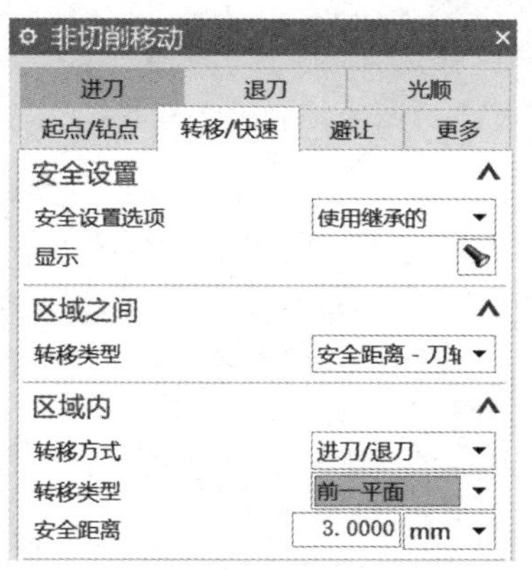

图 4-1-15　转移方式参数设置

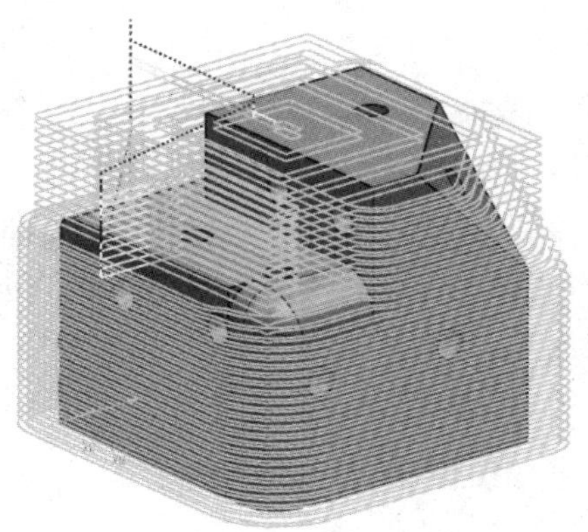

图 4-1-16　型腔铣粗加工刀路

3. 等高半精加工创建

（1）定义等高轮廓铣加工操作。在工具条中单击“创建操作”按钮，在“类型”中选择“mill_contour”选项，“子类型”中选择“等高轮廓铣”选项，“刀具”设置为“D20R0.8”，将“方法”设置为“MILL_SEMI_FINISH”，单击“确定”按钮。

（2）定义刀轨设置。在“等高轮廓铣”对话框中，设置“最大距离”为“0.5”，如图 4-1-17 所示。

（3）定义切削参数。

①单击“切削参数”按钮。

②在打开的“切削参数”对话框中，选择“策略”选项卡，“切削方向”设置为“混合”，“切削顺序”设置为“深度优先”，如图 4-1-18 所示。

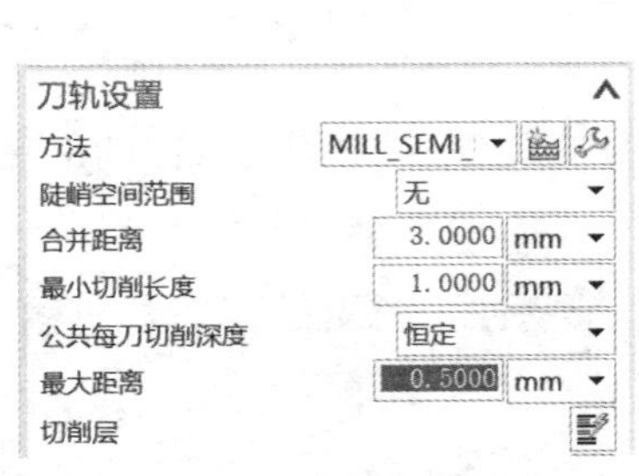

图 4-1-17　刀轨参数设置

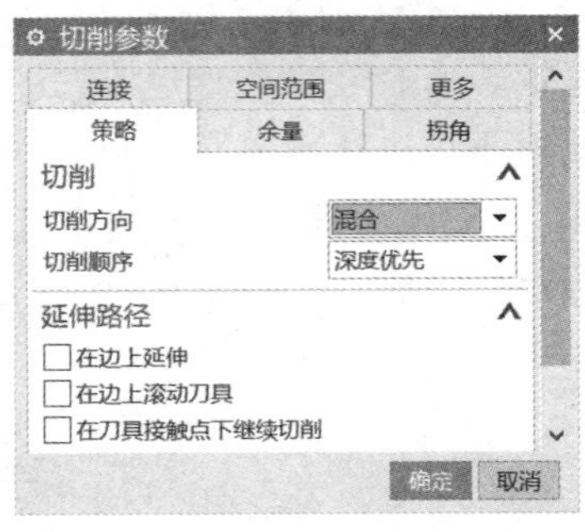

图 4-1-18　切削策略参数设置

③选择“连接”选项卡，设置“层到层”为“直接对部件进刀”，如图 4-1-19 所示，单击“确定”按钮。

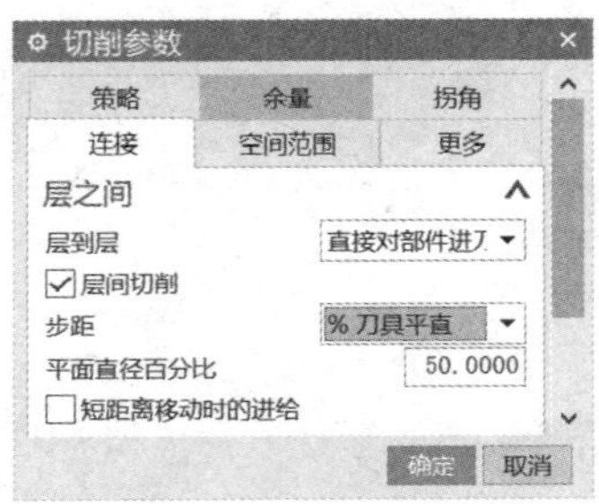

图 4-1-19　连接参数设置

（4）定义非切削运动。

①单击“非切削移动”按钮。

②在打开的“非切削移动”对话框中，按照如图 4-1-20 所示设置“进刀”选项卡参数。选择“转移/快速”选项卡，在“区域内”选项中，设置“转移类型”为“直接”，单击“确定”按钮。

③生成加工。在操作栏中，单击“生成”按钮，完成型腔铣操作的创建，如图 4-1-21 所示，单击“确定”按钮。

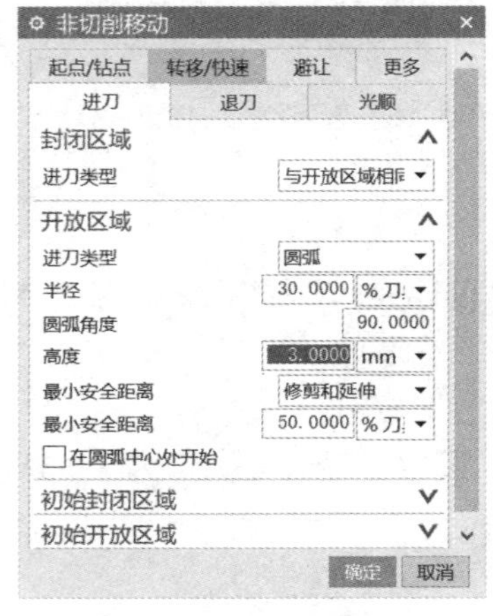

图 4-1-20　进刀参数设置

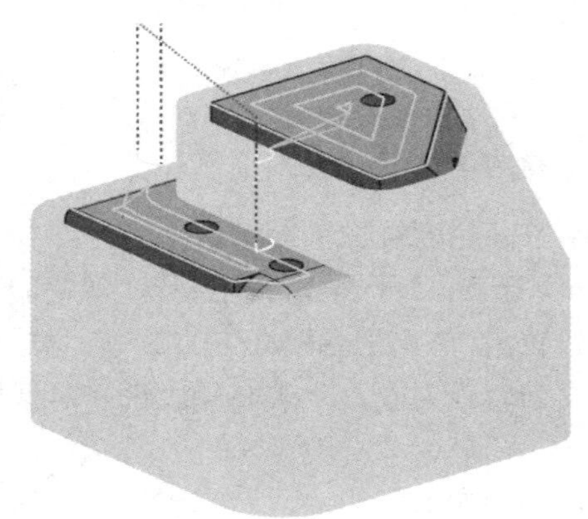

图 4-1-21　等高半精加工刀路

4.平面精加工

待加工的平面如图 4-1-22 所示。

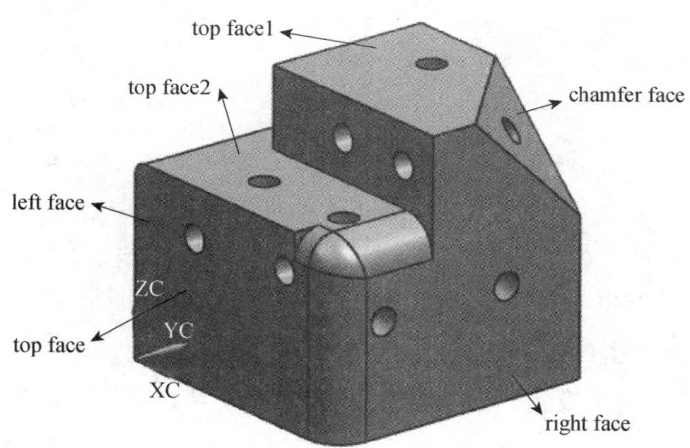

图 4-1-22　六个待加工平面

（1）定义平面铣加工操作。在“插入”工具条中单击“创建操作”按钮，在“类型”中选择“mill_planar”选项，“子类型”中选择“底壁铣”选项，“刀具”设置为“D16”，将“方法”设置为“MILL_FINISH”，“名称” 改为“Top_face_1”，如图 4-1-23 所示，单击“确定”按钮。

（2）定义切削区域。在打开的“底面壁”对话框中，单击“指定切削区底面”按钮，在打开的“切削区域”对话框中选择待切削顶面“Top_face_1”，如图 4-1-24 所示，单击“确定”按钮。

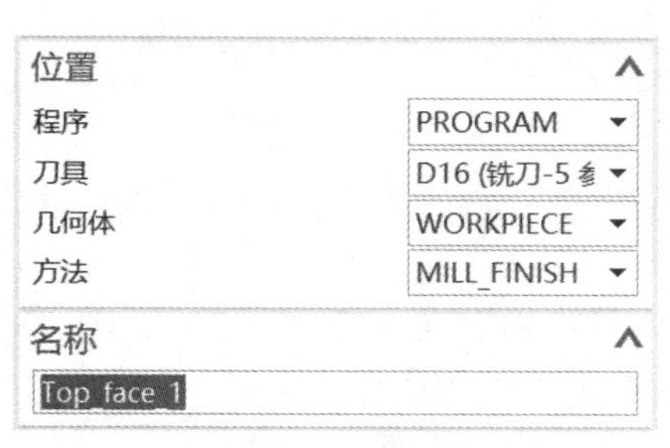

图 4-1-23　平面铣位置参数设置

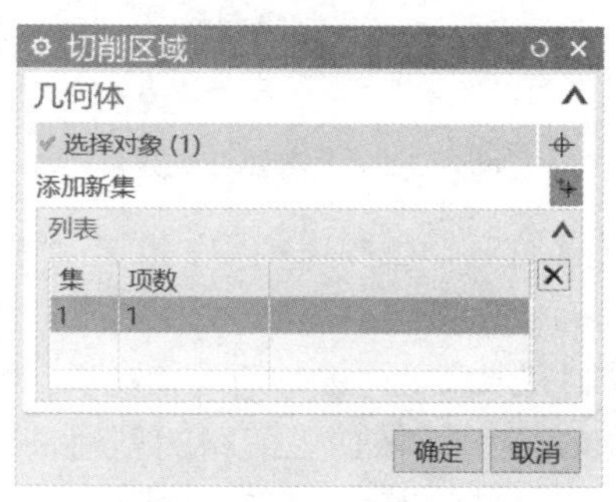

图 4-1-24　切削区域选择

（3）设置刀轴矢量及刀轨设置。展开“刀轴”选项组，设置“轴”为“垂直于第一个面”，在“刀轨设置”选项组中，设置“切削模式”为“往复”，如图 4-1-25 所示，其他按默认参数设置。

（4）生成加工。在操作栏中，单击“生成”按钮，完成“Top_face_1 精加工刀路”的创建，单击“确定”按钮。

（5）复制刀路。在“工序导航器”中右击“Top_Face_1”操作，在弹出的快捷菜单中选择“复制”选项，如图 4-1-26 所示。

再右击“Program”栏，在弹出的快捷菜单中选择“内部粘贴”选项，如图 4-1-27 所示，复制同样的操作，并将其改名为“Top_Face_2”。

（6）修改切削区域。双击“Top_Face_2”操作，在弹出的“底面壁”对话框中，单击“指定切削区底面”按钮，在打开的“切削区域”对话框中先展开“列表”选项，单击“删除”按钮，然后选择待切削顶面“Top_face_2”，单击“确定”按钮。

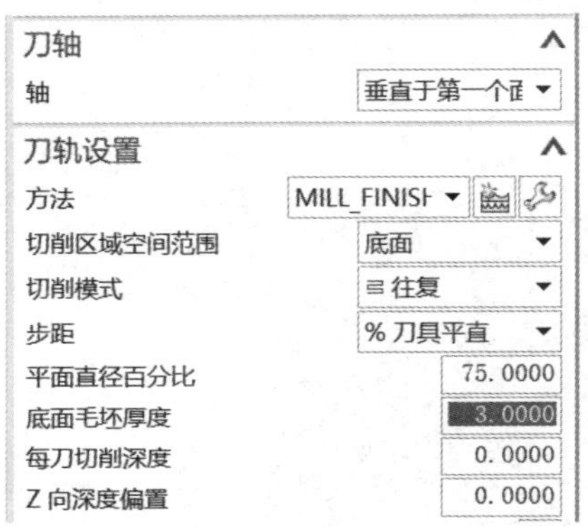

图 4-1-25　刀轨参数设置

图 4-1-26　复制操作

（7）设置刀轴矢量及刀轨设置。确保“刀轴”选项组中设置“轴”为“垂直于第一个面”，“刀轨设置”选项组中“切削模式”为“跟随周边”，如图 4-1-28 所示，其他按默认参数设置。

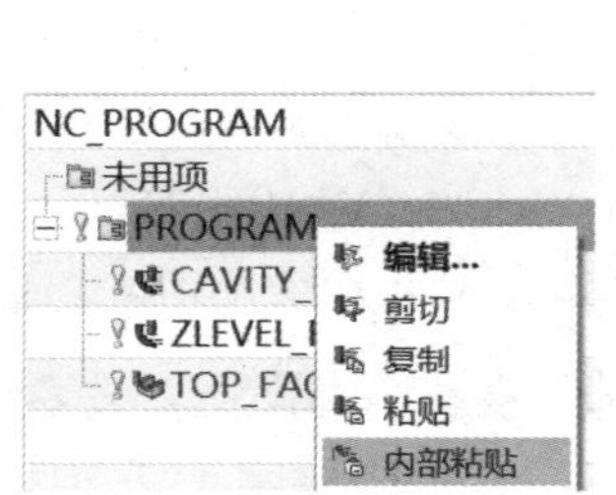

图 4-1-27　内部粘贴操作

图 4-1-28　刀轨设置

（8）生成加工。在操作栏中，单击“生成”按钮，完成“Top_face_2”精加工刀路的创建，单击“确定”按钮。

（9）复制完成其他平面加工。重复以上步骤，完成其他“Front_face”“Right_face”“Left_face”“Chamfer_face”平面精加工刀路的创建，最终生成的刀路如图 4-1-29 所示。

图 4-1-29　平面精加工刀路

在用平面铣进行精加工时，可以按照实际情况灵活地选择切削模式。

5.竖直圆角面精加工

待加工圆角面如图 4-1-30 所示。

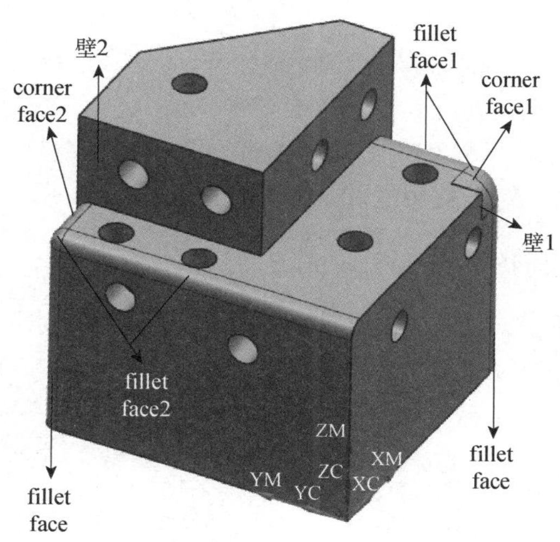

图 4-1-30　待加工圆角面

（1）复制等高轮廓铣加工操作。在“工序导航器”中右击“Zlevel_Profile”，在弹出的快捷菜单中选择“复制”选项，再右击“Program”栏，在弹出的快捷菜单中选择“内部粘贴”选项，复制同样的操作，并将其改名为“Fillet_Face”。

（2）修改切削区域。双击“Fillet_face”操作，在弹出的“等高轮廓铣”加工对话框中，选择“指定切削区域”选项，在打开的“切削区域”对话框中选择待切削的两个垂直圆角面“fillet_face”，如图 4-1-30 所示，单击“确定”按钮。

（3）修改刀具及切削余量。在“工具”选项组中，选择“刀具”为“D16”，在“刀轨设置”选项组中，“方法”为“MILL_FINISH”，如图 4-1-31 所示，其他按照默认参数设置即可。

（4）生成加工。在操作栏中，单击“生成”按钮，完成 fillet_face 精加工刀路的创建，如图 4-1-32 所示，单击“确定”按钮。

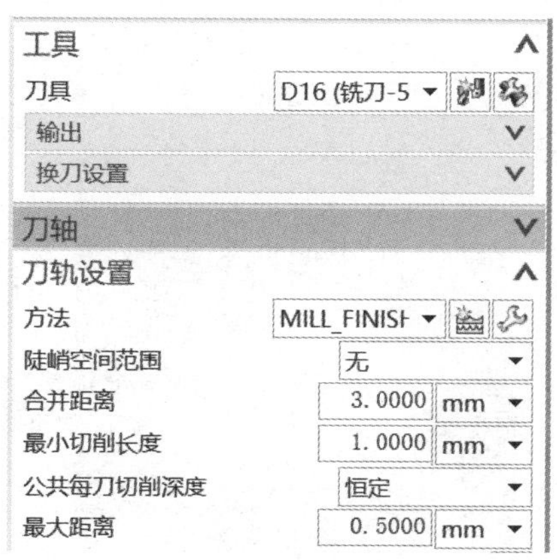

图 4-1-31　刀轨参数设置

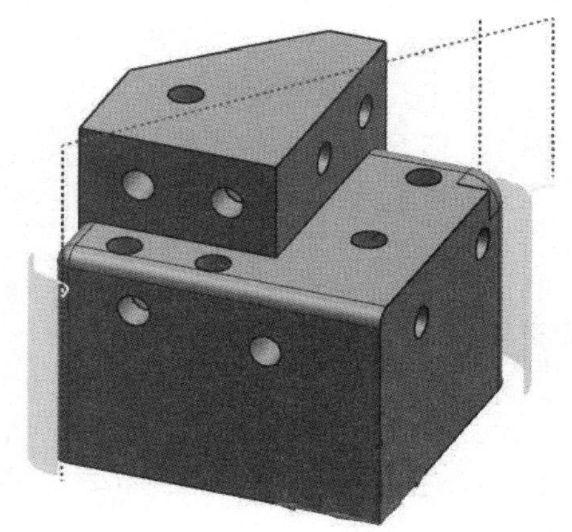

图 4-1-32　刀轨参数设置

6.水平圆角面精加工

（1）定义可变轴曲面铣加工操作。在“插入”工具条中单击“创建操作”按钮，在“类型”中选择“mill_multi-axis”选项，“子类型”中选择“可变轮廓铣”选项，“刀具”设置为“D5R2.5”，将“方法”设置为“MILL_FINISH”，“名称” 改为“FILLET_FACE_1”，如图 4-1-33 所示，单击“确定”按钮。

（2）设置驱动方法。在“可变轮廓铣”对话框中，选择“驱动方法”为“曲面区域”，在弹出的“曲面区域驱动方法”对话框中，选择“指定驱动几何体”选项，在打开的“驱动几何体”对话框中，选择待加工的两个“FILLET_FACE_1”曲面，设置“曲线区域”为“曲面%”，在打开的“曲面百分比方法”对话框中的相关参数按如图 4-1-34 所示设置，单击“确定”按钮。

注意：第一个曲面选择为拐角面。

单击“切削方向”按钮，选取如图 4-1-35 所指矢量为切削方向。其他设置参数如图 4-1-36 所示，单击“确定”按钮。

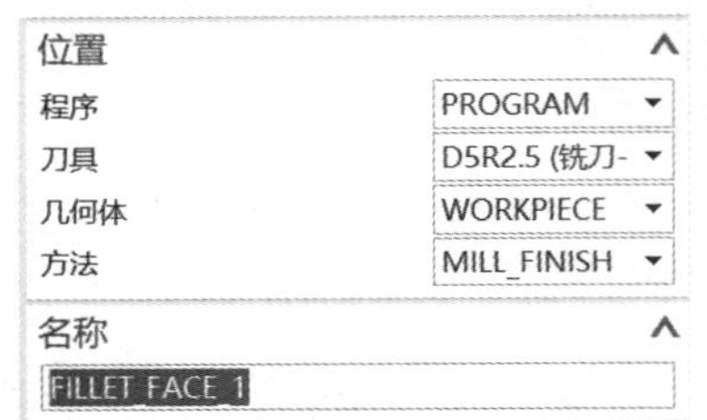

图 4-1-33 多轴铣位置参数设置

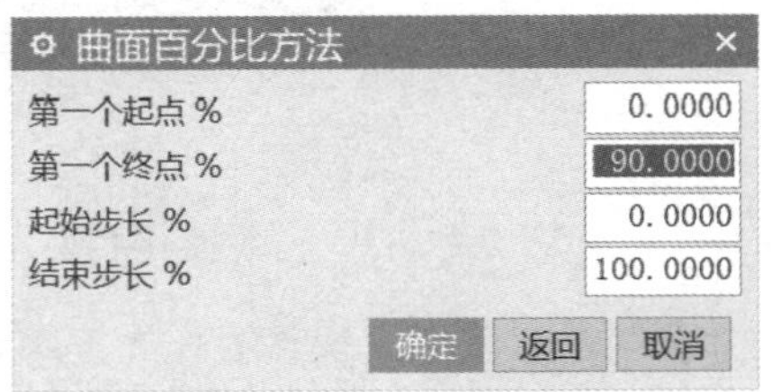

图 4-1-34 曲面参数设置

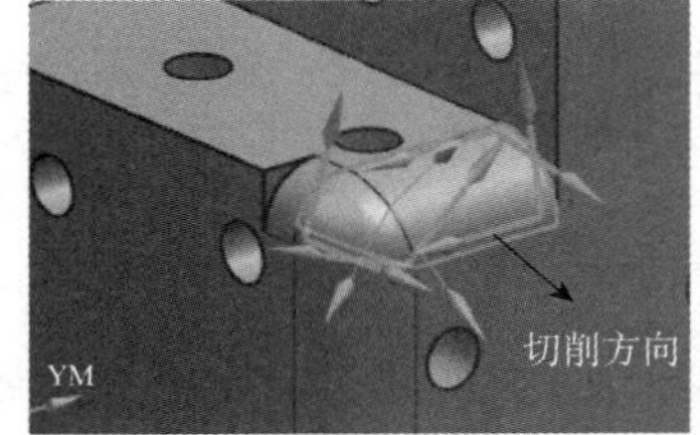

图 4-1-35 切削矢量方向

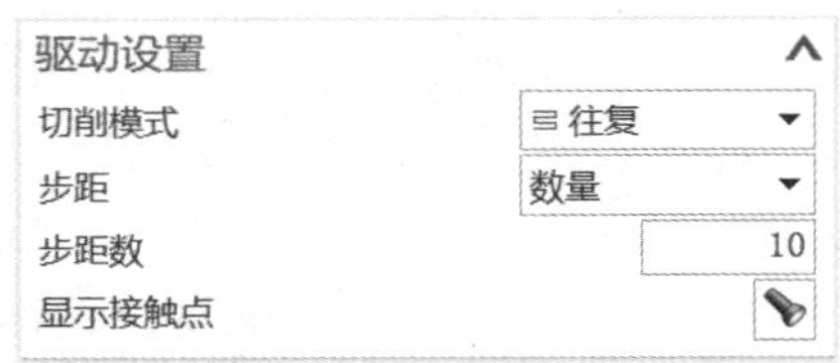

图 4-1-36 驱动参数设置

（3）设置投影矢量和刀轴矢量。设置“投影矢量”选项组中的“矢量”为“垂直于驱动体”；“刀轴”选项组中的“轴”为“垂直于驱动体”，如图 4-1-37 所示，其他参数默认。

（4）生成加工。在操作栏中，单击“生成”按钮，完成 FILLET_FACE_1 精加工刀路的创建，如图 4-1-38 所示，单击“确定”按钮。

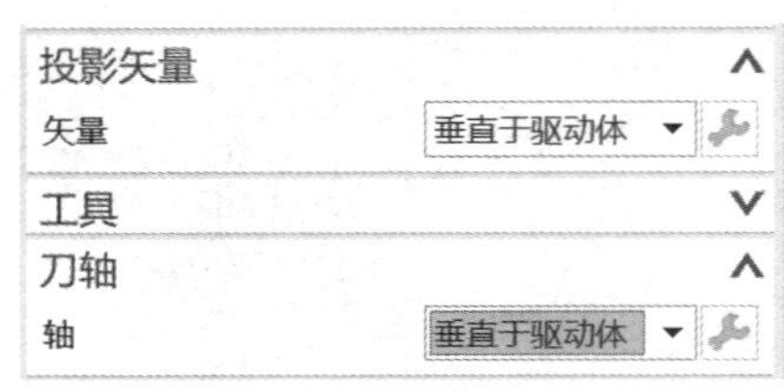

图 4-1-37 投影矢量参数设置

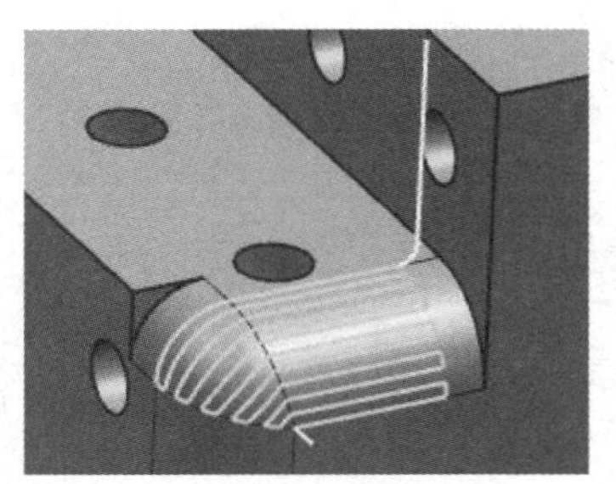

图 4-1-38 圆角面 1 进加工刀路

（5）复制刀路。按照上述的方法将“FILLET_FACE_1”操作进行复制并改名为“FILLET_FACE_2”刀路，并在操作中更改“驱动曲面”为待加工的“FILLET_FACE_2”曲面，其他参数按照默认选项，完成“FILLET_FACE_2”曲面精加工的创建，生成的刀路如图 4-1-39 所示。

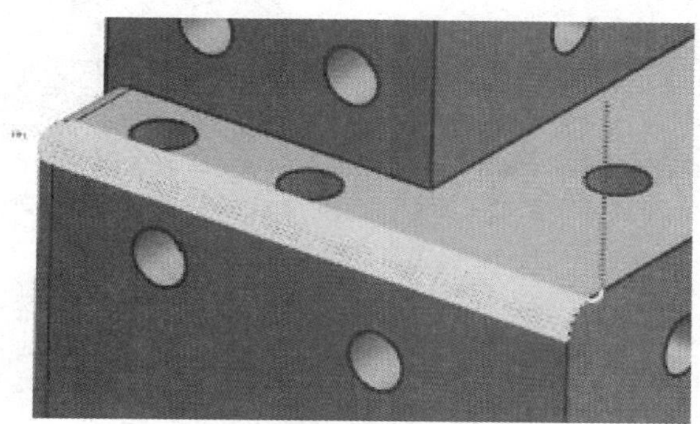

图 4-1-39　圆角面 2 精加工刀路

7. 角落面精加工刀路的创建

（1）定义外形轮廓铣加工操作。在“插入”工具条中单击“创建操作”按钮，在“类型”中选择“mill_multi-axis”选项，“子类型”中选择“外形轮廓铣”选项，“刀具”设置为“D16”，将“方法”设置为“MILL_FINISH”，“名称改”为“CORNER_FACE_1”，如图 4-1-40 所示，单击“确定”按钮。

（2）定义切削区域。在“外形轮廓铣”对话框中，选择“指定底面”选项，在打开的“底面几何体”对话框中，相关参数按如图 4-1-41 所示设置，选择“corner face1”为底面，单击“确定”按钮，撤销选择“自动壁”选项，选择“指定壁”选项，在打开的“壁几何体”对话框中按照如图 4-1-30 所示选择“壁 1”为壁，单击“确定”按钮。其他设置方式如图 4-1-41 所示，“刀轨”选项组按照默认设置。

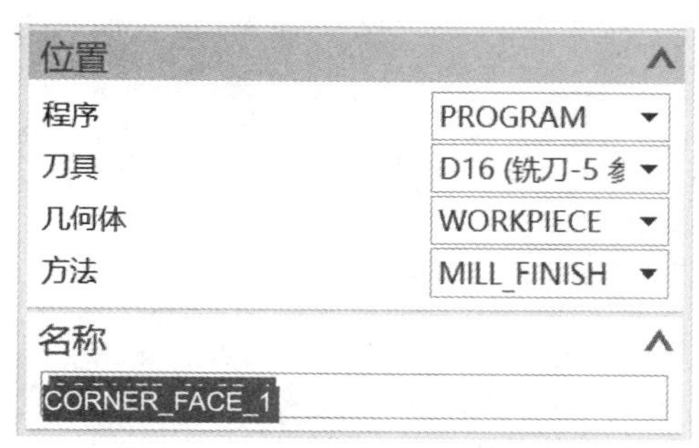

图 4-1-40　多轴铣位置参数设置

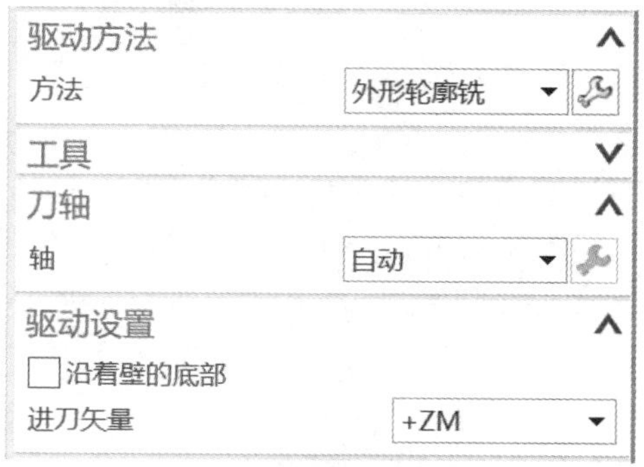

图 4-1-41　驱动方法参数设置

（3）生成加工。在操作栏中，单击“生成”按钮，完成“CORNER_FACE_1 精加工刀路”的创建，如图 4-1-42 所示，单击“确定”按钮。

（4）复制刀路。按照上述的方法将“CORNER_FACE_1”操作进行复制并改名为“CORNER_FACE_2”刀路，并在操作中更改“底面”和“壁”为待加工的“corner face2”和“壁 2”曲面，其他参数按照默认选项，完成“CORNER_FACE_2”曲面精加工的创建，生成的刀路如图 4-1-43 所示。

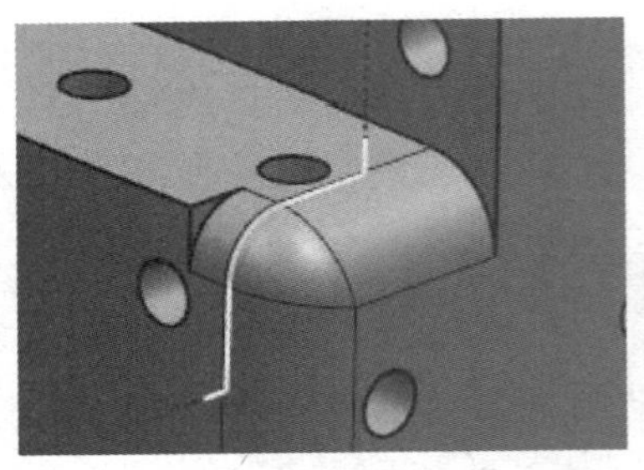

图 4-1-42　角落面 1 精加工刀路

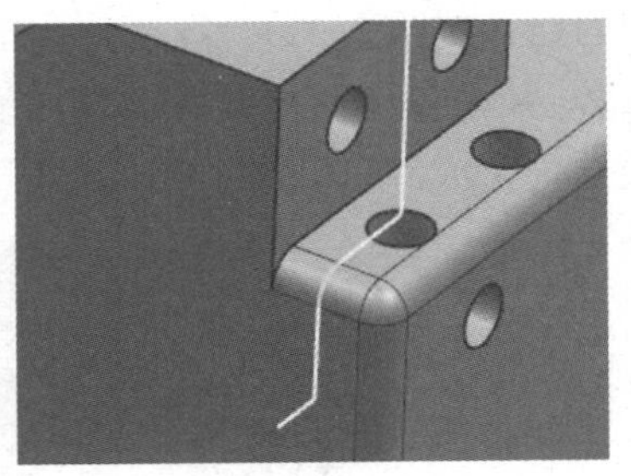

图 4-1-43　角落面 2 精加工刀路

8. 钻孔操作

（1）定义钻孔加工操作。在“插入”工具条中单击“创建工序”按钮，在“类型”中选择“hole_making”选项，子类型中选择“钻孔”选项，“刀具”设置为“DRILLING_D10”，将“方法”设置为“DRILL_METHOD”，如图 4-1-44 所示，单击“确定”按钮。

（2）定义钻孔位置。在如图 4-1-45 所示的“钻孔”对话框中，选择“指定特征几何体”选项，在打开的“特征几何体”对话框中，单击“选择对象”按钮，选取“chamfer_face”面上孔特征，单击“确定”按钮。

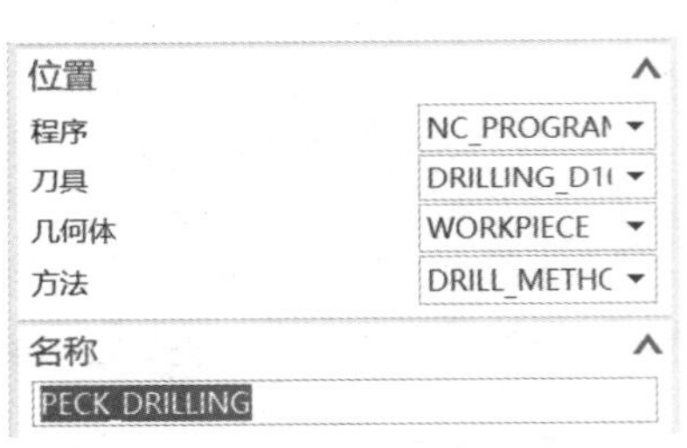

图 4-1-44　钻孔操作位置参数设置

图 4-1-45　钻孔对话框

（3）设置刀轨。在“刀轨设置”选项组中，设置“循环”为“钻，深孔”，其他参数按照默认设置。

（4）生成加工。在操作栏中，单击“生成”按钮，完成“chamfer_face”面钻孔操作的创建，如图 4-1-46 所示，单击“确定”按钮。

按照上述的方法将对其他平面的孔进行钻孔操作编程，完成后的加工操作如图 4-1-47 所示。

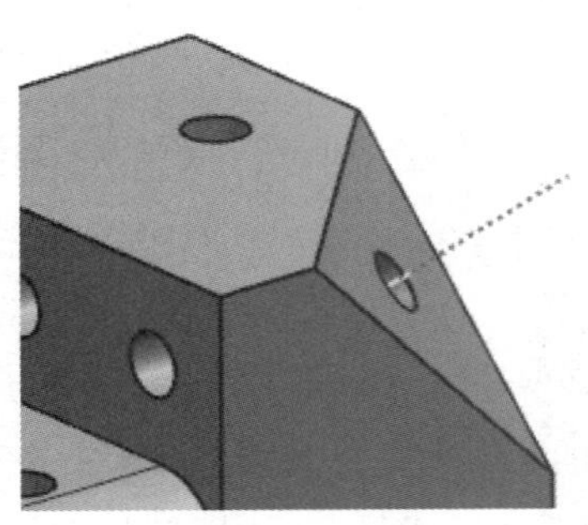

图 4-1-46　钻孔刀路

图 4-1-47　全部加工操作示意图

9. 刀具轨迹动态模拟

所有部件都完成 CAM 编程之后，可以选择“工序导航器”中“程序视图”下的“program”选项栏，再右击，在弹出的快捷菜单中执行“刀轨”→“确认”命令，进行模拟切削，最终完成切削后的部件如图 4-1-48 所示。

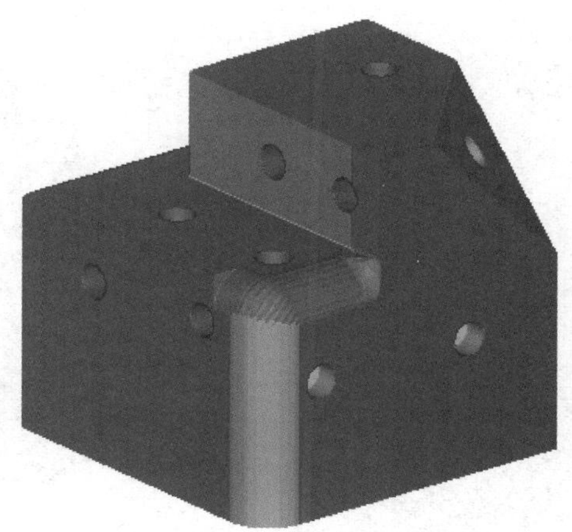

图 4-1-48　模拟加工示意图

实践操作 4.2　叶轮五轴加工编程

在 UG NX 加工模块中完成对如图 4-2-1 所示叶轮的编程操作；理解定向开粗的加工设置方法；掌握叶轮模块流道与叶片精加工的设置。

（1）刀具夹持装置的设置。

（2）叶轮粗加工的方法。

（3）NX 叶轮模块精加工的使用。

一、建立工件与毛坯实体模型

1. 工件建模

打开文件名为“Five_axis_test2.prt”的部件，为了装夹的方便，对叶轮的三维模型进行了相应的修改，以便于机床装夹，修改后的叶轮模型如图 4-2-1 所示。

2.毛坯建模

在叶轮加工的过程中，为了有效去除加工余量及高效完成叶片加工，在创建毛坯的过程中，一共设置了 3 个辅助毛坯，如图 4-2-2 所示。

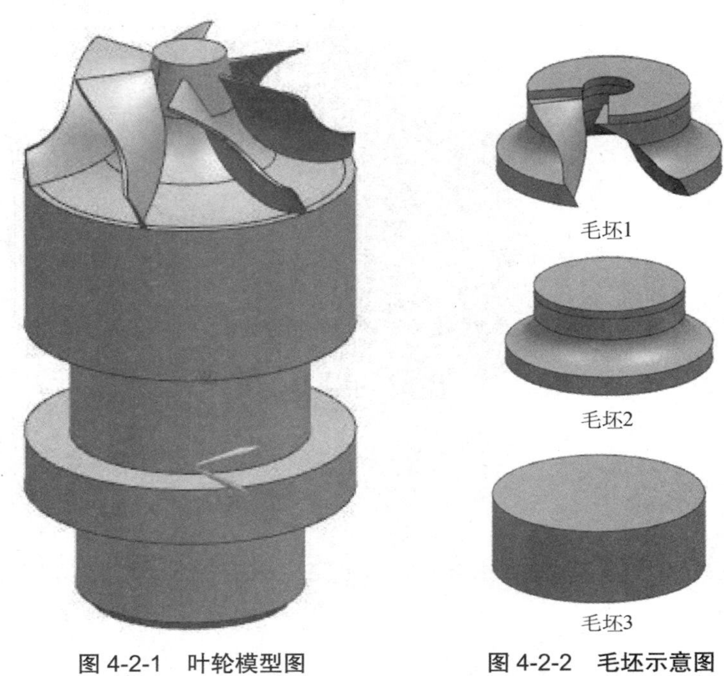

图 4-2-1　叶轮模型图　　图 4-2-2　毛坯示意图

二、加工前工件模型与质量分析

采用前述的模型分析方法分析叶片表面的曲率半径，确定刀具的最小直径为 R3 的球刀。

三、了解加工工件的具体加工要求

该工具的材料为铝合金，牌号为 7050，在提交 CAM 前已由普通机车床将装夹部分切削到位，待加工部分为圆柱形毛坯所示的区域。

四、了解企业现有刀具库中刀具情况

利用附录 A 刀具普通切削进给参数表进行刀具的选择和切削参数的设置。

五、工件（毛坯）以及刀具的装夹情况

五轴机床加工中刀具或是转台需要不停地变换角度，因此在 CAM 编程中需要对刀具的装夹情况有清楚的了解，为此需要将实际的刀具夹持器和刀具装夹情况等信息在编程中体现出

来，从而在编程过程中使刀具做有效的避让。叶轮采用双摆台五轴数控加工机床进行加工，其装夹的形式可以考虑采如用图 4-2-3 所示的方式。

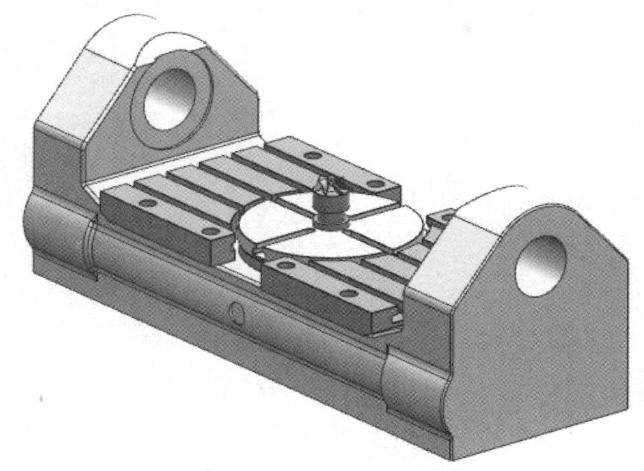

图 4-2-3　工件装夹示意图

六、CAM 编程操作

1.UG CAM 的准备工作

执行主菜单中的“开始”→“加工”命令，即由建模模块进入加工模块。按照前述模块的介绍，选择“CAM 会话配置”中的“cam_general”，选择“CAM 设置”中的“mill_contour”选项，单击“确定”按钮，进入 UG NX 加工环境。

（1）建立 MCS。单击“资源栏”上的“工序导航器”按钮，再单击“几何视图”按钮，在“工序导航器”中，双击 MCS_MILL MCS_MILL，打开“CSYS”对话框，在“类型”组中选择“动态”选项，在“参考 CSYS”选项组中选择参考对象为“WCS” 参考 WCS，单击“确定”按钮完成 MCS 的设置。

（2）建立安全平面。在“安全设置”选项组中选择“安全设置选项”为“自动平面”，“安全距离”文本框中输入“10”，其他按照默认设置，单击“确定”按钮完成“MCS 铣削”对话框的设置，如图 4-2-4 所示。

（3）创建加工几何体。单击“资源条”上的“工序导航器”按钮，在“工序导航器”的空白处，在弹出的快捷菜单中选择“几何视图”选项，在“工序导航器—几何”栏中，单击“MCS_MILL”前面的加号，展开下一级条目，如图 4-2-5 所示。

双击“WORKPIECE”选项，在弹出的“工件”对话框中，设置“指定部件”为经过修改过的叶轮模型，毛坯几何体留空不选，创建完成一个“WORKPIECE”。

再在“插入”工具栏上单击“创建几何体”按钮，在弹出的“创建几何体”对话框中按照如图 4-2-6 所示设置相关参数，“类型”为“mill_contour”，“几何体子类型”为“WORKPIECE”，“几何体”为“MCS_MILL”，“名称”设为“WORKPIECE_cankao”，单击“确定”按钮，在打开的“工件”对话框中，选择“毛坯 1”和“叶轮模型”为指定部件；“毛坯 2”为指定毛坯，单击“确定”按钮。

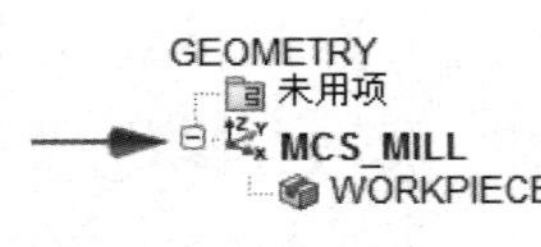

图 4-2-4　MCS 创建　　图 4-2-5　MCS 展开图　　图 4-2-6　“创建几何体”对话框

（4）创建刀具组。在“插入”工具条中单击“创建刀具”按钮，再单击“MILL”按钮，在“名称”文本框中输入“D16R0.8”，单击“确定”按钮，在打开的“铣刀参数”对话框中，设置“直径”文本框为“16”，在“下半径”文本框中输入“0.8”，“长度”文本框中输入“38”，“刀刃长度”文本框中输入“32”，“刀刃”文本框中输入“4”，如图 4-2-7 所示。

选择“夹持器”选项卡，参照机床上用的夹持器输入相关参数，首先在“下直径”文本中输入“31.8”，在“长度”文本框中输入“11.6”，在“锥角”文本框中输入“35”，然后单击“添加新集”按钮，在“下直径”和“上直径”文本框中输入“48”，在“长度”文本框中输入“32.3”，然后再单击“添加新集”按钮，在“下直径”和“上直径”文本框中输入“64”，在“长度”文本框中输入“15.9”，如图 4-2-8 所示。

单击“确定”按钮，创建的刀具和夹持器如图 4-2-9 所示。

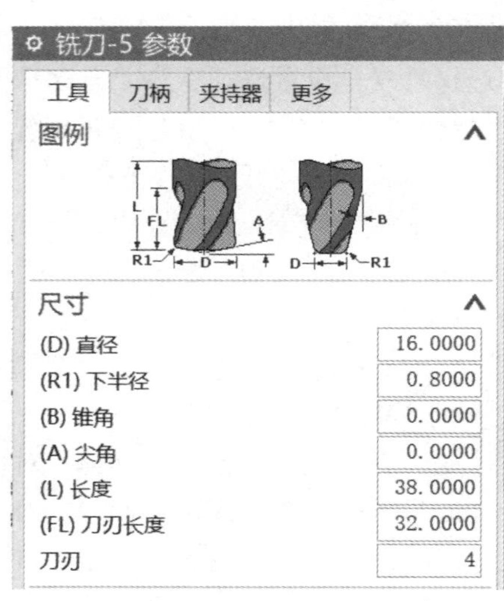

图 4-2-7　刀具创建

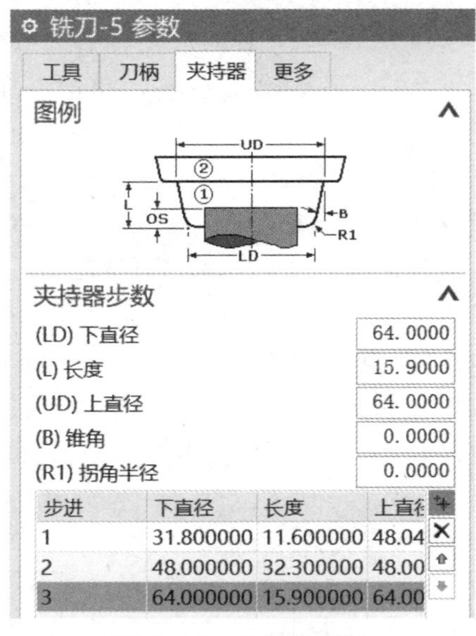

图 4-2-8　夹持器设置

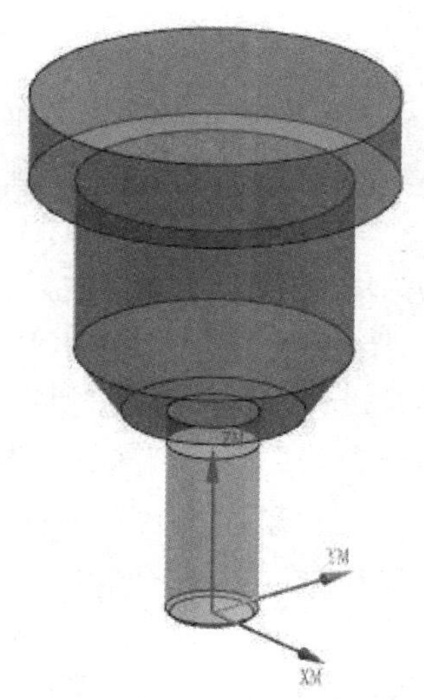

图 4-2-9　带有夹持器的刀具

用同样的方法创建 D6、R3 的铣刀，参数见表 4-2-1，夹持器的参数同上。

表 4-2-1　相关的参数

	直径	下半径	长度	刀刃长度	刀刃
D6	6	0	38	32	4
R3	6	3	38	32	4

注意：增加夹持器的参数设置便于软件在计算刀路做有效的避让，防止生成的刀路导致机床发生撞刀等现象。

（5）创建加工方法组。加工方法组的设置按照默认参数即可。

（6）创建程序组。在“插入”工具条上单击“创建程序”按钮，在打开的“创建程序”对话框中选择“类型”为“mill_contour”选项，“位置”选项组中的“程序”设置为“PROGAM”，“名称”改为“A1”，如图 4-2-10 所示，单击“应用”按钮，再单击“确定”按钮，用同样的方法创建程序组“A2”“A3”“A4”“A5”“A6”“A7”，以便对各个程序段做有效的区分。

图 4-2-10　创建程序组

2. 型腔铣粗加工创建

（1）定义型腔铣加工操作。在工具条中单击“创建操作”按钮，在“类型”中选择“mill_contour”选项，“子类型”中选择“型腔铣”选项，其他选项如图 4-2-11 所示，单击“确定”按钮。

（2）定义加工几何体及设置切削模式。在“型腔铣”对话框中，单击“指定部件”按钮，在打开的“部件”对话框中选择“毛坯 2”为部件，单击“指定毛坯”按钮，在弹出“毛坯”的对话框中选择“毛坯 3”为毛坯，设置“切削模式”为“跟随部件”，“步距”为“%刀具平直”，“平面直径百分比”为“70”，“公共每刀切削深度”为“恒定”，“最大距离”为“0.5”，如图 4-2-12 所示。

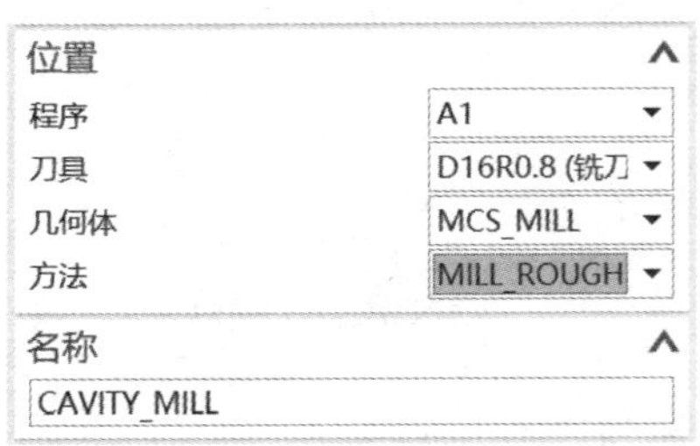

图 4-2-11　型腔铣位置参数设置

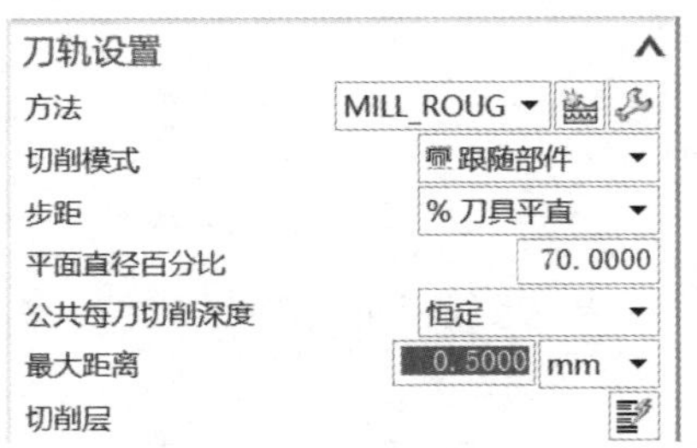

图 4-2-12　刀轨参数设置

（3）定义切削参数。

①单击“切削参数”按钮。

②在打开的“切削参数”对话框中，选择“策略”选项卡，设置“切削方向”为“顺铣”，“切削顺序”为“深度优先”，如图 4-2-13 所示。

③选择“余量”选项卡，在“部件侧面余量”文本框中输入“0.15”，“内公差”“外公差”文本框中输入“0.03”，如图 4-2-14 所示，单击“确定”按钮。

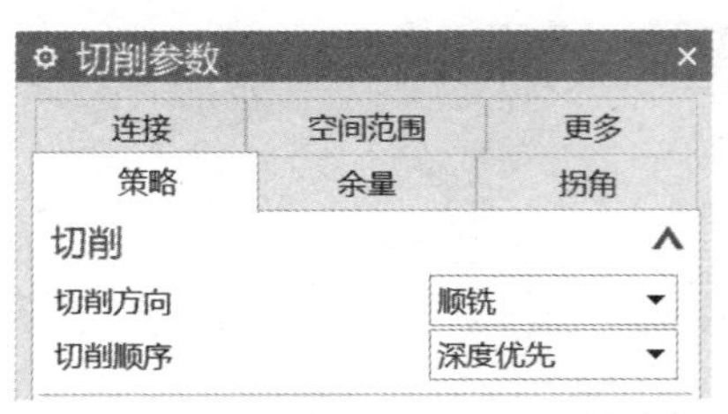

图 4-2-13　加工策略参数设置

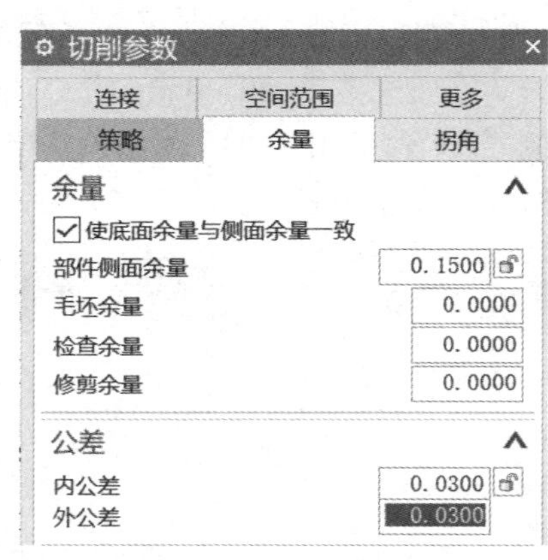

图 4-2-14　余量参数设置

（4）定义非切削运动。

①单击“非切削移动”按钮。

②在打开的“非切削移动”对话框中，选择“进刀”选项卡，设置“封闭区域”选项组中的“进刀类型”为“与开放区域相同”，设置“开放区域”选项组中的“进刀类型”为“圆弧”，“半径”为“50%刀具”，如图 4-2-15 所示。

③选择“转移/快速”选项卡，设置“区域内”选项组中的“转移类型”为“前一平面”，如图 4-2-16 所示，单击“确定”按钮。

（5）定义主轴转速 S 及切削速度 F。

①单击“进给率和速度”按钮。

②在打开的“进给率和速度”对话框中，在“进给率”选项组中，设置“切削”为“1500”，展开更多选项，按照如图 4-2-17 所示输入相应的切削参数。

（6）生成加工。在操作栏中，单击“生成”按钮，完成型腔铣操作的创建，如图 4-2-18 所示，单击“确定”按钮。

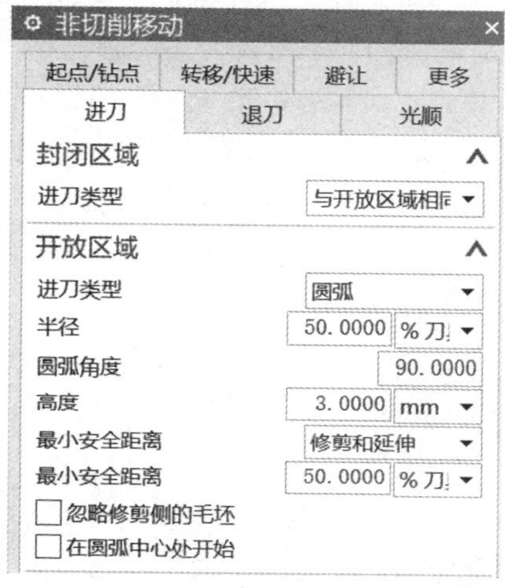

图 4-2-15　进刀参数设置

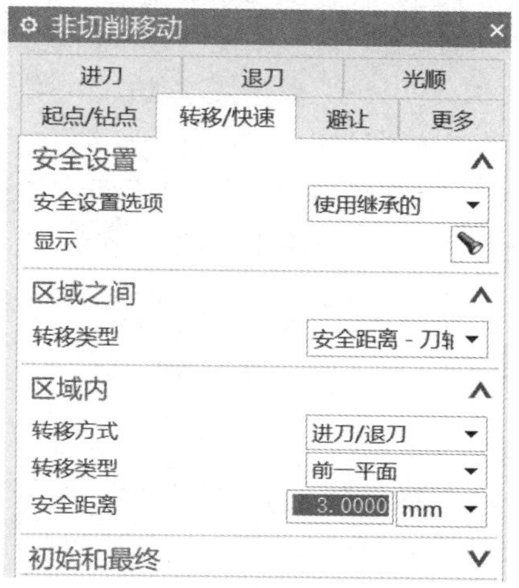

图 4-2-16　转移方式参数设置

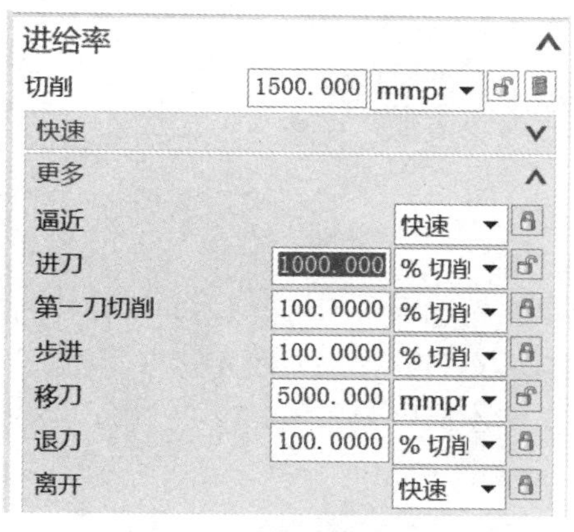

图 4-2-17　进给率和速度参数设置

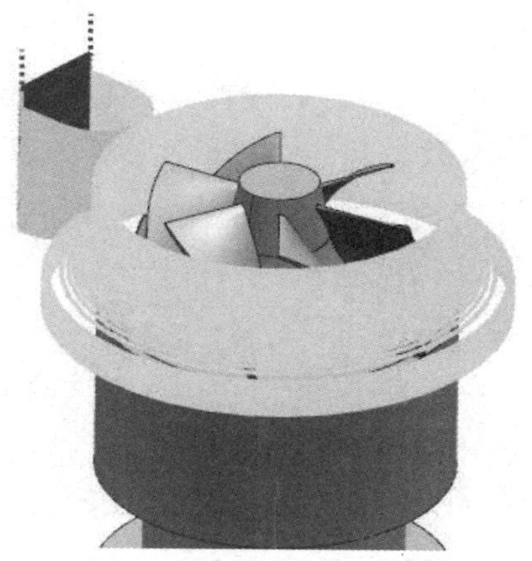

图 4-2-18　型腔铣刀路

3.叶轮流道粗加工刀路创建

（1）定义型腔铣加工操作。在工具条中单击“创建操作”按钮，在“类型”中选择“mill_contour”选项，“子类型”中选择“型腔铣”选项，其他选项的参数按如图 4-2-19 所示进行设置，单击“确定”按钮。

（2）指定切削区域。在“型腔铣”对话框中，单击“指定切削区域”按钮，选择如图 4-2-20 所示的曲面作为切削区域。

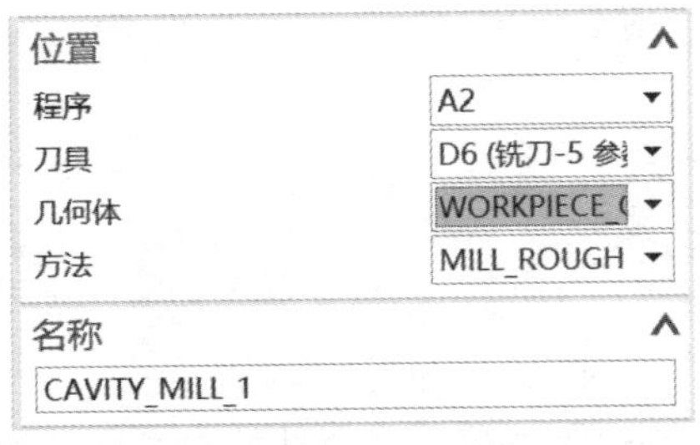

图 4-2-19　型腔铣位置参数设置

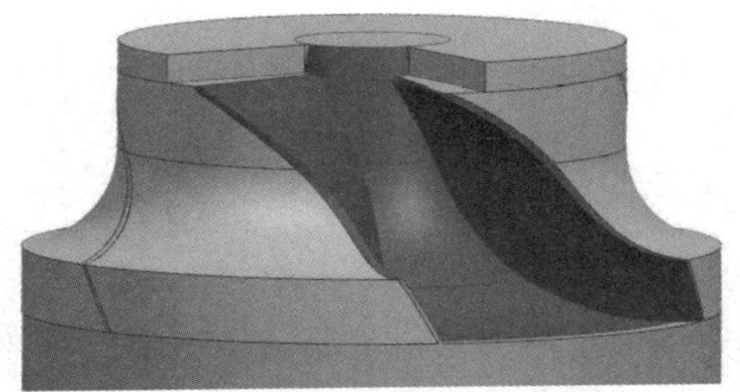

图 4-2-20　切削区域曲面

（3）设置刀轴矢量及刀轨设置。选择“刀轴”选项组，在“轴”选项中选择“指定矢量”选项，从“俯视图”向“顶视图”慢慢地调整视图方向，向左右转动视图，使流道的下部都能在视图区域中展现，当视图方位如图 4-2-20 所示，单击“自动判断的矢量”按钮，在下拉菜单中选择 “视图方向”选项，展开“刀轨设置”选项组，设置“切削模式”为“跟随周边”，“步距”为“%刀具平直”，“平面直径百分比”为“70”，“公共每刀切削深度”为“恒定”，“最大距离”为“0.5”，如图 4-2-21 所示。

图 4-2-21　刀轨参数设置

注意：通过调整刀轴矢量的方向可以实现定向开粗操作，该实例中选择视图方向来设置刀轴矢量，实际操作过程中可以多次尝试调整视图方向以实现最佳刀轴矢量。

（4）定义切削参数。

①单击“切削参数”按钮。

②在打开的“切削参数”对话框中，选择“策略”选项卡，“切削方向”设置为“顺铣”，“切削顺序”设置为“深度优先”，“刀路方向”设置为“向内”，如图 4-2-22 所示。

③选择“余量”选项卡，在“部件侧面余量”文本框中输入“0.3”，“内公差”“外公差”文本框中输入“0.03”，如图 4-2-23 所示，单击“确定”按钮。

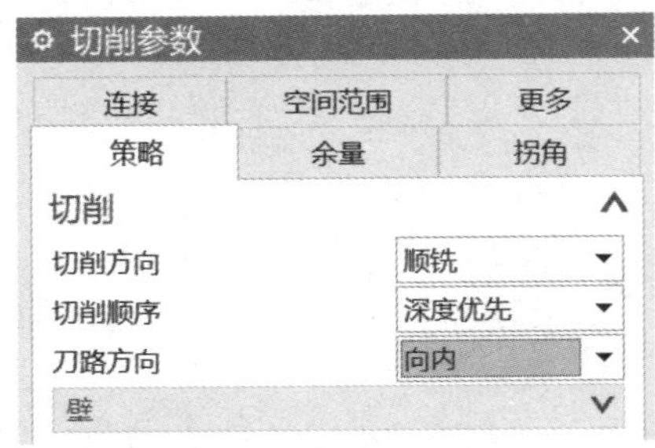

图 4-2-22　加工策略参数设置

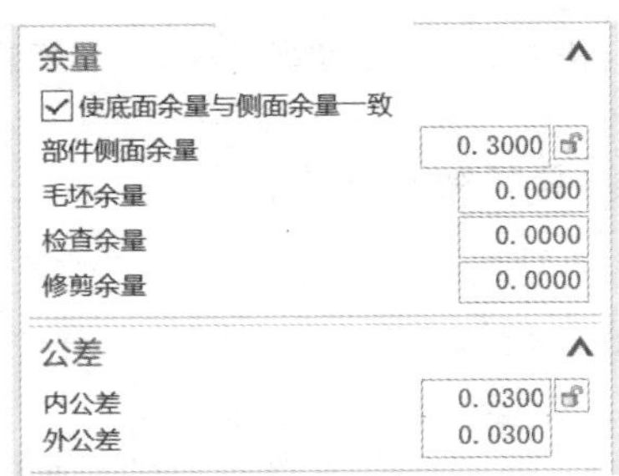

图 4-2-23　加工余量参数设置

（5）定义非切削运动。

①单击“非切削移动”按钮。

②在打开的“非切削移动”对话框中，按照如图 4-2-24 所示设置“进刀”选项卡的参数。

③选择“转移/快速”选项卡，在“区域内”选项组中，设置“转移类型”为“直接”，单击“确定”按钮。

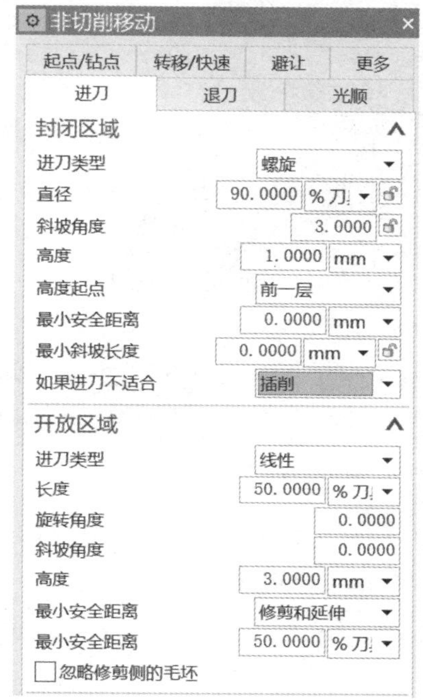

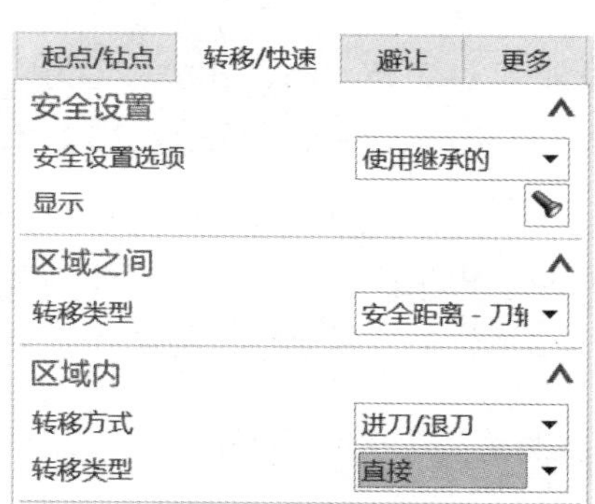

图 4-2-24　非切削移动参数设置

（6）定义主轴转速 S 及切削速度 F。进给率参照开粗加工中的参数进行设置。

（7）生成加工。在操作栏中，单击“生成”按钮，完成其中一个流道的粗加工操作创建，如图 4-2-25 所示，单击“确定”按钮。

（8）变换刀路。选中“A2”程序组中的“CAVITY_MILL_1”并右击，在弹出的快捷菜单执行“对象”→“变换”变换... 命令，按照如图 4-2-26 所示的参数进行变换设置，其中“指定点”为叶轮任意圆周的圆心点，单击“确定”按钮，生成其他 5 个叶片流道的粗加工刀路。

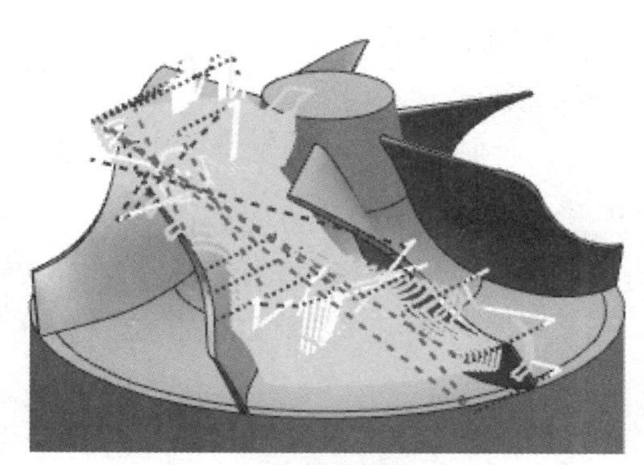

图 4-2-25　流道定轴加工刀路

图 4-2-26　刀路变换操作

（9）复制刀路生成另一个方向的定轴开粗。将“A2”程序组中的“CAVITY_MILL_1”刀路复制到“A3”中，双击“CAVITY_MILL_1_COPY”，调整视图中的部件至如图 4-2-27 所示，在“刀轴”选项组中的“轴”中选择“指定矢量”选项，单击“自动判断的矢量”按钮，在下拉菜单中选择 “视图方向”选项。

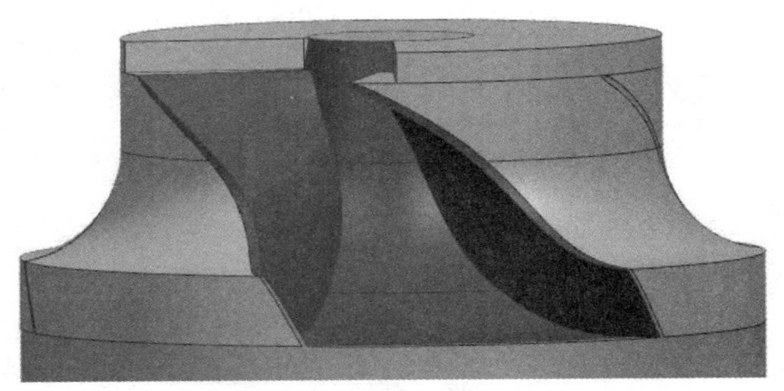

图 4-2-27 调整显示后的视图方向

（10）生成加工并变换刀路。在操作栏中，单击“生成”按钮，完成其中一个流道的粗加工操作创建，单击“确定”按钮，用上述介绍的方法变换五份刀轨，注意使用“实例”方法。

注意：由于叶片曲面的影响，在流道粗加工中，需要变换两个方向进行开粗操作，由于采用的是“3+2”加工，因此方向的选择需要根据实际的机床进行调整。

4.流道半精加工

（1）复制刀路及修改刀具。将“A2”程序组中的“CAVITY_MILL_1”刀路复制到“A4”中，双击“CAVITY_MILL_1_COPY_1”，在弹出的“型腔铣”对话框中展开“工具”选项组，将“刀具”改为“R3”，“刀轨设置”选项组中的参数按如图 4-2-28 所示进行设置。

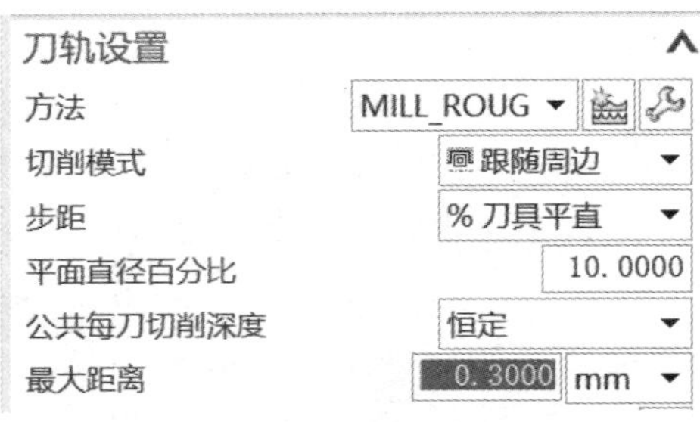

图 4-2-28 刀轨参数设置

（2）定义切削参数。

①单击“切削参数”按钮。

②在打开的“切削参数”对话框中，选择“余量”选项卡，设置“部件侧面余量”为“0.15”。

③选择“空间范围”选项卡，在“参考刀具”选项组中新建一把“D8”的立铣刀作为参考刀具，如图 4-2-29 所示，单击“确定”按钮。

（3）定义非切削运动。

①单击“非切削移动”按钮。

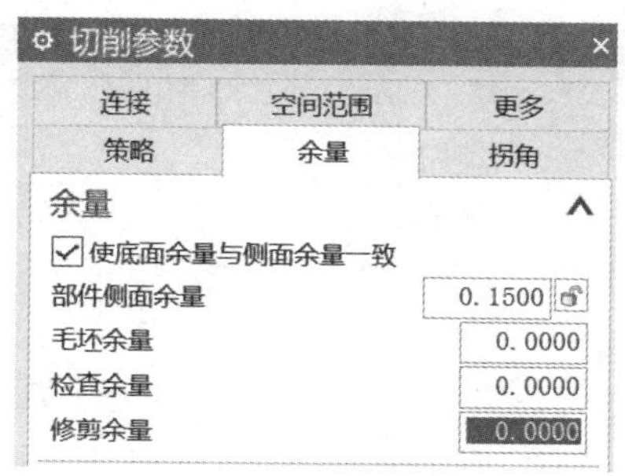

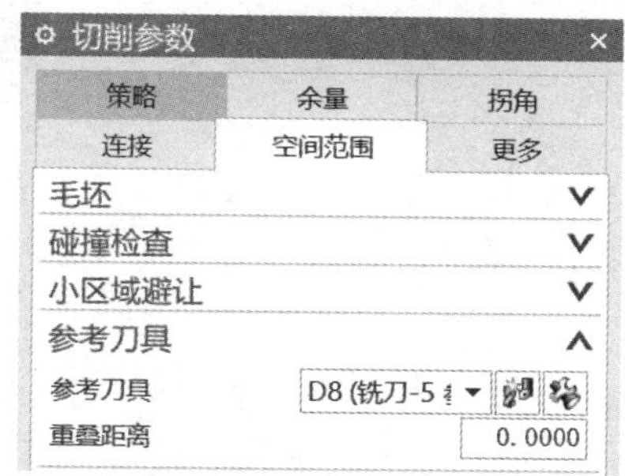

图 4-2-29　切削参数设置

②在打开的“非切削移动”对话框中，选择“进刀”选项卡，设置“封闭区域”选项组中的“进刀类型”为“与开放区域相同”，设置“开放区域”选项组中的“进刀类型”为“圆弧”，“半径”为“30%刀具”，如图 4-2-30 所示，单击“确定”按钮。

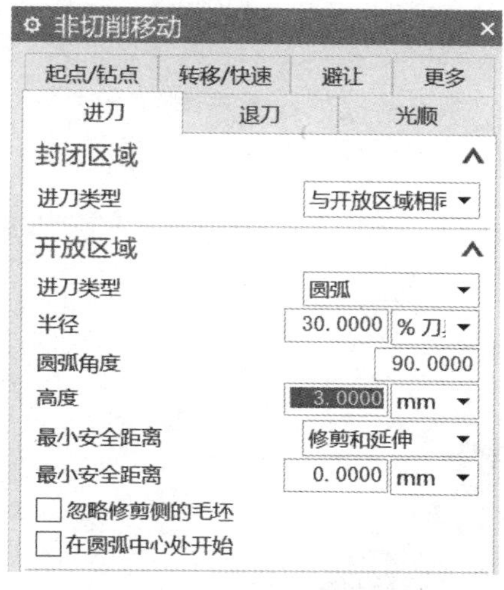

图 4-2-30　进刀参数设置

(4) 生成加工。在操作栏中，单击“生成”按钮，完成其中一个流道的半精加工操作创建，单击“确定”按钮。

(5) 变换刀路。参照上述操作，将“A4”程序中的“CAVITY_MILL_1_COPY_1”变换 5 份刀路，放置在“A4”程序组中。

(6) 复制程序操作。将“A3”程序组中的“CAVITY_MILL_1_COPY”复制到“A5”中，同样按照流道半精加工中介绍的方法进行参数的调整，然后将其变换 5 份刀路放置在“A5”程序组中（具体过程可以参照前述的方法进行操作）。

5. 流道精加工

(1) 定义叶轮轮毂铣加工操作。在“插入”工具条中单击“创建操作”按钮，在“类型”中选择“mill_multi_blade”选项，“子类型”中选择“轮毂精加工”选项，其他选项的参数如图 4-2-31 所示进行设置，单击“确定”按钮。

(2) 设置加工几何体。在“轮毂精加工”对话框中，单击“几何体”后面的“新建”按钮，在打开的“新建几何体”对话框中，“类型”设置为“mill_multi_blade”选项，“几何体子类型”设置为“multi_blade_geom”，“几何体”设置为“WORKPIECE”，如图 4-2-32 所示。

图 4-2-31　流道精加工位置参数设置

图 4-2-32　新建叶轮几何体

单击“确定”按钮，在打开的“多叶片几何体”对话框中，设置“旋转轴”为“+ZM”，按照如图 4-2-33 所示分别指定“轮毂”“包覆”“叶片”选项，在叶片总数中输入“6”，单击“确定”按钮。

（3）设置驱动方法。单击“驱动方法”选项组中的“设置”按钮，按照如图 4-2-34 所示的参数对“轮毂精加工驱动方法”进行设置，单击“确定”按钮。

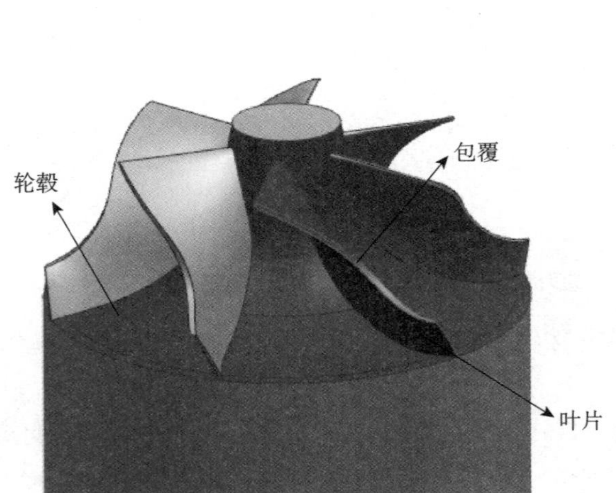

图 4-2-33　叶片参数分类

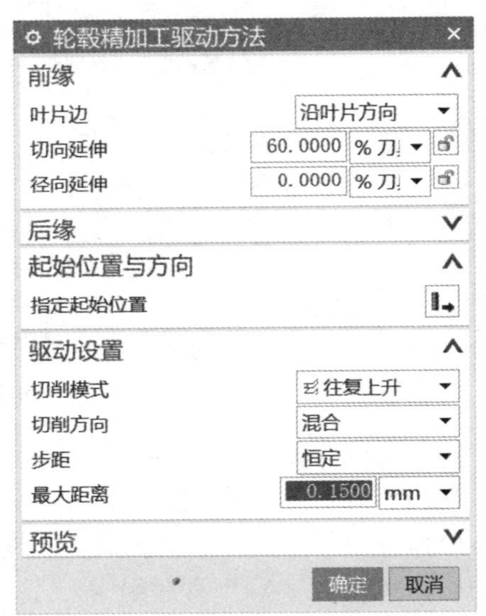

图 4-2-34　驱动方法参数设置

（4）定义切削参数。

①单击“切削参数”按钮，

②在打开的“切削参数”对话框中选择“策略”选项卡，滑动“刀轨光顺百分比”至“75”。

③选择“刀轴控制”选项卡，在“机床限制”选项组中，设置“与部件轴成最大角度”为“65”，如图 4-2-35 所示，单击“确定”按钮。

（5）定义非切削运动。

①单击“非切削移动”按钮。

②在打开的“非切削移动”对话框中，选择“广顺”选项卡，选中“光顺拐角”复选框，“光顺半径”为“25%刀具”，如图 4-2-36 所示，单击“确定”按钮。

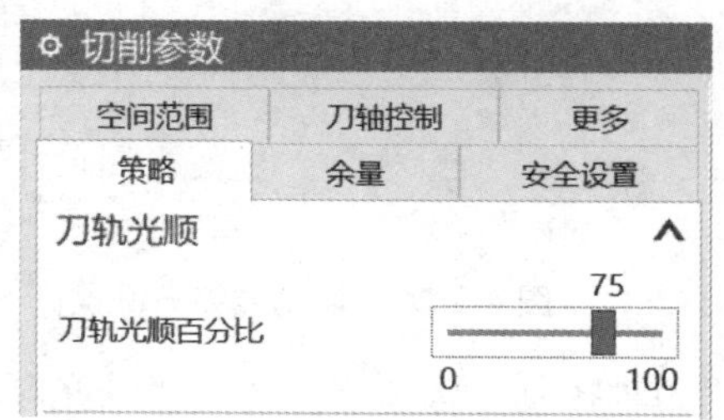

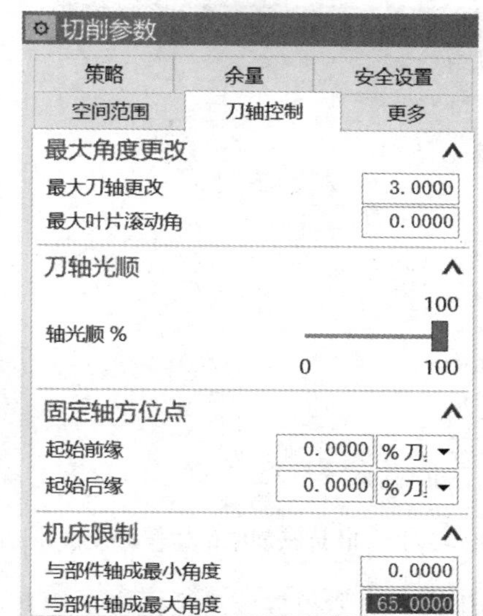

图 4-2-35　切削参数设置

（6）定义主轴转速 S 和切削速度 F。进给率参照开粗加工中的参数进行设置。

（7）生成加工。在操作栏中，单击“生成”按钮，完成其中一个轮毂的精加工操作创建，如图 4-2-37 所示，单击“确定”按钮。

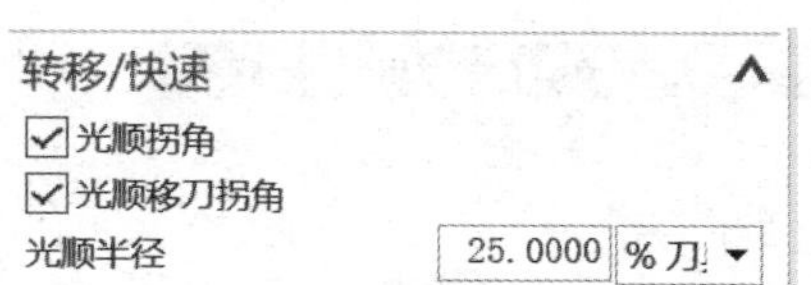

图 4-2-36　非切削移动参数设置

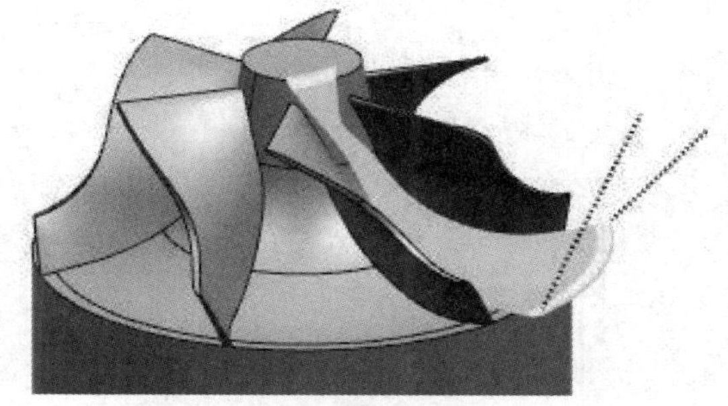

图 4-2-37　流道精加工刀路

（8）变换刀路。用上述介绍的变换刀路的方法在“A6”程序组中变换 5 份刀轨，注意使用“实例”方法。

6.叶片精加工

（1）定义叶轮叶片铣加工操作。在“插入”工具条中单击“创建操作”按钮，在“类型”中选择“mill_multi_blade”选项，“子类型”中选择“叶片精铣”选项，其他选项的参数如图 4-2-38 所示进行设置，单击“确定”按钮。

（2）设置切削层参数。

①单击“切削层”按钮。

②在打开的“切削层”对话框中，设置“每刀切削深度”为“恒定”，“距离”为“0.15mm”，如图 4-2-39 所示，单击“确定”按钮。

（3）定义切削参数。

①单击“切削参数”按钮。

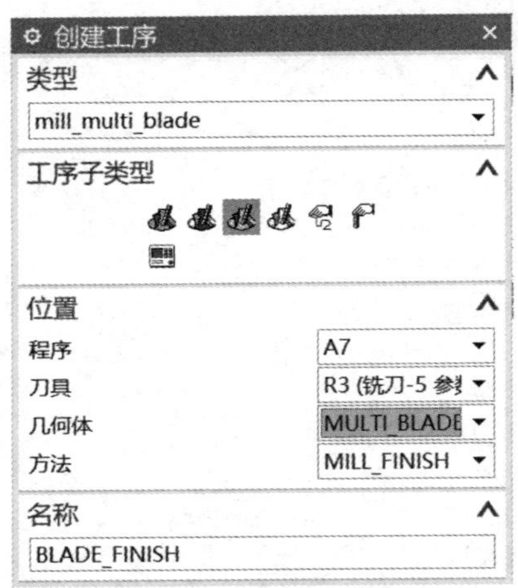

图 4-2-38　叶片精加工位置参数设置

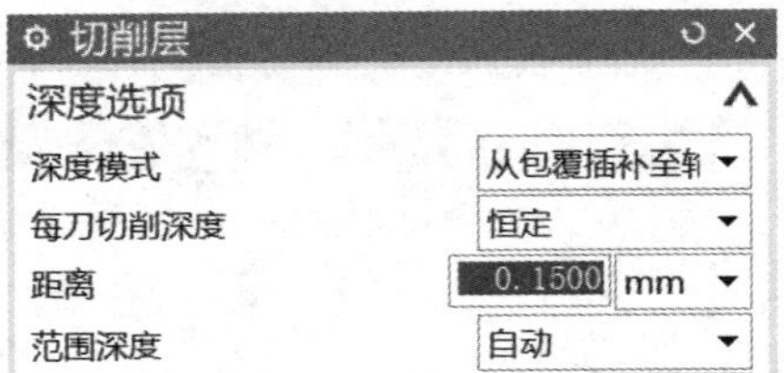

图 4-2-39　切削层参数设置

②在打开的“切削参数”对话框中，选择“刀轴控制”选项卡，滑动“轴光顺百分比”至“70”，在“机床限制”选项组中，设置“与部件轴成最大角度”为“90”。

③选择“更多”选项卡，设置“最大步长”为“30%刀具”，如图4-2-40所示，单击“确定”按钮。

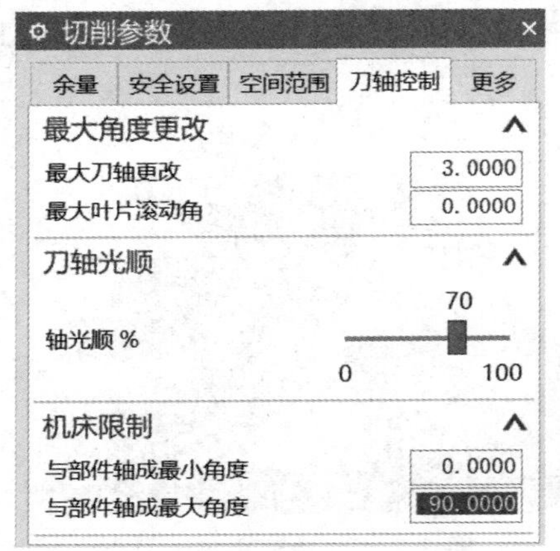

图 4-2-40　切削参数设置

（4）定义非切削运动。

①单击“非切削移动”按钮。

②在打开的“非切削移动”对话框中，选择“光顺”选项卡，选中“光顺拐角”复选框，“光顺半径”为“25%刀具”，如图 4-2-41 所示，单击“确定”按钮。

（5）定义主轴转速 S 及切削速度 F。进给率参照开粗加工中的参数进行设置。

（6）生成加工。在操作栏中，单击“生成”按钮，完成其中一个叶片的精加工操作创建，如图 4-2-42 所示，单击“确定”按钮。

（7）变换刀路。用上述介绍的变换刀路的方法在“A7”程序组中变换 5 份刀轨，注意使用“实例”方法。

（8）刀具轨迹动态模拟。所有部件都完成 CAM 编程之后，可以选择“工序导航器”中“程序视图”下的“program”选项栏，再右击，在弹出的快捷菜单中执行“刀轨”→“确认”命令，进行模拟切削操作，最终完成切削后的部件如图 4-2-43 所示。

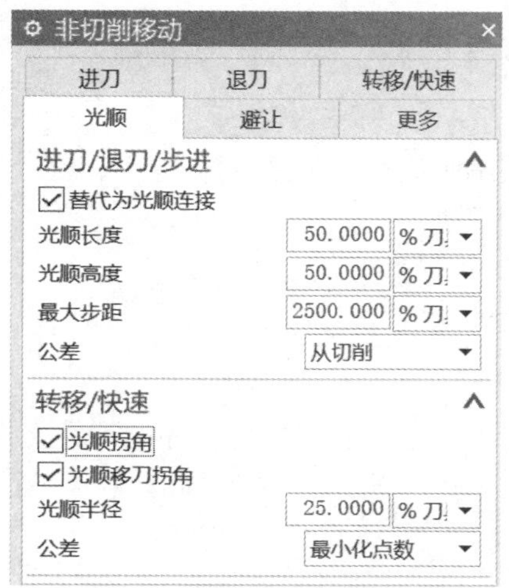

图 4-2-41　非切削移动参数设置

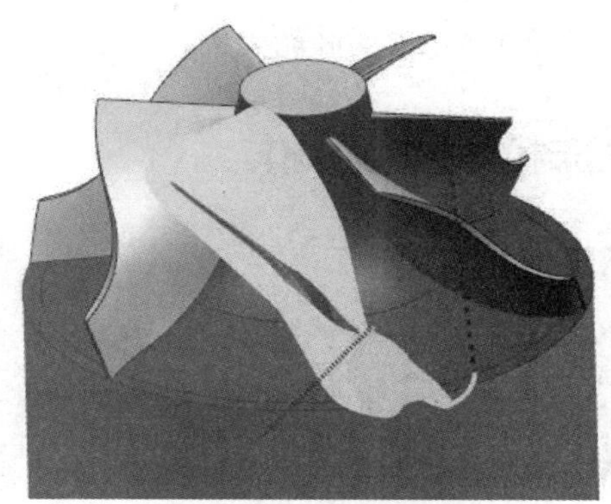
图 4-2-42　叶片精加工刀路

图 4-2-43　模拟加工图

实践操作 4.3　叶轮五轴机床模拟加工

利用 UG NX 自带的机床仿真模块实践操作 4.2 中叶轮的刀路进行机床仿真模拟，检查是否存在干涉或是撞刀的情况。

（1）NX 软件中机床模型的调用。

（2）模拟干涉检查。

一、编程准备工作

以实践操作 4.2 中的叶轮为例，参照相应的方法编制好数控加工程序。

二、机床模拟仿真操作

1.调整视图显示方式

在 NX 软件中，执行“打开”命令，选中先前已经编制好数控程序的叶轮文件。单击“资源栏”下的“工序导航器”按钮，切换显示方式至“机床视图”，如图 4-3-1 所示。

2.激活机床对话框

右击“GENERIC_MACHINE”，在弹出的快捷菜单中执行 编辑... 操作，打开如图 4-3-2 所示的“通用机床”对话框。

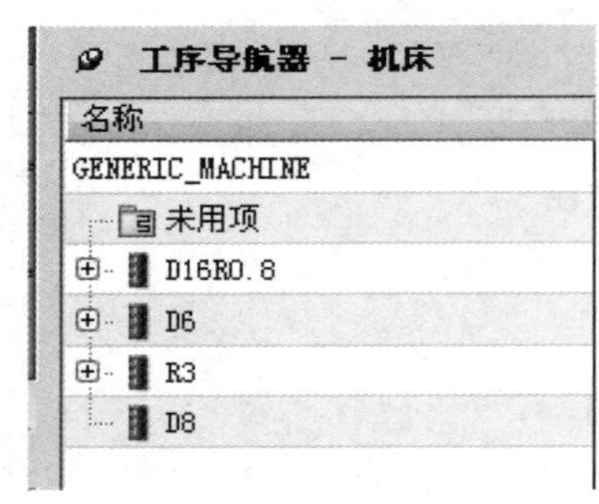

图 4-3-1 机床视图

图 4-3-2 “通用机床”对话框

3.调用相关机床

单击“从库中调用机床”按钮，打开“库类选择”对话框，双击“MILL”选项，在“匹配项”选项组中选择“sim08_mill_5ax_fanuc_mm”选项（可以根据实际机床的结构进行更换选择），如图 4-3-3 所示，单击“确定”按钮。

4.利用装配模块安装工件

在打开的“部件安装”对话框中，“定位”设置为“使用装配定位”，单击“确定”按钮，打开“组件预览”视图（见图 4-3-4）及“添加加工部件”对话框。

在“添加加工部件”对话框中，“定位”模式选择“根据约束”选项，单击“确定”按钮。

在“装配约束”对话框中，“类型”选择“接触对齐”选项，“方位”选项设置为“自动判断中心/轴”，在图形显示窗口中，选择两个中心对齐的面，如图 4-3-5 所示。

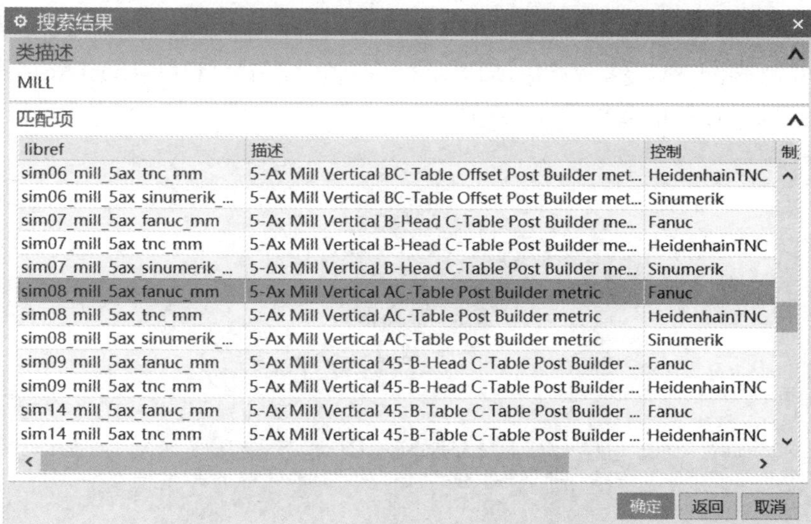

图 4-3-3 机床类型列表

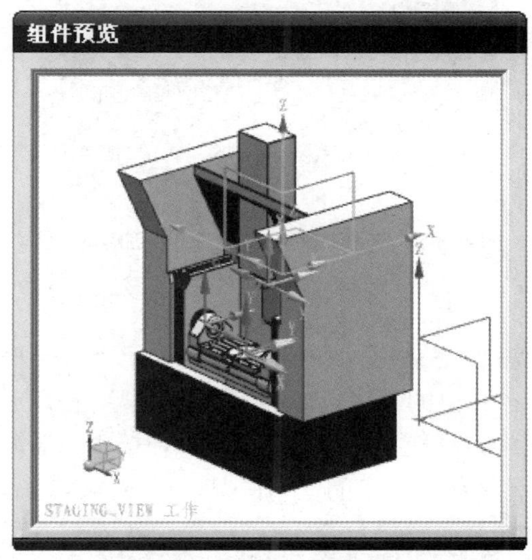

图 4-3-4 机床预览

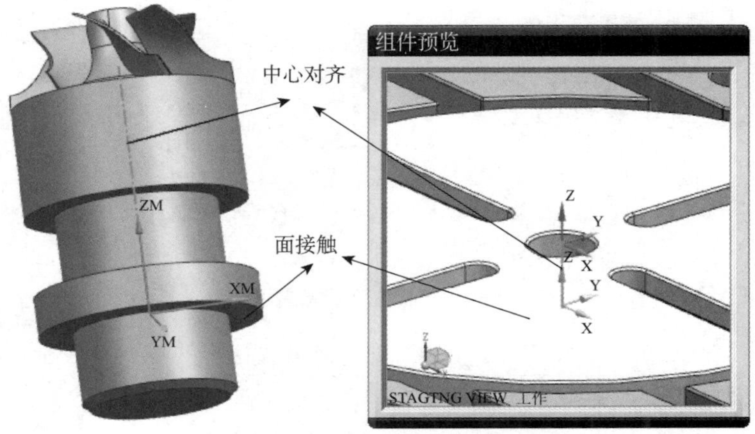

图 4-3-5 装配约束设置

再设置“方位”为“接触”，选择如图 4-3-5 所示两个相互接触的面，单击“确定”按钮，机床会与工件自动装配在一起，关闭信息提示栏，并在“5-AX Mill Vertical Ac-Table”对话框中单击“确定”按钮，最终的效果如图 4-3-6 所示。

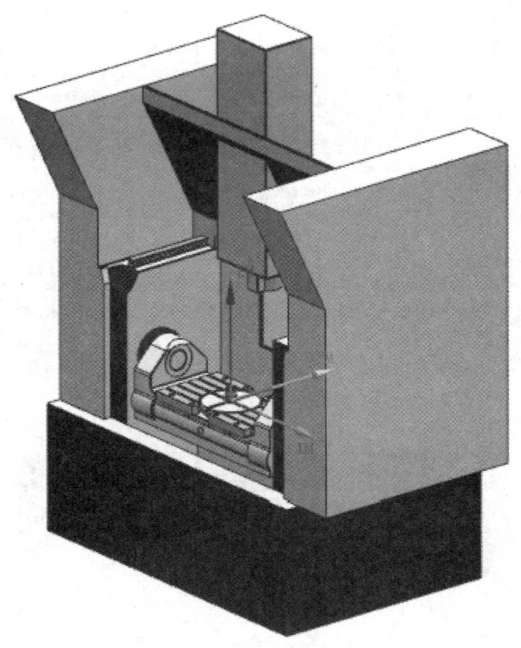

图 4-3-6　工件安装完毕之后的机床示意图

5. 刀轨仿真

单击“资源栏”上的“工序导航器”按钮，切换至“机床视图”，右击“5-AX_MILL_VERTICAL_AC-TABLE”，在弹出的快捷菜单中执行“刀轨”→“仿真”命令 仿真... 。

在“仿真控制”对话框中，复选“显示刀轨”选项，单击“播放”按钮，可以通过查看“机床状态”选项组中的信息来获取机床的运动情况，如图 4-3-7 所示。

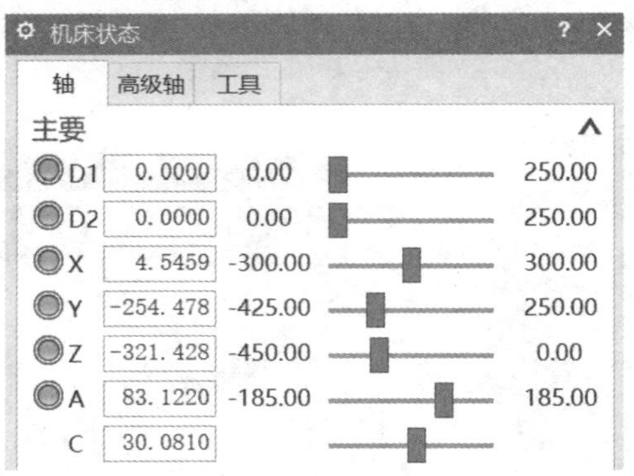

图 4-3-7　仿真信息显示

在实现叶轮的轮廓和叶片加工时，A、C 角度会出现相应的数据，表示机床实现的是五轴联动加工，仿真结束之后，单击“关闭”按钮。

模块 5　多轴加工理论知识

本模块通过对 UG NX 软件多轴加工编程各个加工操作中主要加工参数的讲解，指导读者在实践中能够具体巩固、应用和丰富实践学习内容，并为读者今后的学习提供帮助。

学习理论知识，应用于实践操作。

一、四轴数控机床及四轴加工简介

四轴数控加工中心是在三轴数控机床的基础上增加一个旋转轴构成的，相对于三轴数控机床而言具有以下优点：

（1）四轴加工使刀具有了更大的自由度来避免加工中的干涉现象。

（2）由于刀具在加工中能够相对于加工表面处于一个有利的加工位置，因而具有较好的加工表面质量。

（3）由于刀具运动自由度的增加，可以采用更高效的刀具轨迹控制计算，从而提高了加工效率。如图 5-1-1 所示为典型的四轴数控加工中心。

数控加工中心可能的四轴控制形式为：直线轴和一旋转轴进行组合，即 *X*、*Y*、*Z* 三个轴的直线运动和 *A*、*B*、*C* 三个回转轴中的任意一个进行组合。

对于立式数控加工中心，*C* 轴实现的形式为主轴或者是工作台旋转控制，由于 *X*、*Y* 轴可以进行联动，在机床不超程、刀具不干涉的前提下，可以完成 *XY* 平面内的任意点位加工，所以实现主轴和工作台回转控制的意义并不是很大。

对于立式机床不使用旋转工作台，则往往采用的是矩形工作台，由于机床本身的结构，在 *Y* 方向增加旋转轴就会大大降低机床的加工空间，工件的拆卸也不方便，因此在四轴控制的数控立式加工中心中，*X*、*Y*、*Z*、*A* 的轴控制形式是最为合理的，结构如图 5-1-2 所示。

图 5-1-1　四轴数控加工中心

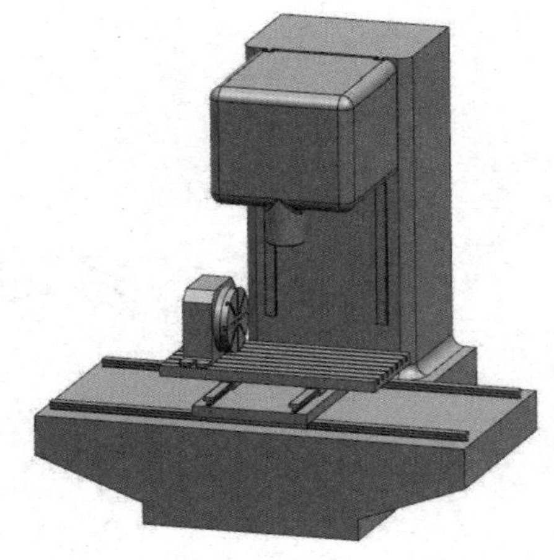

图 5-1-2　典型四轴数控立式机床

该类型机床在完成工件的一次装夹后，可以自动完成多平面、多角度、多工序的加工。如对复杂箱体的加工，因采用一次性装夹，多工序自动完成，相对于多次装夹，大大提高了零件各要素之间的位置精度和尺寸精度，该类机床也可以通过线性轴与旋转轴组合来完成对螺旋线等典型特征的零件加工和对带回转特征的自由曲面一次性走刀，从而避免了接刀痕的产生，同时也提高了加工的表面质量和精度。

二、五轴数控机床及五轴加工简介

五轴联动加工技术已经成熟并且应用越来越广泛。从机床制造的角度来说，五轴机床比三轴机床多两个角度轴，即转台或摆头；而从五轴加工应用的角度来说，机床的角度轴的配置、CAM 软件的刀轴控制及刀具路径的后置处理是关键技术。

五轴联动数控机床是由三个平动轴 *X*、*Y*、*Z* 和绕 *X*、*Y*、*Z* 旋转的 *A*、*B*、*C* 中任意两个旋转轴组合而成的。五轴数控机床的结构类型有很多种，两个旋转坐标既可以由工作台转动实现，也可以由刀具摆动实现。根据旋转坐标的实现方式不同，可以将其分为三种类型：双转台式、双摆头式、单转台单摆头式。

1.双转台（图 5—1—3）

结构：两个旋转轴均属转台类，*B* 轴旋转平面为 *YZ* 平面，*C* 轴旋转平面为 *XY* 平面。一般两个旋转轴结合为一个整体构成双转台结构，放置在工作台面上。

特点：加工过程中工作台旋转并摆动，可加工工件的尺寸受转台尺寸的限制，适合加工体积小、重量轻的工件；主轴始终为竖直方向，刚性比较好，可以进行切削量较大的加工，适合加工电极、鞋模。

工业加工中常见的双转台五轴数控机床一般将床身上的工作台设置成可以环绕 *X* 轴回转，并定义为 *A* 轴，*A* 轴一般的工作范围为+30° ～-120° 。工作台的中间还设有一个回转台，在如图 5-1-3 所示的位置上环绕 *Z* 轴回转，定义为 *C* 轴，*C* 轴都可以 360° 回转。这样通过 *A* 轴与 *C* 轴的组合，固定在工作台上的工件除了底面之外，其余的 5 个面都可以由立式五轴联动加工中心主轴进行加工。*A* 轴和 *C* 轴最小分度值一般为 0.001 度，这样又可以把工件细分成任意角度，加工出倾斜面、倾斜孔等。*A* 轴和 *C* 轴如与 *XYZ* 三直线轴实现联动，就可加工出复杂的空间曲面，这需要获得高档的数控系统、伺服系统及软件的支持。这种设置方式的优点是主轴的结构比较简单，主轴刚性非常好，制造成本低。

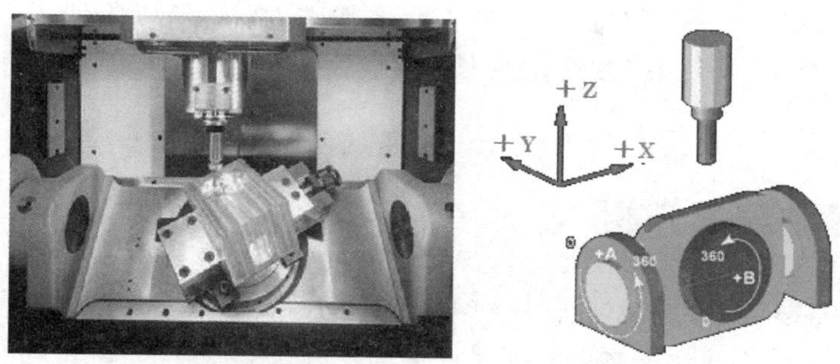

图 5-1-3　双转台结构（注：图为截图，正斜体保留原样，下同）

2.双摆头（图 5—1—4）

结构：双摆头五轴两个旋转轴均属摆头类，*B* 轴旋转平面为 *ZX* 平面，*A* 轴旋转平面为 *ZY* 平面。两个旋转轴结合为一个整体构成双摆头结构。

特点：加工过程中工作台、工件均静止，适合加工体积大、重量重的工件；但因主轴在加工过程中摆动，所以刚性较差，加工切削量较小。适合加工保险杠、汽车后桥、轮胎模等。

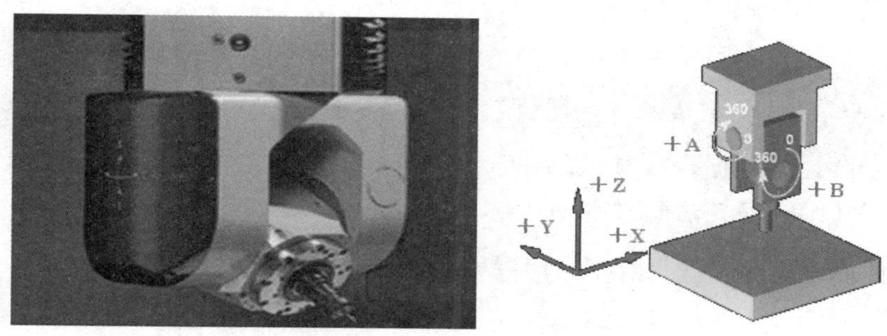

图 5-1-4　双摆头结构

3.单转台单摆头（图 5—1—5）

结构：单转台单摆头五轴旋转轴 *B* 为摆头，旋转平面为 *ZX* 平面；旋转轴 *C* 为转台，旋转平面为 *XY* 平面。

特点：加工过程中工作台只旋转不摆动，主轴只在一个旋转平面内摆动，加工特点介于双转台和双摆头之间，适合加工模型、灯模、大型叶轮、大型齿轮等。

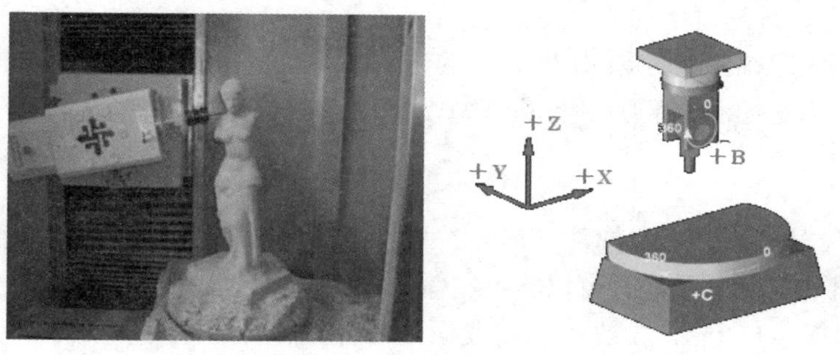

图 5-1-5　单转台单摆头结构

五轴联动机床的使用，让工件的装夹变得容易。加工时无须特殊夹具，降低了夹具的成本，避免了多次装夹，提高模具加工精度，采用五轴技术加工模具可以减少夹具的使用数量。另外，由于五轴联动机床可在加工中省去许多特殊刀具，所以降低了刀具成本。五轴联动机床在加工中能增加刀具的有效切削刃长度，减小切削力，提高刀具使用寿命，从而降低成本。

三、UG NX 多轴编程介绍

目前具有多轴编程功能的 CAM 软件种类很多，UG NX 软件是较为常用的软件之一。在 UG NX 中，多轴机床编程应用最多的功能是“曲面轮廓铣”。曲面轮廓铣功能包含了固定轴曲面轮廓铣操作和可变轴曲面轮廓铣操作，可以用于加工复杂部件上的轮廓曲面，对于固定轴曲面轮廓铣操作，如图 5-1-6 所示，刀轴保持与指定矢量（一般是 Z 轴）平行。对于可变轴曲面轮廓铣操作，如图 5-1-7 所示，刀轴沿刀轨移动时不断变换方位。

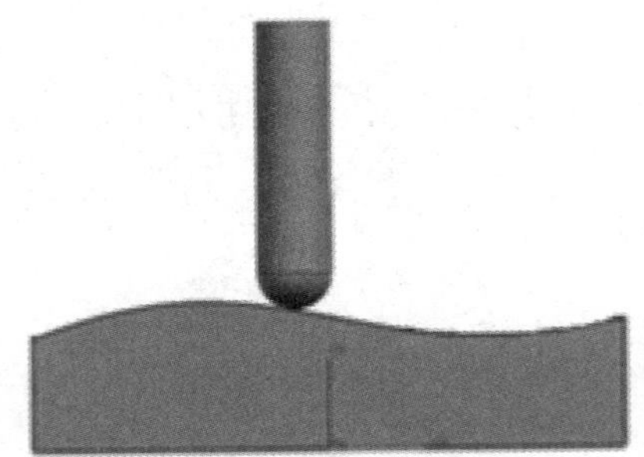

图 5-1-6　固定轴曲面轮廓铣

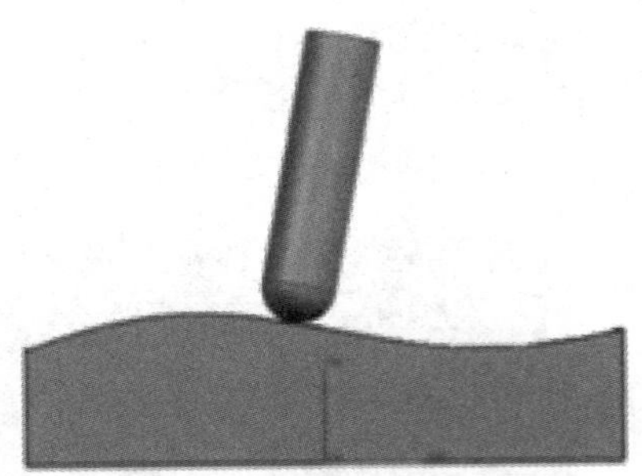

图 5-1-7　可变轴曲面轮廓铣

在创建“曲面轮廓铣”操作时，一般需要指定以下几个内容：

（1）部件几何体。指定待加工的部件（也可以不选择）。

（2）驱动几何体。“驱动几何体”可以包含部件几何体或没有与部件关联的几何体。如果没有指定“部件几何体”，软件将直接定位到驱动点上；如果指定了“部件几何体”，软件将刀具定位于驱动点在“部件几何体”上的投影位置。选定的“驱动方法”决定如何定义创建刀轨所需的驱动点。某些驱动方法（比如曲线驱动）将会沿曲线创建一串驱动点，另一些驱动方法（比如曲面驱动）则会在一个区域内创建驱动点的阵列。

（3）投影矢量（如果指定了“部件几何体”则该项是必选项）。投影矢量定义驱动点如何投影到“部件表面”及刀具接触“部件表面”的哪一侧（部件的内侧或是外侧），所选的驱动方法会确定有哪些投影矢量是可用的。

（4）刀轴。使用刀轴选项指定切削刀具的方位。

如图 5-1-8 所示是驱动点和刀轴矢量在每个驱动点的位置显示。

1. 部件几何体介绍

部件几何体选项可以通过“部件几何体”与“驱动几何体”结合起来使用，共同定义切削区域，在选择“部件几何体”时，可以将“实体”“平面体”“曲面区域”或者“面”指定为“部件几何体”，如图 5-1-9 所示，定义待切削曲面为部件几何体。

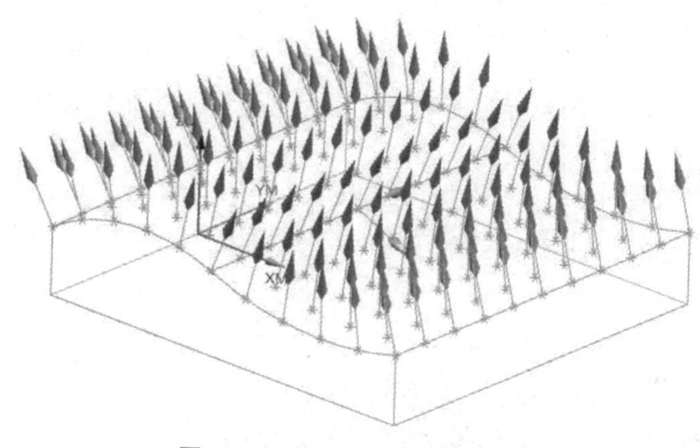

图 5-1-8　驱动点与刀轴矢量显示

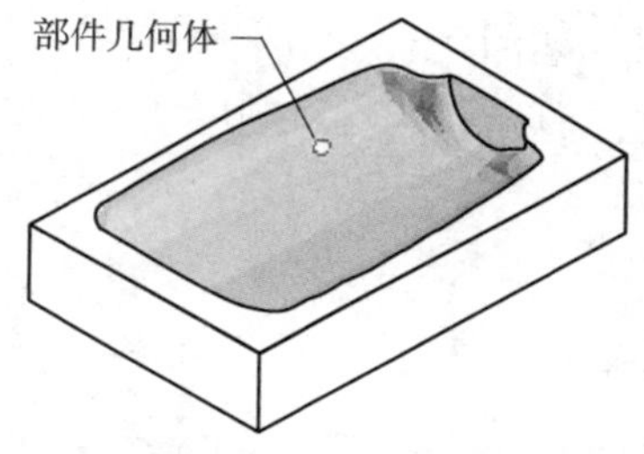

图 5-1-9　定义部件几何体

2.驱动方法介绍

驱动方法：“驱动方法”定义创建刀轨所需的驱动点。某些驱动方法允许通过沿一条曲线创建一串驱动点，而其他的驱动方法则可以在边界内或在所选取的曲面上创建驱动点阵列。驱动点一旦定义，就可以用于创建刀轨，如果没有选择“部件几何体”选项，则刀轨直接从“驱动点”创建，或者驱动点通过投影矢量投影到部件表面以创建刀轨。

驱动方法是否适合当前的操作，是由待加工的表面的形状和复杂性及刀轴和投影矢量要求决定的，所选择的驱动方法决定了可以作为驱动的几何体的类型，以及可用的投影矢量、刀轴和切削类型。

“投影矢量”选项是多数“驱动方法”的公共选项，它用于确定驱动点如何投影到部件的表面，以及刀具接触部件表面的哪一侧。可用的“投影矢量”选项会根据所使用的驱动方法而变化。

如图 5-1-10 所示采用曲面区域驱动方法。选择该类型驱动方法的原因是由部件表面的复杂性和刀轴控制所决定的，系统将会在所选驱动曲面上创建一个驱动点阵列，然后将此阵列沿指定的投影矢量投影到部件表面上，刀具定位到“部件表面”上的“接触点”，刀轨是使用刀尖处的输出刀位点创建的，投影矢量和刀轴都是变化的，两者都垂直于驱动曲面。

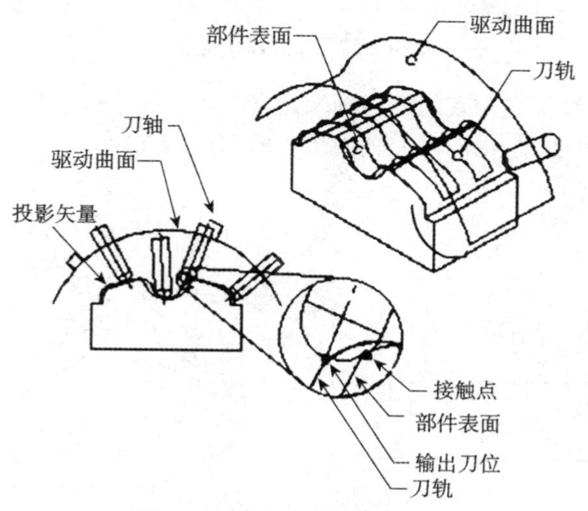

图 5-1-10　曲面区域驱动示例

3.投影矢量介绍

投影矢量：投影矢量允许定义驱动点投影到部件表面的方式和刀具接触的部件表面侧，驱动点沿投影矢量投影到部件表面上。

如图5-1-11所示中，投影矢量被定义为固定的，在部件表面上的任意给定点，矢量与ZM轴是平行的。要投影到部件表面上，驱动点必须以投影矢量箭头所指的方向从边界平面进行投影。

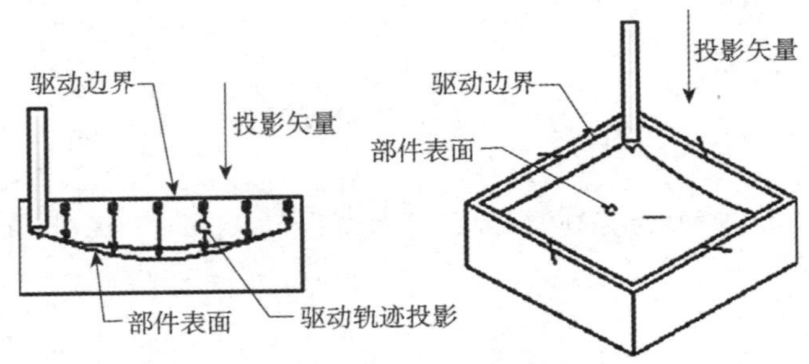

图5-1-11　固定方向的投影矢量

注意： 选择投影矢量时应小心，避免出现投影矢量平行于刀轴矢量或垂直于部件表面法向的情况。这些情况可能引起刀轨的竖直波动。

（1）（*I*, *J*, *K*）投影矢量。（*I*, *J*, *K*）允许通过键入一个可定义相对于“工作坐标系”原点的矢量的值来定义“固定投影矢量”，如图5-1-12所示。*I*、*J*、*K*对应于*XC*、*YC*、*ZC*，在坐标系原点处显示该矢量。（*I*, *J*, *K*）为（0, 0, −1）是默认的投影矢量。

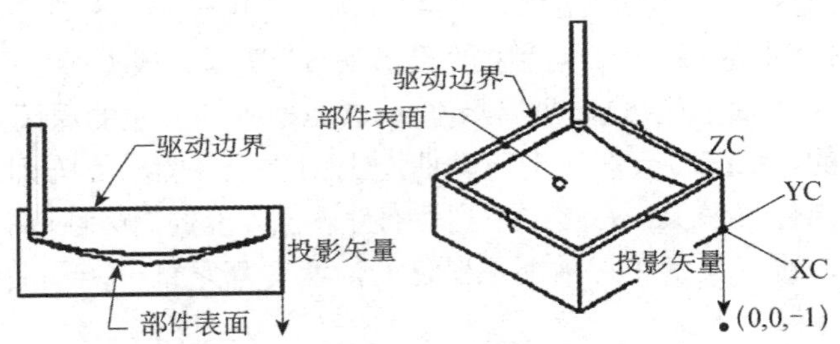

图5-1-12　*I*, *J*, *K*投影矢量

（2）刀轴。刀轴允许根据现有的“刀轴”定义一个“投影矢量”，如图5-1-13所示。使用“刀轴”时，“投影矢量”总是指向“刀轴矢量”的相反方向。

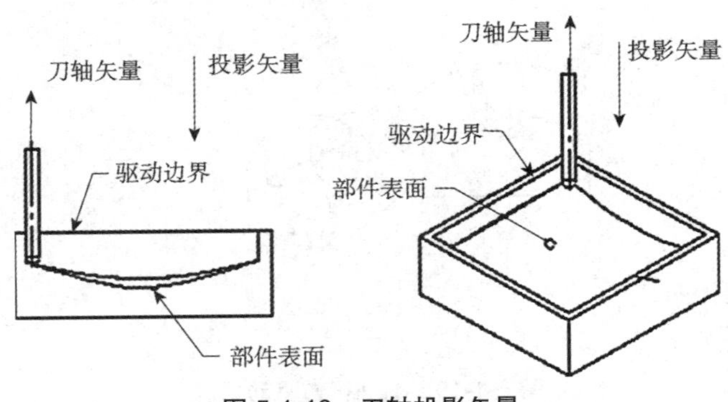

图5-1-13　刀轴投影矢量

（3）远离直线投影矢量。“远离直线”允许创建从指定的直线延伸至部件表面的“投影矢量”，如图 5-1-14 所示。“投影矢量”作为从中心线延伸至“部件表面”的垂直矢量进行计算，此选项有助于加工内部圆柱面，其中指定的直线作为圆柱中心线，刀具位置将从中心线移到“部件表面”的内侧，“驱动点”沿着偏离所选聚焦线的直线从“驱动曲面”投影到部件表面，聚焦线与“部件表面”之间的最小距离必须大于刀具半径。

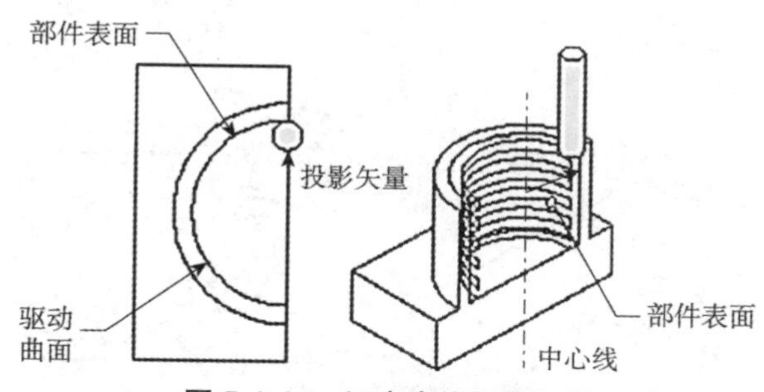

图 5-1-14　远离直线投影矢量

（4）指向直线。“指向直线”允许创建从“部件表面”延伸至指定直线的“投影矢量”，如图 5-1-15 所示。此选项有助于加工外部圆柱面。其中，指定的直线作为圆柱中心线，刀具位置将从“部件表面”的外侧移到中心线，“驱动点”沿着向所选聚焦线收敛的直线从“驱动曲面”投影到部件表面。

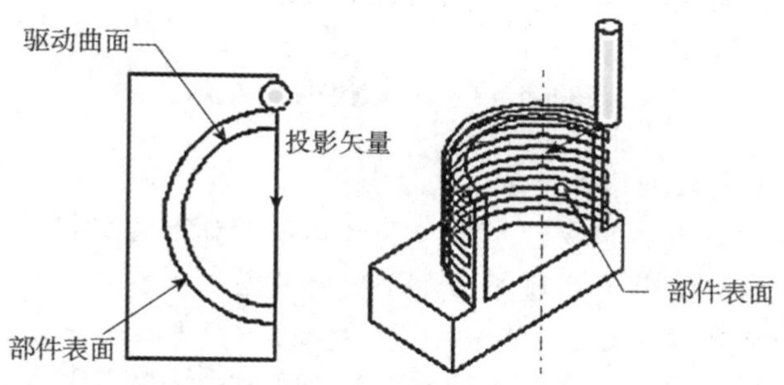

图 5-1-15　指向直线投影矢量

（5）垂直于驱动体。“垂直于驱动体”允许相对于“驱动曲面”法线定义“投影矢量”，如图 5-1-16 所示。只有在使用“曲面区域驱动方法”时，此选项才是可用的，“投影矢量”作为“驱动曲面”材料侧法线的反向矢量进行计算，此选项使您能够将“驱动点”均匀分布在凸起程度较大的部件表面（相关法线超出 180° 的“部件表面”）上，与“边界”不同的是，“驱动曲面”可以用来包络“部件表面”周围的“驱动点”阵列，以便将它们投影到“部件表面”的所有侧面。

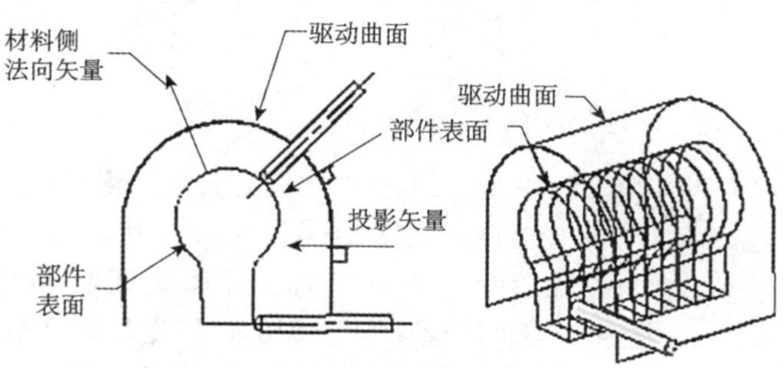

图 5-1-16　垂直于驱动体投影矢量

（6）侧刃划线。“侧刃划线”允许定义平行于“驱动曲面”的侧刃划线的“投影矢量”，如图5-1-17所示。只有在同时使用“曲面区域驱动方法”和“侧刃驱动刀轴”时，此选项才可用，只有当“驱动曲面”等同于直纹面时，才能使用此选项。

如图5-1-17所示，使用带锥度的刀具时，“侧刃划线投影矢量”可以防止过切“驱动曲面”。

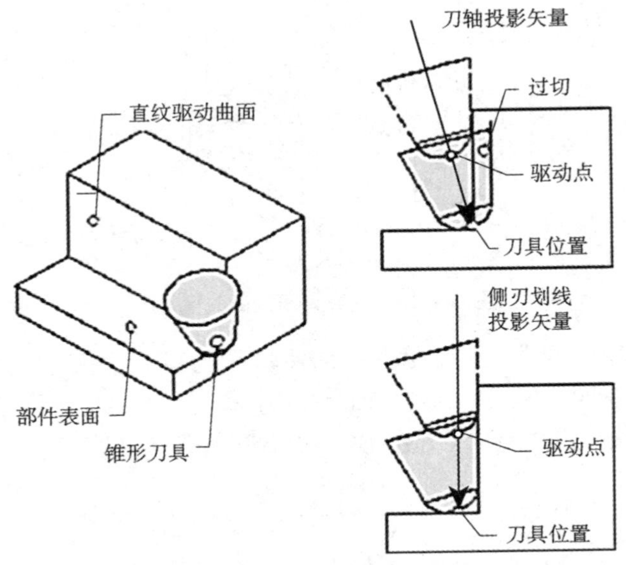

图 5-1-17　侧刃划线投影矢量

注意：驱动曲线模式本身不是刀轨，必须将它投影到部件上以创建刀轨，投影矢量的选择对于生成高质量的刀轨非常重要，一般可以选择参考如下的建议设置投影矢量：

（1）刀轴或指定矢量。矢量与目标平面不平行时使用这些选项。

（2）远离点、朝向点和远离直线、指向直线。当驱动面为一组曲面时，其中的单一矢量角度不足以代表所有曲面时，使用这些选项。离开或指向指定的点或直线进行投影时，请确保选择的点或直线所在的位置可保证刀可以抵达整个要切削的区域。使用离开时，请确保刀尖位于点或直线上时刀具不会过切部件。加工型腔时使用远离点或远离直线。加工型芯时使用朝向点或指向直线。 这些选项不依赖于驱动曲面法线，并且非常适用于处理刀具半径大于部件特征（圆角半径、拐角等等）的部件。

（3）垂直于驱动体和朝向驱动体。驱动曲面法线已进行适当定义并且变化非常平滑时使用这些选项。使用朝向驱动体加工型腔，使用垂直于驱动体加工型芯。 在刀具半径大于部件特征（圆角半径、拐角等等）的情况下，它们可能不适用。

4.刀轴介绍

刀轴允许定义为“固定”和“可变”刀轴方位。“固定刀轴”将保持与指定矢量平行。“可变刀轴”在沿刀轨运动时将不断改变方向，如图5-1-18所示。

如果将操作类型指定为“固定轮廓铣”，则只有“固定刀轴”选项可以使用。如果将操作类型指定为“可变轮廓铣”，则全部“刀轴”选项均可使用（“固定”选项除外）。

可将“刀轴”定义为从刀尖方向指向刀具夹持器方向的矢量，如图5-1-19所示。

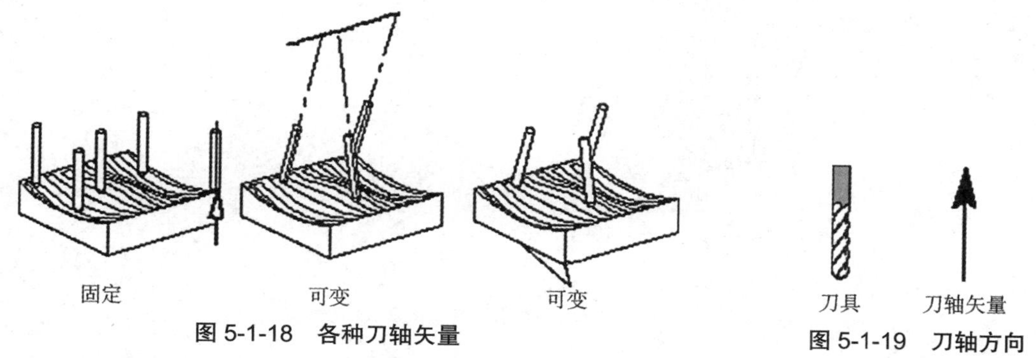

图 5-1-18　各种刀轴矢量

图 5-1-19　刀轴方向

（1）远离点。远离点可以用于定义偏离焦点的“可变刀轴”。用户可使用“点子功能”来指定点，“刀轴矢量”从定义的焦点离开并指向刀具夹持器，如图 5-1-20 所示。

（2）朝向点。“朝向点”可以用于定义向焦点收敛的“可变刀轴”。用户可使用“点子功能”来指定点，“刀轴矢量”指向定义的焦点并指向刀具夹持器，如图 5-1-21 所示。

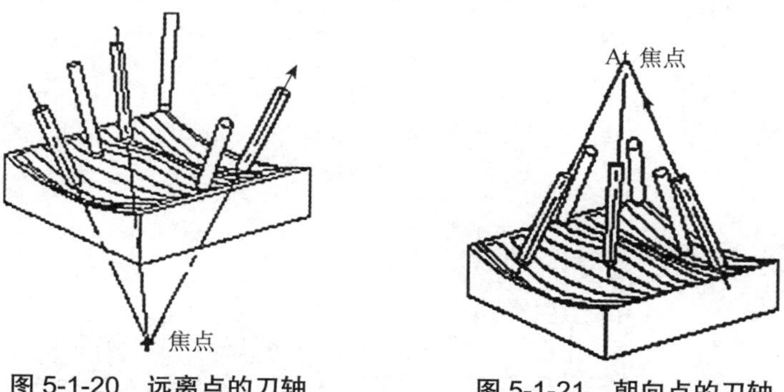

图 5-1-20　远离点的刀轴

图 5-1-21　朝向点的刀轴

（3）远离直线。远离直线可以用于定义偏离聚焦线的“可变刀轴”。“刀轴”沿聚焦线移动，同时与该聚焦线保持垂直，刀具在平行平面间运动，“刀轴矢量”从定义的聚焦线离开并指向刀具夹持器，如图 5-1-22 所示。

（4）朝向直线。“朝向直线”可以用于定义向聚焦线收敛的“可变刀轴”。“刀轴”沿聚焦线移动，同时与该聚焦线保持垂直，刀具在平行平面间运动，“刀轴矢量”指向定义的聚焦线并指向刀具夹持器，如图 5-1-23 所示。

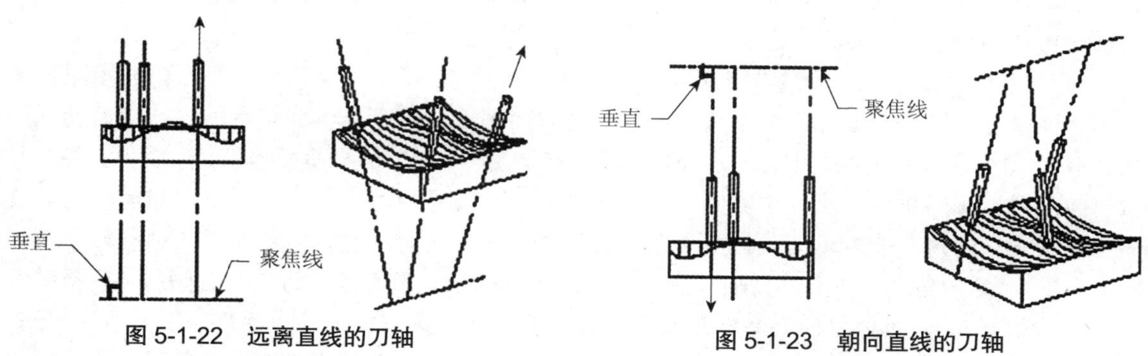

图 5-1-22　远离直线的刀轴

图 5-1-23　朝向直线的刀轴

（5）相对于矢量。“相对于矢量”可以用于定义相对于带有指定的“前倾角”和“侧倾角”的矢量的“可变刀轴”，如图 5-1-24 所示。

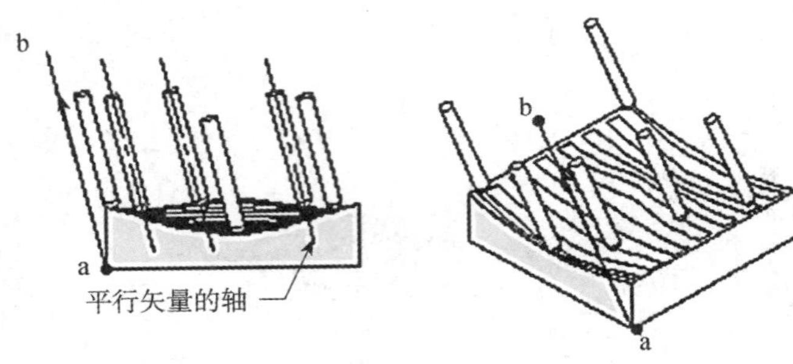

图 5-1-24　相对于矢量的刀轴

“前倾角”定义了刀具沿“刀轨”前倾或后倾的角度，正的“前倾角”的角度值表示刀具相对于“刀轨”方向向前倾斜，负的“前倾角”的角度值表示刀具相对于“刀轨”方向向后倾斜，由于“前倾角”基于刀具的运动方向，因此往复切削模式将使刀具在单向刀路中向一侧倾斜，而在回转刀路中向相反的另一侧倾斜。

“侧倾角”定义了刀具从一侧到另一侧的角度，正值将使刀具向右倾斜（按照您所观察的切削方向），负值将使刀具向左倾斜，与“前倾角”不同，“侧倾角”是固定的，它与刀具的运动方向无关。

（6）垂直于部件。“垂直于部件”可以用于定义在每个接触点处垂直于“部件表面”的“刀轴”，如图 5-1-25 所示。

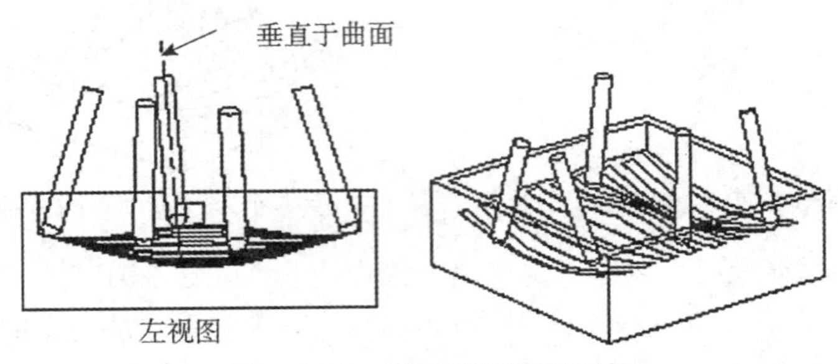

图 5-1-25　垂直于部件的刀轴

（7）四轴，垂直于部件。“四轴，垂直于部件”可以用于定义使用“四轴旋转角度”的刀轴，如图 5-1-26 所示。四轴方向使刀具绕着所定义的旋转轴旋转，同时始终保持刀具和旋转轴垂直，旋转角度使“刀轴”相对于“部件表面”的另一垂直轴向前或向后倾斜，与“前倾角”不同，四轴旋转角始终向垂直轴的同一侧倾斜，它与刀具运动方向无关。

（8）四轴，相对于驱动体。“四轴，相对于驱动体”可以用于定义指定刀轴，以使用四轴旋转角。该旋转角将有效地绕一个轴旋转部件，这如同部件在带有单个旋转台的机床上旋转。与“四轴，垂直于驱动体”不同的是，它还可以定义前倾角和侧倾角，“前倾角”定义了刀具沿“刀轨”前倾或后倾的角度。正的“前倾角”的角度值表示刀具相对于“刀轨”方向向前倾斜，负的“前倾角”的角度值表示刀具相对于“刀轨”方向向后倾斜，前倾角是从“四轴旋转角”开始测量的，“侧倾角”定义了刀具从一侧到另一侧倾的角度，正值将使刀具向右倾斜（按照您所观察的切削方向），负值将使刀具向左斜，此选项的交互工作方式与“四轴相对于部件”相同，但是，前倾角和侧倾角的参考曲面是驱动曲面而非部件表面，由于此选项需要用到一个驱动曲面，因此它只在使用了“曲面区域驱动方法”后才可用。

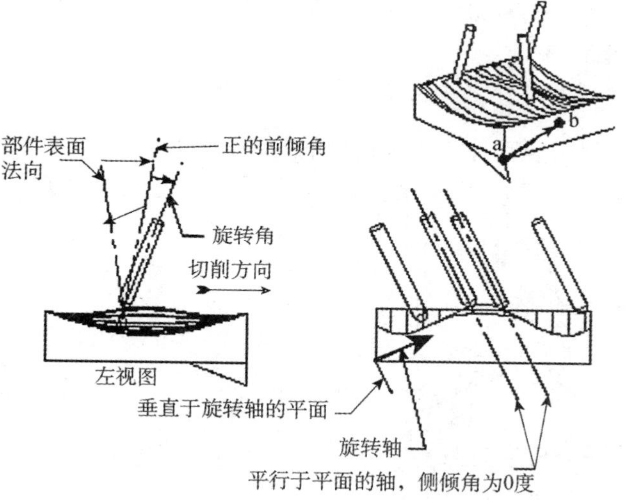

图 5-1-26　四轴，垂直于部件的刀轴

（9）垂直于驱动体。“垂直于驱动体”可以用于定义在每个“驱动点”处垂直于“驱动曲面”的“可变刀轴”。由于此选项需要用到一个驱动曲面，因此它只在使用了“曲面区域驱动方法”后才可用。“垂直于驱动体”可用于在非常复杂的“部件表面”上控制刀轴的运动，如图 5-1-27 所示。

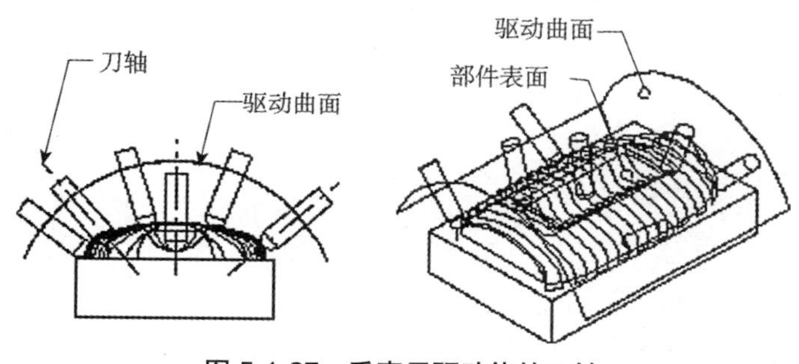

图 5-1-27　垂直于驱动体的刀轴

（10）侧刃驱动。“侧刃驱动”可以用于定义沿驱动曲面的侧刃划线移动的刀轴，如图 5-1-28 所示。此类刀轴允许刀具的侧面切削驱动曲面，而刀尖切削“部件表面”，如果刀具不带锥度，那么刀轴将平行于侧刃划线，如果刀具带锥度，那么刀轴将与侧刃划线成一定角度，但二者共面，驱动曲面将支配刀具侧面的移动，而“部件表面”将支配刀尖的移动。

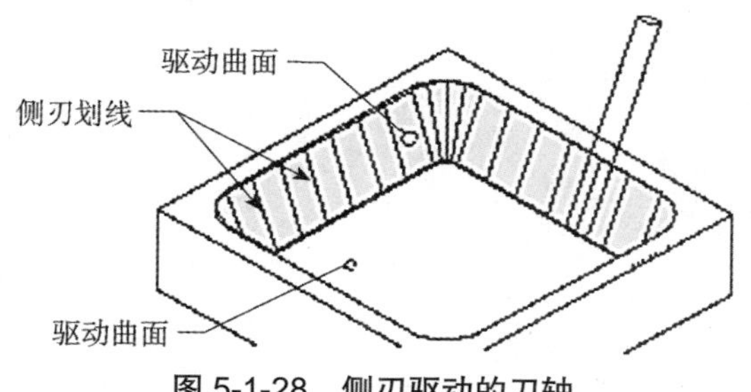

图 5-1-28　侧刃驱动的刀轴

（1）必须按顺序选择多个驱动曲面，并且这些曲面的边缘必须相连。

（2）选择“侧刃驱动”选项后，将出现“侧刃驱动”对话框，并且在选定的第一个驱动曲面旁将出现4个方向箭头。

（3）从四个矢量中选择一个指向刀具夹持器的矢量。

在图 5-1-29 中，“侧刃驱动体”刀轴使用的是不带锥度的刀具和“刀轴”投影矢量，如果使用了带锥度的刀具，则应使用“侧刃划线投影矢量”以避免过切驱动曲面。

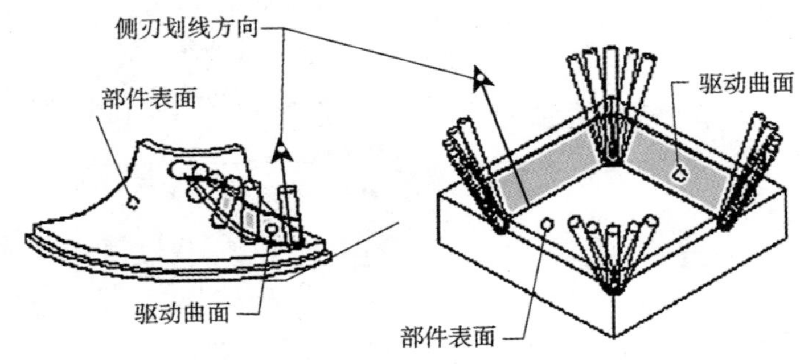

图 5-1-29　侧刃驱动体

附　　录

附录 A　刀具普通切削进给参数表

碳素合金结构钢（HRC<20）　　合金调质钢（HRC30~40）　　淬火工件（HRC46~52）

刀径 /mm	材料	开粗 FEEDRATE /（r/min）	开粗 SPINDLE /（r/min）	切削量 /mm	光刀 FEEDRATE	光刀 SPINDLE	切削量 /mm
平底刀 $\phi 2$ 刃长 5 总长 40	碳素合金结构钢	600	2000	0.1～0.15	1000	3000	0.05～0.1
	合金调质钢	600	2000	0.05～0.12	800	3000	0.05～0.1
	淬火工件	400	2000	0.05～0.1	600	3000	0.05～0.1
	铜公、碳公	800	3000	0.1～0.15	1000	3000	0.08～0.1
平底刀 $\phi 3$ 刃长 8 总长 45	碳素合金结构钢	600	3000	0.2～0.3	1000	3000	0.05～0.1
	合金调质钢	800	2500	0.15～0.25	1000	2500	0.05～0.1
	淬火工件	700	2000	0.15～0.2	1000	2000	0.05～0.1
	铜公、碳公	1000	3000	0.2～0.3	1500	3000	0.1～0.15
平底刀 $\phi 4$ 刃长 11 总长 45	碳素合金结构钢	800	2500	0.2～0.3	1200	2000	0.05～0.1
	合金调质钢	800	2500	0.2～0.25	1000	2500	0.05～0.1
	淬火工件	600	2000	0.15～0.25	800	1500	0.05～0.1
	铜公、碳公	1000	2500	0.25～0.3	1500	2500	0.1～0.15
平底刀 $\phi 5$ 刃长 13 总长 50	碳素合金结构钢	1000	2000	0.25～0.3	600	2000	0.05～0.1
	合金调质钢	800	1400～2000	0.15～0.25	600	2000	0.05～0.1
	淬火工件	600	1000	0.1～0.15	500	2000	0.05～0.1
	铜公、碳公	1800	2000	0.3～0.35	1500	2000	0.1～0.15
平底刀 $\phi 6$ 刃长 12 总长 60	碳素合金结构钢	800	1500	0.3～0.35	800	2000	0.08～0.1
	合金调质钢	800	1000	0.2～0.3	700	2000	0.08～0.1
	淬火工件	500	1000	0.15～0.2	600	1500	0.05～0.1
	铜公、碳公	1500	2000	0.3～0.4	1000	2200	0.1～0.15

（续表）

刀径 /mm	材料	开粗 FEEDRATE /（r/min）	开粗 SPINDLE /（r/min）	切削量 /mm	光刀 FEEDRATE	光刀 SPINDLE	切削量 /mm
平底刀 ϕ8 刃长 20 总长 60	碳素合金结构钢	700	1500	0.35～0.5	1000	1500	0.1～0.15
	合金调质钢	500	1500	0.25～0.35	800	1500	0.1～0.12
	淬火工件	500	1000	0.2～0.3	700	1000	0.1～0.12
	铜公、碳公	1000	1200	0.4～0.5	1000	2000	0.1～0.15
平底刀 ϕ10 刃长 20～30 总长 70	碳素合金结构钢	1000	2000	0.4～0.5	1000	1500	0.1～0.15
	合金调质钢	700	1000	0.35～0.5	800	1500	0.1～0.12
	淬火工件	300	800	0.3～0.35	500	1000	0.1～0.12
	铜公、碳公	1000	1500	0.4～0.5	1500	2000	0.1～0.15
平底刀 ϕ12 刃长 29 总长 84	碳素合金结构钢	800	800	0.4～0.5	700	1500	0.1～0.15
	合金调质钢	600	700	0.35～0.5	500	1000	0.1～0.12
	淬火工件	400	500	0.3～0.35	400	1500	0.1～0.12
	铜公、碳公	1500	2000	0.4～0.5	1200	2000	0.1～0.15
平底刀 ϕ16 刃长 33 总长 93	碳素合金结构钢	1000	1500	0.4～0.5	800	1500	0.1～0.15
	合金调质钢	800	1000	0.4～0.5	600	1000	0.1～0.15
	淬火工件	500	800	0.3～0.4	500	800	0.1～0.12
	铜公、碳公	1500	1500	0.4～0.5	1000	1500	0.1～0.15
平底刀 ϕ20 刃长 39 总长 100	碳素合金结构钢	800	1200	0.5	800	1500	0.1～0.15
	合金调质钢	600	1000	0.5	600	1200	0.1～0.12
	淬火工件	500	600	0.4～0.5	500	1000	0.1～0.12
	铜公、碳公	550	700	0.5	1000	1500	0.1～0.15
平底刀 ϕ25 刃长 90 总长 70 （白钢刀）	碳素合金结构钢	500	1000	0.5	500	100	0.1～0.15
	合金调质钢	500	1000	0.5	400	800	0.1～0.12
	淬火工件	300	600	0.4～0.5	300	500	0.1～0.12
	铜公、碳公	500	600	0.5	600	1000	0.1～0.15
平底刀 ϕ32 刃长 110 总长 84 （白钢刀）	碳素合金结构钢	400	800	0.5	500	800	0.1～0.15
	合金调质钢	300	600	0.5	500	600	0.1～0.12
	淬火工件	250	500	0.4～0.5	300	500	0.1～0.12
	铜公、碳公	600	1000	0.5	300	800	0.1～0.15
球刀 ϕ1 刃长 3 总长 50	碳素合金结构钢	500	3000	0.1	400	4000	0.05
	合金调质钢	400	4000	0.1	300	4000	0.05
	淬火工件	300	4000	0.1	200	4000	0.05
	铜公、碳公	500	4000	0.1	500	4000	0.05

（续表）

<table>
<tr><th>刀径
/mm</th><th>材料</th><th>开粗
FEEDRATE
/（r/min）</th><th>开粗
SPINDLE
/（r/min）</th><th>切削量
/mm</th><th>光刀
FEEDRATE</th><th>光刀
SPINDLE</th><th>切削量
/mm</th></tr>
<tr><td rowspan="4">球刀 $\phi2$
刃长 5
总长 50</td><td>碳素合金结构钢</td><td>500</td><td>4000</td><td>0.15</td><td>500</td><td>4000</td><td>0.08</td></tr>
<tr><td>合金调质钢</td><td>500</td><td>4000</td><td>0.15</td><td>300</td><td>4000</td><td>0.08</td></tr>
<tr><td>淬火工件</td><td>400</td><td>4000</td><td>0.15</td><td>200</td><td>4000</td><td>0.08</td></tr>
<tr><td>铜公、碳公</td><td>800</td><td>4000</td><td>0.15</td><td>500</td><td>4000</td><td>0.08</td></tr>
<tr><td rowspan="4">球刀 $\phi3$R
刃长 8
总长 60</td><td>碳素合金结构钢</td><td>800</td><td>3000</td><td>0.15</td><td>700</td><td>3000</td><td>0.08</td></tr>
<tr><td>合金调质钢</td><td>700</td><td>3000</td><td>0.15</td><td>600</td><td>3000</td><td>0.08</td></tr>
<tr><td>淬火工件</td><td>500</td><td>3000</td><td>0.15</td><td>300</td><td>3000</td><td>0.08</td></tr>
<tr><td>铜公、碳公</td><td>600</td><td>4000</td><td>0.15</td><td>900</td><td>4000</td><td>0.08</td></tr>
<tr><td rowspan="4">球刀 $\phi4$
刃长 8
总长 70</td><td>碳素合金结构钢</td><td>800</td><td>3600</td><td>0.2</td><td>1000</td><td>3800</td><td>0.1</td></tr>
<tr><td>合金调质钢</td><td>600</td><td>3400</td><td>0.2</td><td>800</td><td>3800</td><td>0.1</td></tr>
<tr><td>淬火工件</td><td>300</td><td>3200</td><td>0.2</td><td>600</td><td>3200</td><td>0.1</td></tr>
<tr><td>铜公、碳公</td><td>1000</td><td>3000</td><td>0.2</td><td>1000</td><td>3000</td><td>0.1</td></tr>
<tr><td rowspan="4">球刀 $\phi5$
刃长 10
总长 80</td><td>碳素合金结构钢</td><td>1000</td><td>3000</td><td>0.25</td><td>1200</td><td>3000</td><td>0.1～0.12</td></tr>
<tr><td>合金调质钢</td><td>800</td><td>3000</td><td>0.25</td><td>1000</td><td>3000</td><td>0.1～0.12</td></tr>
<tr><td>淬火工件</td><td>600</td><td>2800</td><td>0.25</td><td>800</td><td>3000</td><td>0.1～0.12</td></tr>
<tr><td>铜公、碳公</td><td>1200</td><td>3000</td><td>0.25</td><td>1800</td><td>4000</td><td>0.1～0.12</td></tr>
<tr><td rowspan="4">球刀 $\phi6$
刃长 10
总长 90</td><td>碳素合金结构钢</td><td>1000</td><td>3000</td><td>0.25～0.3</td><td>1200</td><td>3000</td><td>0.1～0.15</td></tr>
<tr><td>合金调质钢</td><td>800</td><td>3000</td><td>0.25～0.3</td><td>1000</td><td>3000</td><td>0.1～0.15</td></tr>
<tr><td>淬火工件</td><td>500</td><td>3000</td><td>0.25～0.3</td><td>800</td><td>3000</td><td>0.1～0.15</td></tr>
<tr><td>铜公、碳公</td><td>1500</td><td>4000</td><td>0.25～0.3</td><td>1500</td><td>4000</td><td>0.1～0.15</td></tr>
<tr><td rowspan="4">球刀 $\phi8$
刃长 15
总长 100</td><td>碳素合金结构钢</td><td>1500</td><td>3000～3400</td><td>0.25～0.3</td><td>1500</td><td>2800</td><td>0.1～0.15</td></tr>
<tr><td>合金调质钢</td><td>1200</td><td>3000</td><td>0.25～0.3</td><td>1200</td><td>2500</td><td>0.1～0.15</td></tr>
<tr><td>淬火工件</td><td>1000</td><td>3000</td><td>0.25～0.3</td><td>1000</td><td>2500</td><td>0.1～0.15</td></tr>
<tr><td>铜公、碳公</td><td>1000</td><td>3200</td><td>0.25～0.3</td><td>800</td><td>3000</td><td>0.1～0.15</td></tr>
<tr><td rowspan="4">球刀 $\phi10$
刃长 16
总长 70</td><td>碳素合金结构钢</td><td>1500</td><td>3000</td><td>0.25～0.3</td><td>1500</td><td>3000</td><td>0.1～0.15</td></tr>
<tr><td>合金调质钢</td><td>1200</td><td>3000</td><td>0.25～0.3</td><td>1200</td><td>2600</td><td>0.1～0.15</td></tr>
<tr><td>淬火工件</td><td>800</td><td>2500</td><td>0.25～0.3</td><td>1000</td><td>2400</td><td>0.1～0.15</td></tr>
<tr><td>铜公、碳公</td><td>1500</td><td>3000</td><td>0.25～0.3</td><td>2000</td><td>3000</td><td>0.1～0.15</td></tr>
<tr><td rowspan="4">球刀 $\phi12$
刃长 10
总长 80</td><td>碳素合金结构钢</td><td>2500</td><td>3000</td><td>0.3～0.4</td><td>2000</td><td>2500</td><td>0.15～0.18</td></tr>
<tr><td>合金调质钢</td><td>2200</td><td>3000</td><td>0.3～0.4</td><td>1500</td><td>2000</td><td>0.15～0.18</td></tr>
<tr><td>淬火工件</td><td>1800</td><td>2000</td><td>0.3～0.4</td><td>1200</td><td>2000</td><td>0.15～0.18</td></tr>
<tr><td>铜公、碳公</td><td>2000</td><td>3000</td><td>0.3～0.4</td><td>2000</td><td>2000</td><td>0.15～0.18</td></tr>
</table>

（续表）

刀径/mm	材料	开粗 FEEDRATE /（r/min）	开粗 SPINDLE /（r/min）	切削量/mm	光刀 FEEDRATE	光刀 SPINDLE	切削量/mm
球刀 ϕ16 刃长 20 总长 160	碳素合金结构钢	2000	2000	0.35～0.5	2000	2400	0.15～0.2
	合金调质钢	1800	2000	0.35～0.5	2000	2200	0.15～0.2
	淬火工件	1500	2000	0.35～0.5	1500	2000	0.15～0.2
	铜公、碳公	2000	2600	0.35～0.5	2200	2600	0.15～0.2
球刀 ϕ20 刃长 35 总长 150	碳素合金结构钢	2500	3000	0.35～0.5	2000	2200	0.15～0.2
	合金调质钢	2000	2500	0.35～0.5	2000	2200	0.15～0.2
	淬火工件	1500	2000	0.35～0.5	1500	1600	0.15～0.2
	铜公、碳公	2500	3000	0.35～0.5	2000	2600	0.15～0.2
球刀 ϕ25 刃长 16 总长 200	碳素合金结构钢	3000	3000	0.35～0.5	2000	2500	0.15～0.2
	合金调质钢	2500	3000	0.35～0.5	2000	2500	0.15～0.2
	淬火工件	2000	2000	0.35～0.5	2000	1500	0.15～0.2
	铜公、碳公	3000	2500	0.35～0.5	2500	3000	0.15～0.2
圆鼻刀 ϕ52R6 总长：350、300、250、200、180、150、100	碳素合金结构钢	3000	1500	0.8～1.2	3000	2500	0.18～0.25
	合金调质钢	3000	1500	0.6～0.8	2800	2000	0.18～0.25
	淬火工件	1200	1000	0.4～0.6	2000	1500	0.18～0.25
	铜公、碳公	3000	1500	0.8～1.2	2500	3000	0.18～0.25
圆鼻刀 ϕ42R6 总长：300、250、200、180、150、120	碳素合金结构钢	3000	1500	0.8～1.0	2500	2500	0.18～0.25
	合金调质钢	3000	1500	0.6～0.8	2000	2000	0.18～0.25
	淬火工件	2000	1000	0.4～0.6	2000	2000	0.18～0.25
	铜公、碳公	3000	1500	0.6～1.0	2500	2500	0.18～0.25
圆鼻刀 ϕ32R6 总长：140、220、280	碳素合金结构钢	3000	1500	0.6～1.0	3000	2200～2800	0.15～0.2
	合金调质钢	2800	1500	0.6～0.8	2500	2000～2400	0.15～0.2
	淬火工件	2000	1000	0.4～0.6	2000	1800～2200	0.15～0.2
	铜公、碳公	2500	2000	0.6～1.0	2500	3000	0.15～0.2
圆鼻刀 ϕ25R5 总长：83、132、207	碳素合金结构钢	2000	1500	0.6～1.0	2200	2800	0.15～0.2
	合金调质钢	2000	1500	0.6～0.8	1800	2400	0.15～0.2
	淬火工件	1500	1000	0.4～0.6	1500	1800	0.15～0.2
	铜公、碳公	2800	1500	0.6～1.0	2000	2500	0.15～0.2
圆鼻刀 ϕ20R5 总长：73、128、168	碳素合金结构钢	1500	1600	0.5～0.8	2000	2400	0.12～0.15
	合金调质钢	1200	1500	0.5～0.6	2000	2000	0.12～0.15
	淬火工件	1000	1000	0.4～0.6	1500	1500	0.12～0.15
	铜公、碳公	1500	2000	0.6～0.8	2000	2800	0.12～0.15

（续表）

刀径/mm	材料	开粗 FEEDRATE /（r/min）	开粗 SPINDLE /（r/min）	切削量/mm	光刀 FEEDRATE	光刀 SPINDLE	切削量/mm
圆鼻刀 ϕ32R0.8 总长：300、250、200、150	碳素合金结构钢	2000	1600	0.5～0.8	2000	2400	0.12～0.15
	合金调质钢	1800	1500	0.5～0.6	2000	2000	0.12～0.15
	淬火工件	1400	1000	0.4～0.6	1800	1500	0.12～0.15
	铜公、碳公	2000	2500	0.6～0.8	2000	2500	0.12～0.15
圆鼻刀 ϕ25R0.8 总长：300、250、200、150	碳素合金结构钢	2200	1400	0.5～0.8	2000	2400	0.12～0.15
	合金调质钢	1800	1300	0.5～0.6	2000	2000	0.12～0.15
	淬火工件	1200	1000	0.4～0.6	1500	1500	0.12～0.15
	铜公、碳公	2400	2000	0.6～0.8	2000	2200	0.1
圆鼻刀 ϕ16R0.8 总长：160、120	碳素合金结构钢	1500	1400	0.5	1500	2000	0.1
	合金调质钢	1500	1400	0.5	1500	2000	0.1
	淬火工件	1000	1200	0.4	1500	1500	0.1
	铜公、碳公	2200	2000	0.6	1800	2200	0.1
球刀 ϕ16	合金调质钢	3000	3000	0.5	2200	4000	0.2
	淬火工件	2000	3000	0.4	2000	3500	0.2
	铜公、碳公	4000	3500	0.5	2600	4500	0.2
球刀 ϕ12	合金调质钢	3000	5000	0.5	2200	7000	0.2
	淬火工件	2000	5000	0.35	2000	6500	0.15
	铜公、碳公	4000	6000	0.5	2600	7000	0.2
球刀 ϕ10	合金调质钢	3000	5000	0.5	2200	7000	0.18
	淬火工件	2000	5000	0.35	2000	6500	0.15
	铜公、碳公	4000	6000	0.5	2500	7000	0.2
球刀 ϕ8	合金调质钢	2400	6000	0.4	2000	8000	0.15
	淬火工件	2400	6000	0.3	2000	8000	0.15
	铜公、碳公	2400	6000	0.5	2000	8000	0.18
球刀 ϕ6	合金调质钢	2400	8000	0.35	2000	10000	0.1
	淬火工件	2400	8000	0.3	2000	10000	0.1
	铜公、碳公	2400	8000	0.4	200	10000	0.12
球刀 ϕ5	合金调质钢	2200	8000	0.3	1800	10000	0.1
	淬火工件	2200	8000	0.3	1800	10000	0.1
	铜公、碳公	2200	8000	0.35	1800	10000	0.1
球刀 ϕ4	合金调质钢	2200	8000	0.3	1800	10000	0.1
	淬火工件	2200	8000	0.3	1800	10000	0.1
	铜公、碳公	2200	8000	0.35	1800	10000	0.1
球刀 ϕ3	合金调质钢	1800	10000	0.25	1200	10000	0.1
	淬火工件	1800	10000	0.2	1200	10000	0.1
	铜公、碳公	2000	10000	0.25	1200	10000	0.1

（续表）

刀径/mm	材料	开粗 FEEDRATE /（r/min）	开粗 SPINDLE /（r/min）	切削量/mm	光刀 FEEDRATE	光刀 SPINDLE	切削量/mm
球刀 $\phi2$	合金调质钢	1000	11000	0.2	650	10000	0.1
	淬火工件	1000	11000	0.2	600	10000	0.1
	铜公、碳公	1000	11000	0.25	600	10000	0.1
球刀 $\phi1$	合金调质钢	800	12000	0.2	650	10000	0.08
	淬火工件	800	12000	0.2	600	10000	0.08
	铜公、碳公	800	12000	0.2	600	10000	0.1

附录 B　UG NX 刀具库的建立

刀具库对于 NC 编程人员来说是十分必要的，在编程时可以直接从库中调用已有的刀具，更重要的是刀具的切削参数等特性也被载入，可以更方便、更安全地使用刀具。关于刀具库的建立和使用可以参见以下步骤。

1.打开模板文件

首先打开“Siemens”，安装目录“C:\Program Files\Siemens\NX 12.0\MACH\resource\ template_part\metric\mill_contour.prt” 文件。这是一个模板文件。

必须先去除该文件的“只读”属性。

2.新建刀具

以创建 D20 铣刀为例，对话框如图附录 B-1 所示。

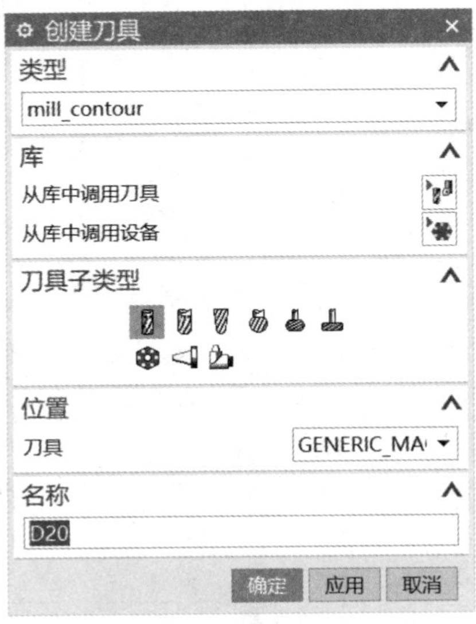

图附录 B-1　“创建刀具”对话框

在“名称”选项组中命名为“D20”，单击“确定”按钮进入“铣刀-5 参数”对话框，如图附录 B-2 所示。

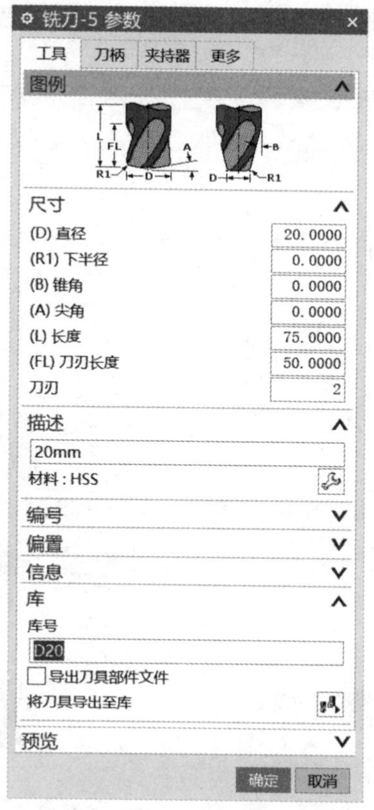

图附录 B-2　“铣刀-5 参数”对话框

3.导出刀具到库中

如图附录 B-2 所示，在“铣刀-5 参数”对话框中设置“尺寸”“描述”“编号”“库号”几个选项，然后单击“将刀具导出至库”按钮，对话框如图附录 B-3 所示。

在“选择目标类”对话框中选择 5 参数即“UG_5_PARAMETER”。单击“确定”按钮后退出环境。

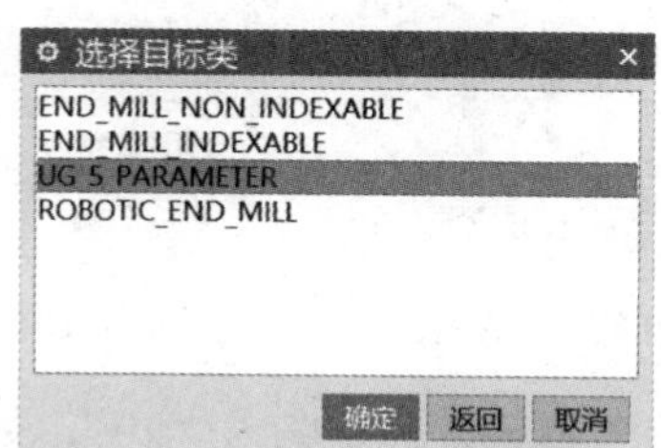

图附录 B-3　“选择目标类”对话框

4.编辑加工数据库

执行主菜单中的“工具”—“编辑加工数据库”命令，弹出如图附录 B-4 所示对话框。

选择“加工数据”选项卡，单击“插入”按钮，弹出“库类选择”对话框如图附录 B-5 所示。

在“库类选择”对话框中选择“5 参数铣刀”选项，弹出“搜索准则”对话框如图附录 B-6 所示。

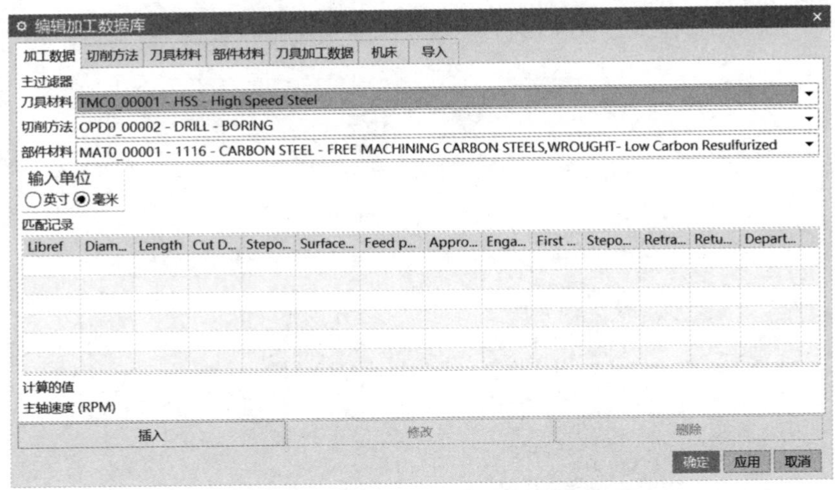

图附录 B-4 “编辑加工数据库”对话框

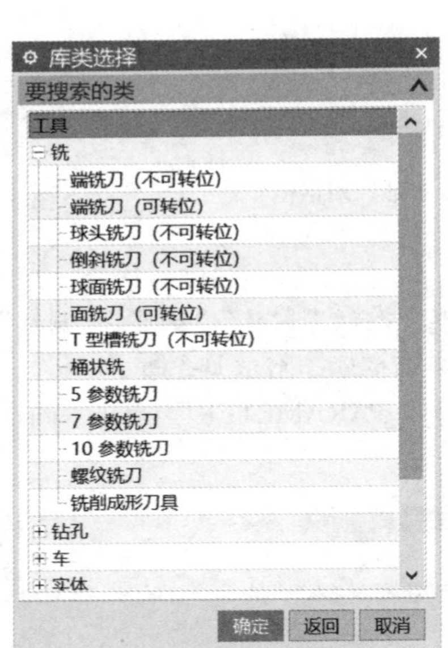

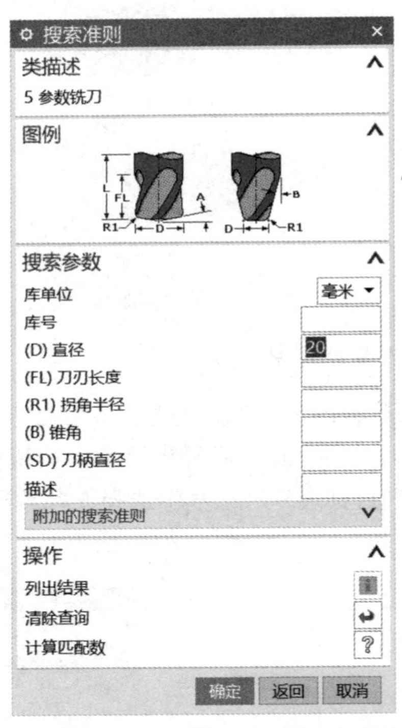

图附录 B-5 “库类选择”对话框　　　　图附录 B-6 “搜索准则”对话框

在“搜索准则”对话框中，在“直径”栏中输入“20”，然后选择“计算匹配数”选项，这样就可以搜索出先前建立的 D20 铣刀，如图附录 B-7 所示。

在“搜索结果”中选择“D20”刀具，单击“确定”按钮后弹出“编辑加工数据记录”对话框如图附录 B-8 所示。

在“编辑加工数据记录”对话框中输入刀具的切削参数（可以参考附录 A），单击“确定”按钮后退出设置。

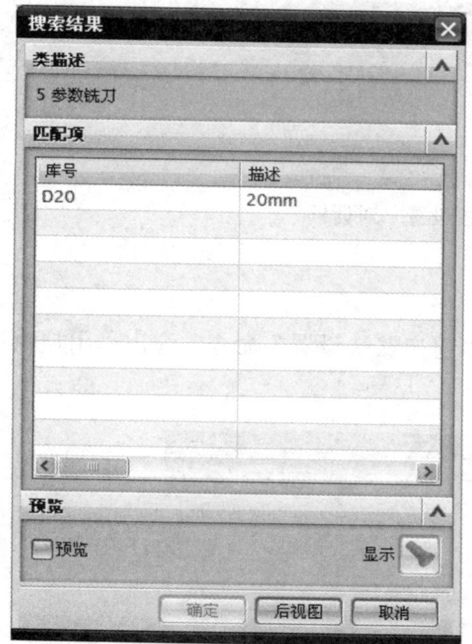

图附录 B-7　“搜索结果”对话框

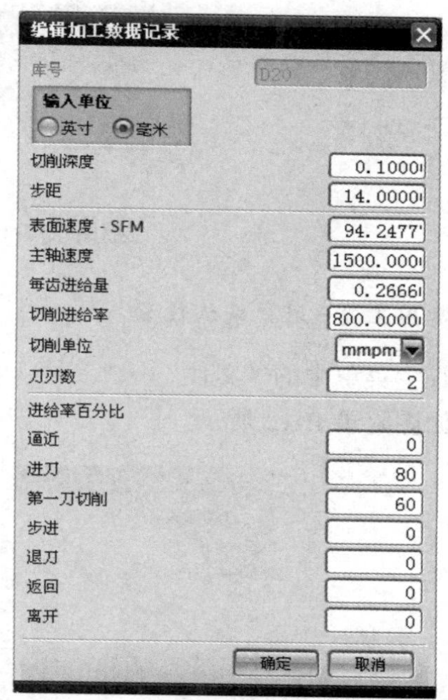

图附录 B-8　“编辑加工数据记录”对话框

5. 调用刀具设置为模板

在“创建刀具”对话框中选择“从库中调用刀具”选项，如图附录 B-9 所示。从库中调出已经创建的 D20 铣刀。在工序导航器中按机床类型显示，则有了 D20 这把刀具，如图附录 B-10 所示。

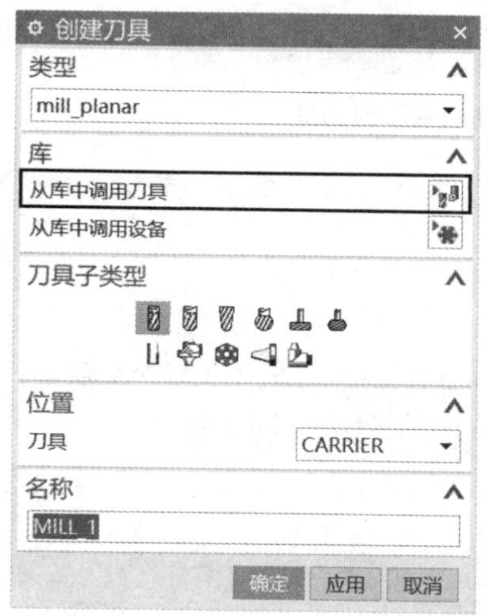

图附录 B-9　“创建刀具”对话框

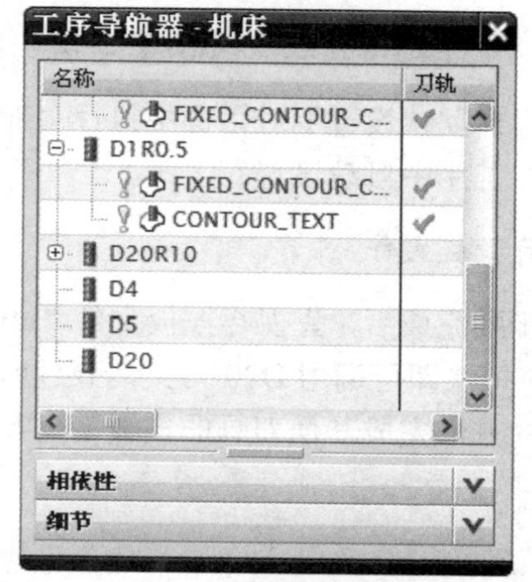

图附录 B-10　“工序导航器-机床”对话框

将光标置于“D20”刀具名称上，右击，执行“对象”→“模板设置”命令，弹出“模板设置”对话框，如图附录 B-11 所示。

在“模板设置”对话框中将两个选项全部选中。

图附录 B-11　“模板设置”对话框

6.实用工具—用户默认设置

执行主菜单中的“文件”→“实用工具”→“用户默认设置”命令，弹出“用户默认设置”对话框如图附录 B-12 所示。

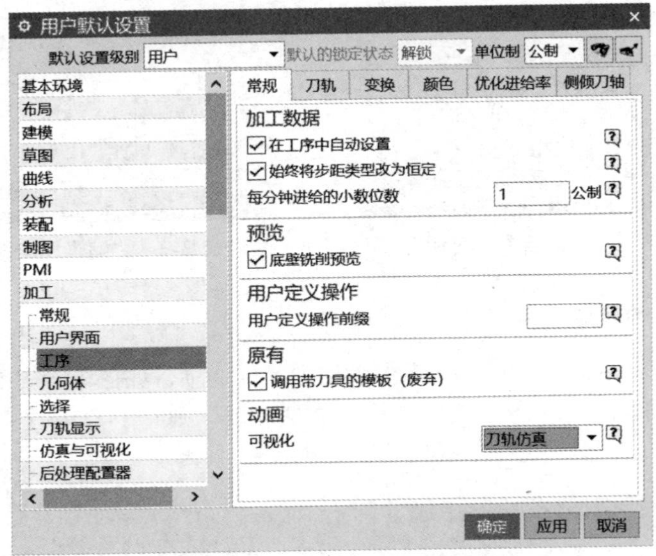

图附录 B-12　“用户默认设置”对话框

在“用户默认设置”对话框中执行“加工”—“工序”—“常规”命令，将“加工数据”设置为“在工序中自动设置”。

7.保存模板文件

所有步骤完成后，先保存模板文件“mill_contour.prt”，然后关闭 UG NX 软件，再次打开，进入 CAM 模块即可调用 D20 刀具，并且所有定义的切削参数一同被载入。

同样的方法完成其他刀具的模板创建。

附录 C　UG NX CAM 习题集

习题 01

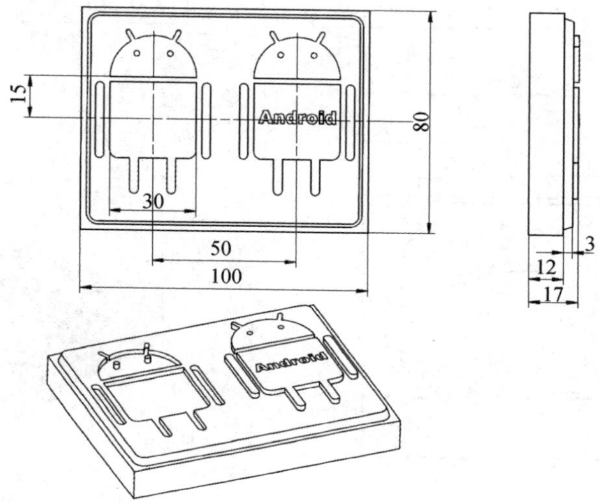

习题 02

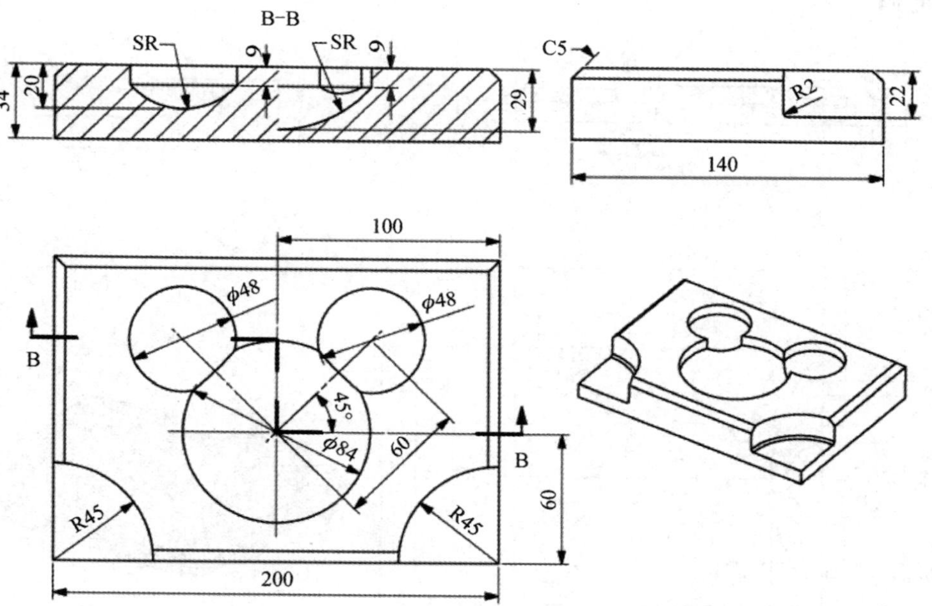

习题 03

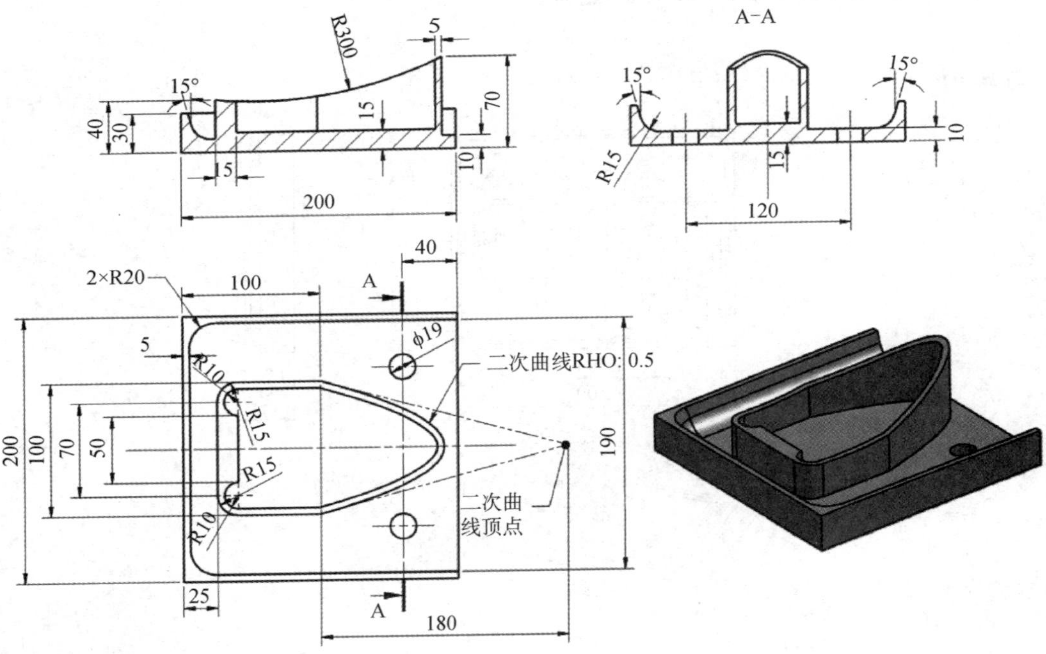
R300
5
15°
40
30
15
70
10
15
200
A–A
15°
15°
R15
15
10
120
40
2×R20
100
A
5
ϕ19
R10
R15
R15
R10
二次曲线RHO: 0.5
200
100
70
50
190
二次曲
线顶点
25
A
180

习题 04

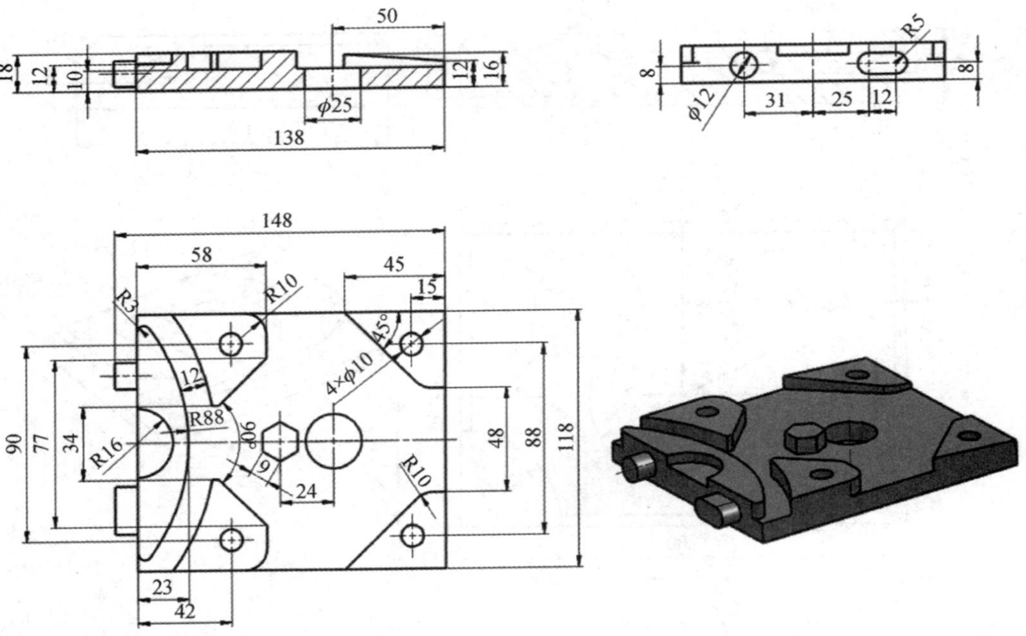
50
18
12
10
12
16
ϕ25
138
8
R5
8
ϕ12
31
25
12
148
58
45
R3
R10
15
45°
4×ϕ10
12
R88
90°
R16
9
24
R10
90
77
34
48
88
118
23
42

习题 05

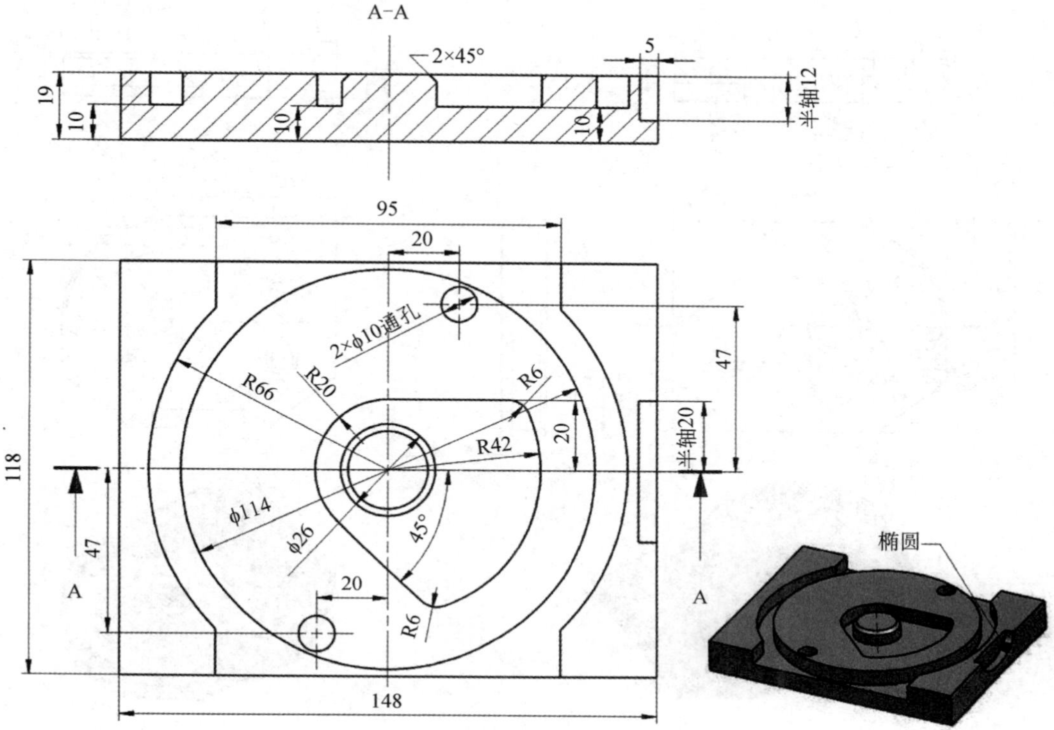
A-A
2×45°
5
19
10
10
10
半轴12
95
20
118
2×ϕ10通孔
47
R66
R20
R6
20
R42
半轴20
ϕ114
ϕ26
45°
47
A
20
R6
148
A
椭圆

习题 06

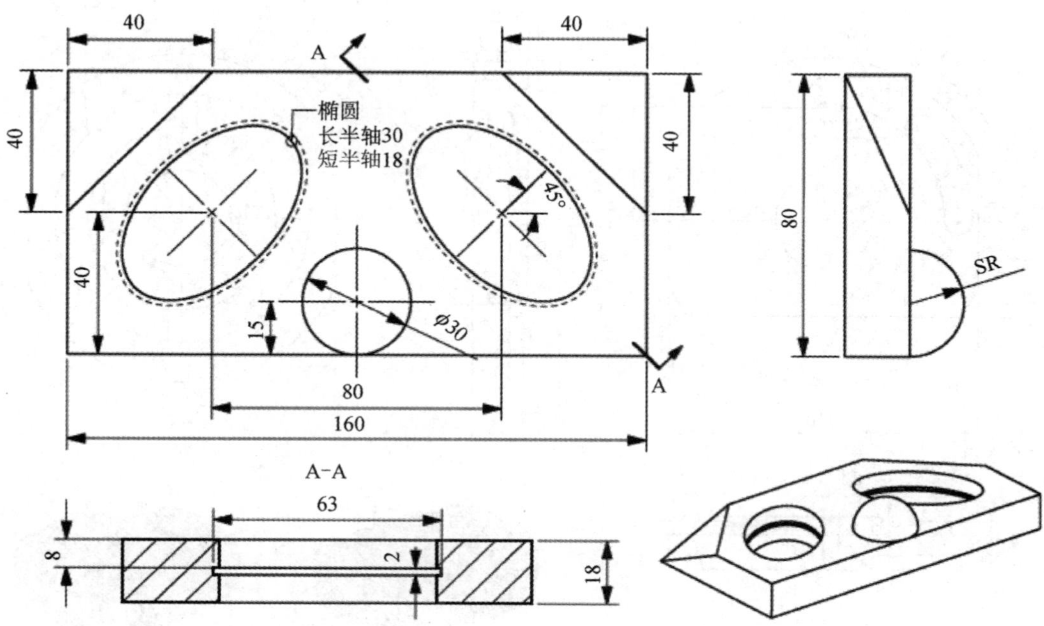
40
40
A
40
椭圆
长半轴30
短半轴18
40
45°
80
SR
40
15
ϕ30
A
80
160
A-A
63
8
2
18

习题 07

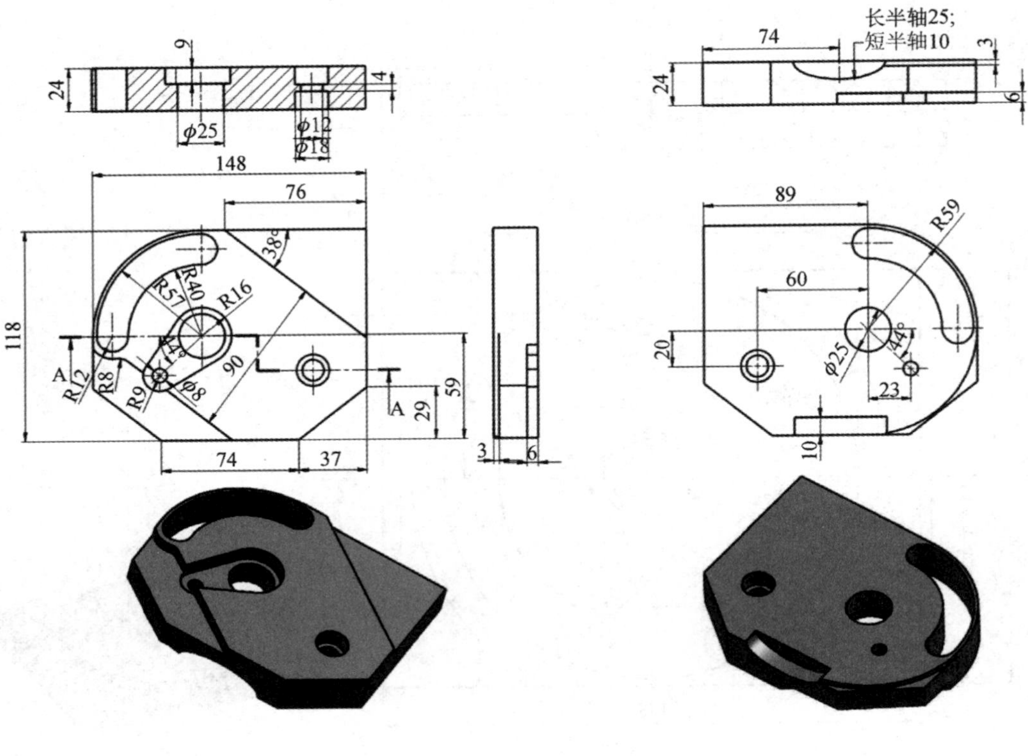

习题 08

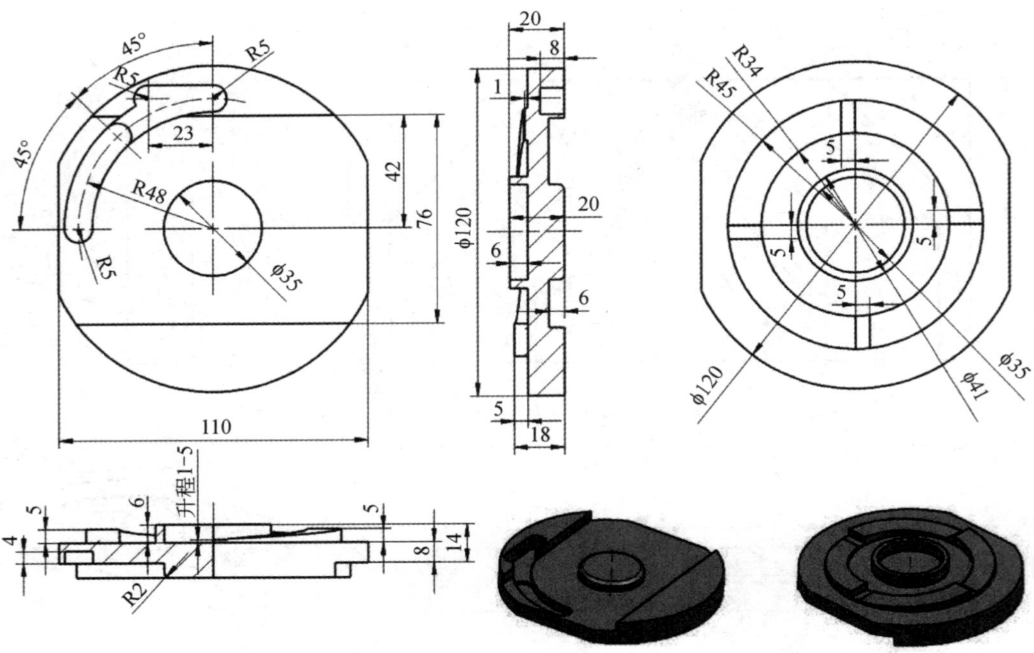

习题 09

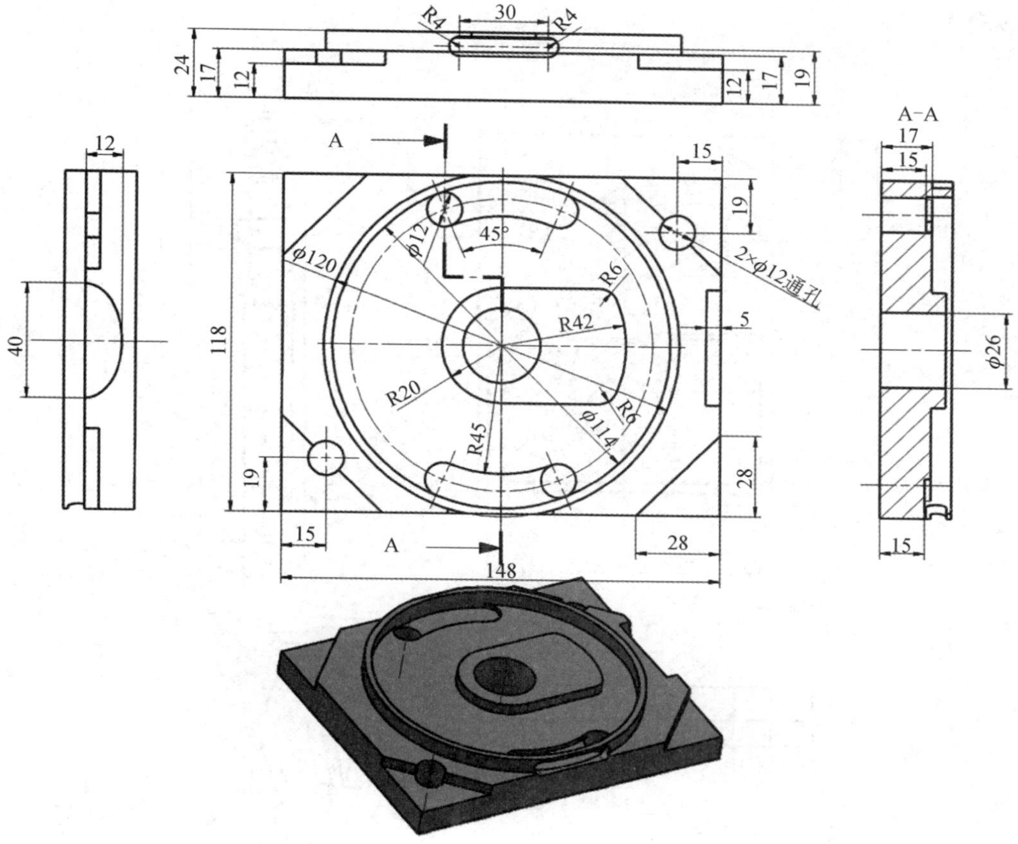

30
R4
R4
24
17
12
12
17
19
A
A–A
12
15
17
15
19
45°
φ12
φ120
2×φ12通孔
R6
R42
5
40
118
R20
R6
φ114
R45
φ26
19
28
15
A
28
15
148

习题 10

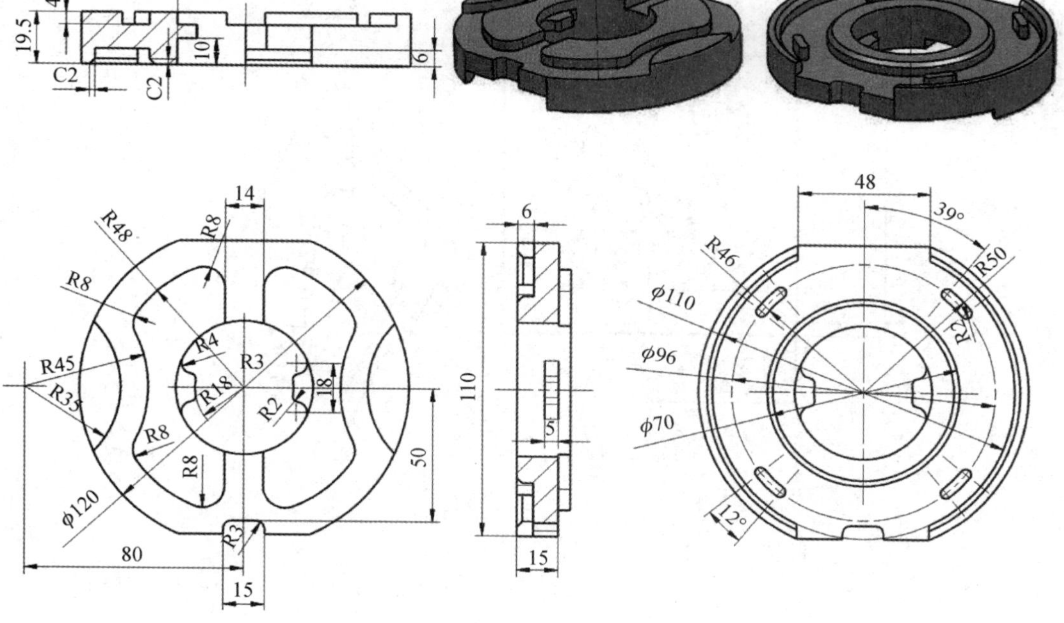

φ50
4.5
19.5
10
6
C2
C2
14
R8
R48
R8
R4
R3
R45
R18
18
R35
R2
R8
R8
50
φ120
R3
80
15
6
110
5
15
48
39°
R46
R50
φ110
R2
φ96
φ70
12°

习题 11

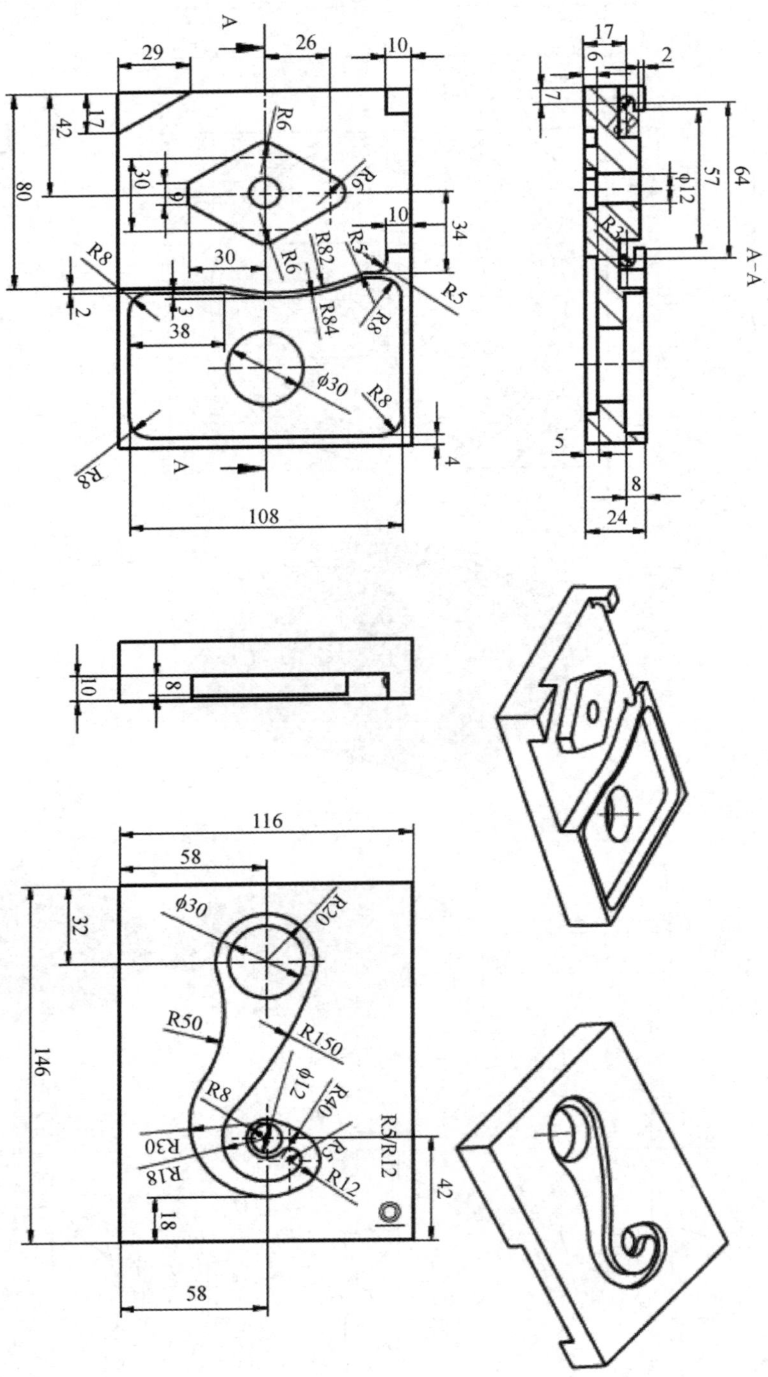
A
29
26
10
17
42
80
R6
30
9
R6
10
34
30
R6
R82
R5
R8
R5
2
3
38
R84
R8
ϕ30
R8
4
R8
A
108
17
6
2
7
ϕ12
57
64
R3
A–A
5
8
24
10
8
116
58
ϕ30
R20
32
R50
R150
146
R8
ϕ12
R40
R30
R5/R12
R5
R18
R12
42
18
58

习题 12

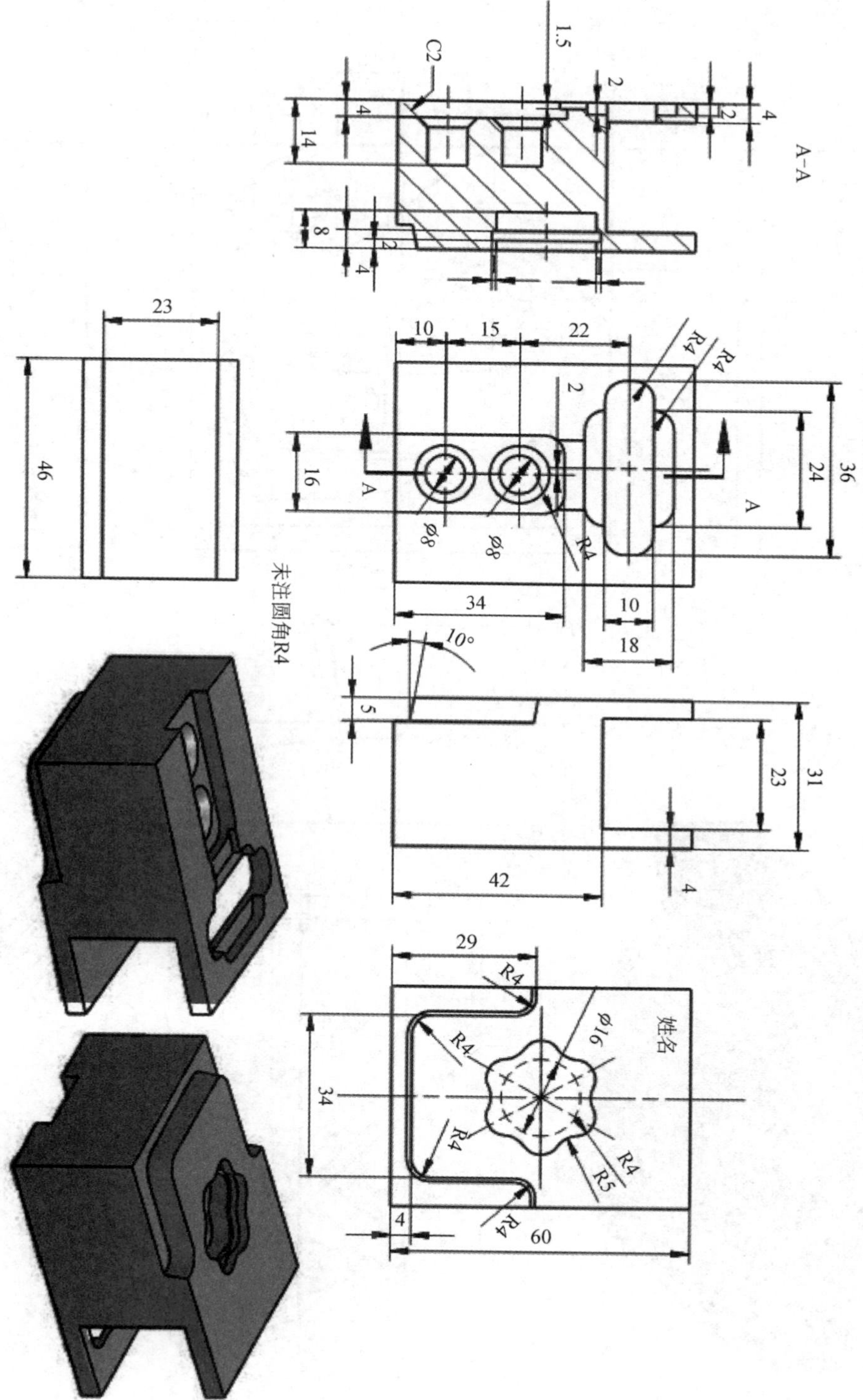

习题 13

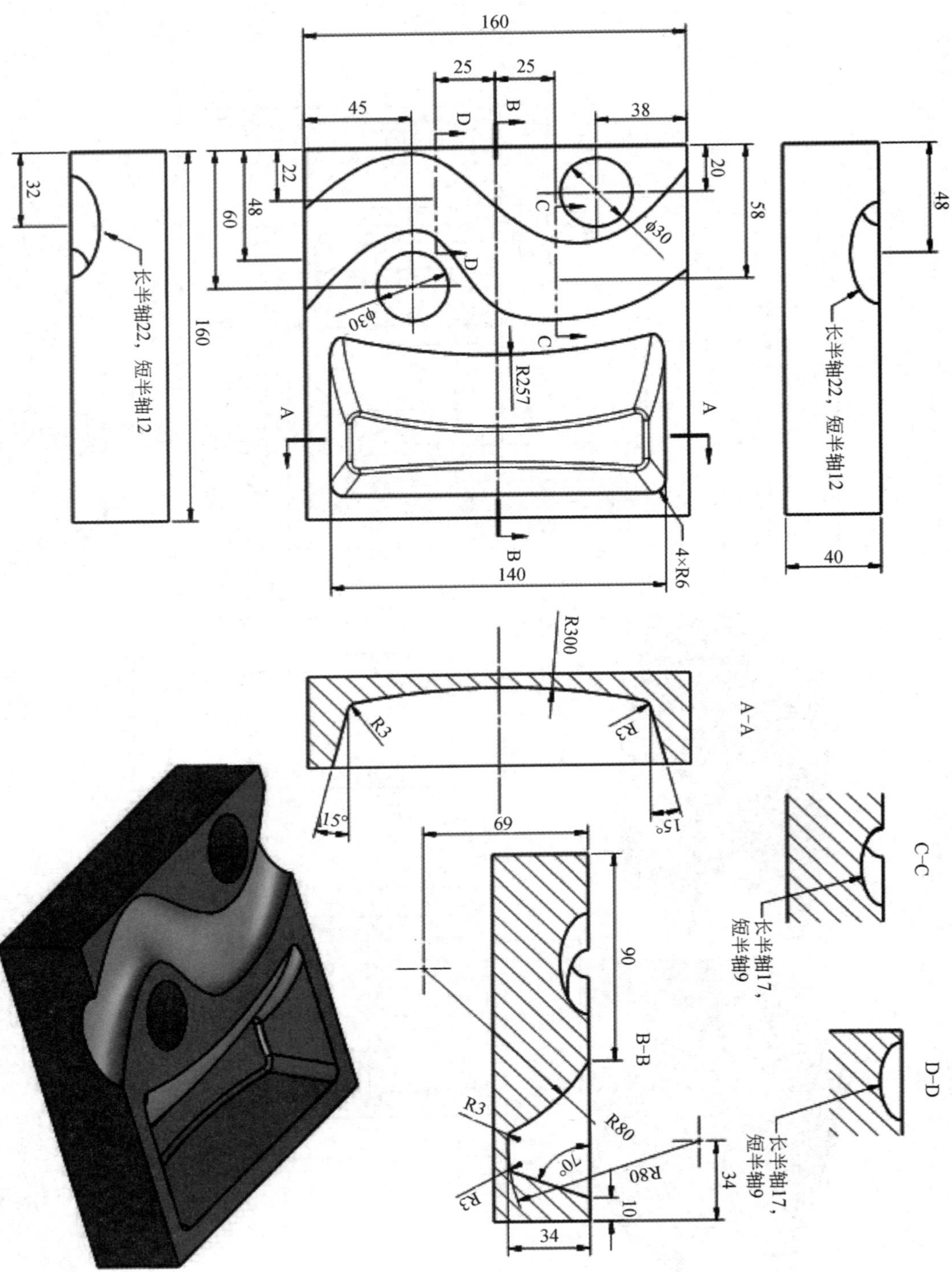
160
25
25
45
38
22
48
60
20
58
32
48
160
ϕ30
ϕ30
R257
长半轴22，短半轴12
长半轴22，短半轴12
4×R6
140
40
R300
R3
R3
A-A
15°
15°
69
90
B-B
R80
R3
R3
70°
R80
34
10
34
C-C
长半轴17，短半轴9
D-D
长半轴17，短半轴9

习题 14

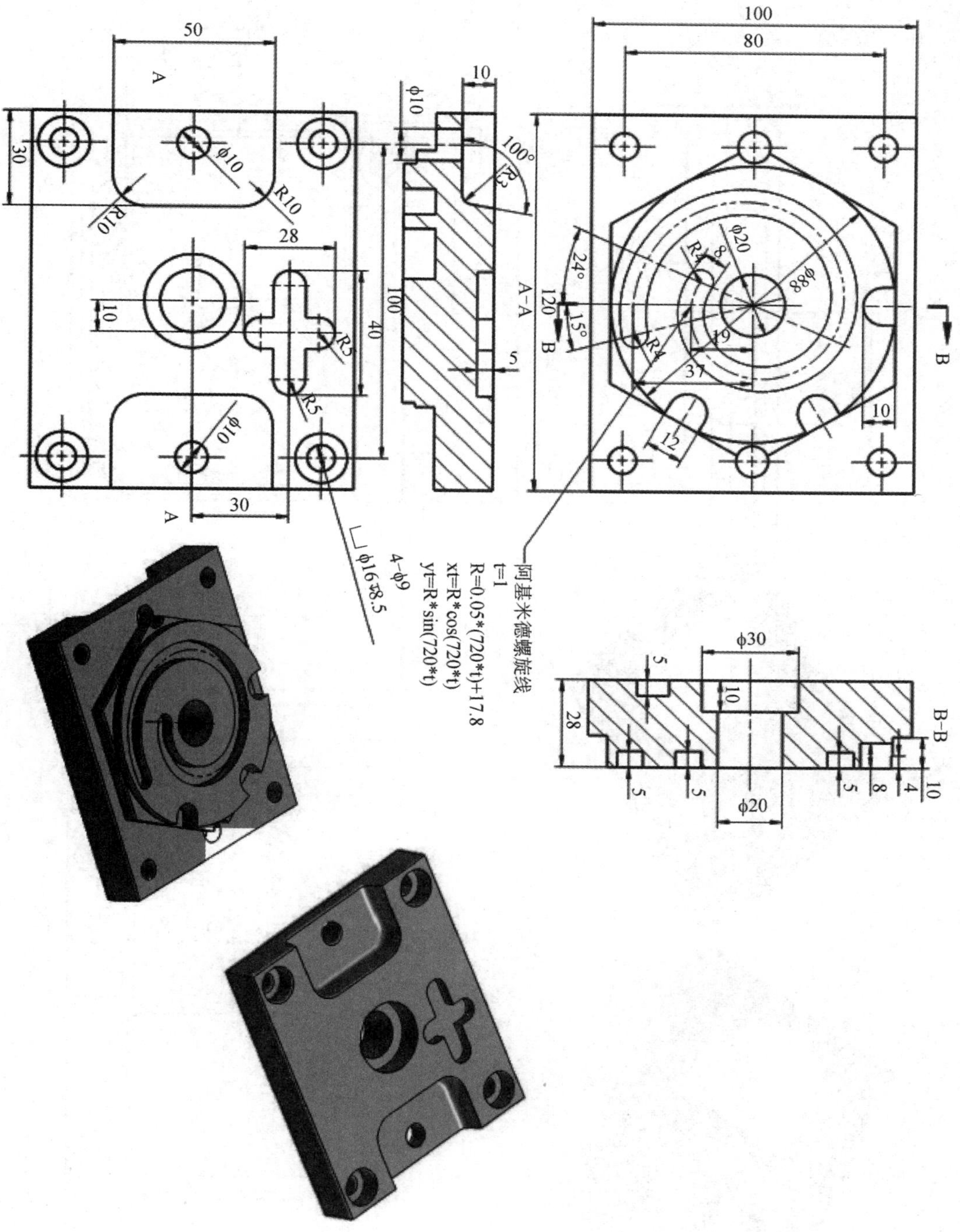
50
A
30
ϕ10
R10
R10
28
10
R5
40
100
R5
ϕ10
30
A
4-ϕ9
ϕ16↧8.5
10
ϕ10
100°
R3
A-A
5
100
80
ϕ20
R4
8
24°
ϕ88
120
15°
B
R4
19
37
10
12
B
阿基米德螺旋线
t=1
R=0.05*(720*t)+17.8
xt=R*cos(720*t)
yt=R*sin(720*t)
ϕ30
5
10
28
B-B
5
5
5
8
4
10
ϕ20

习题 15

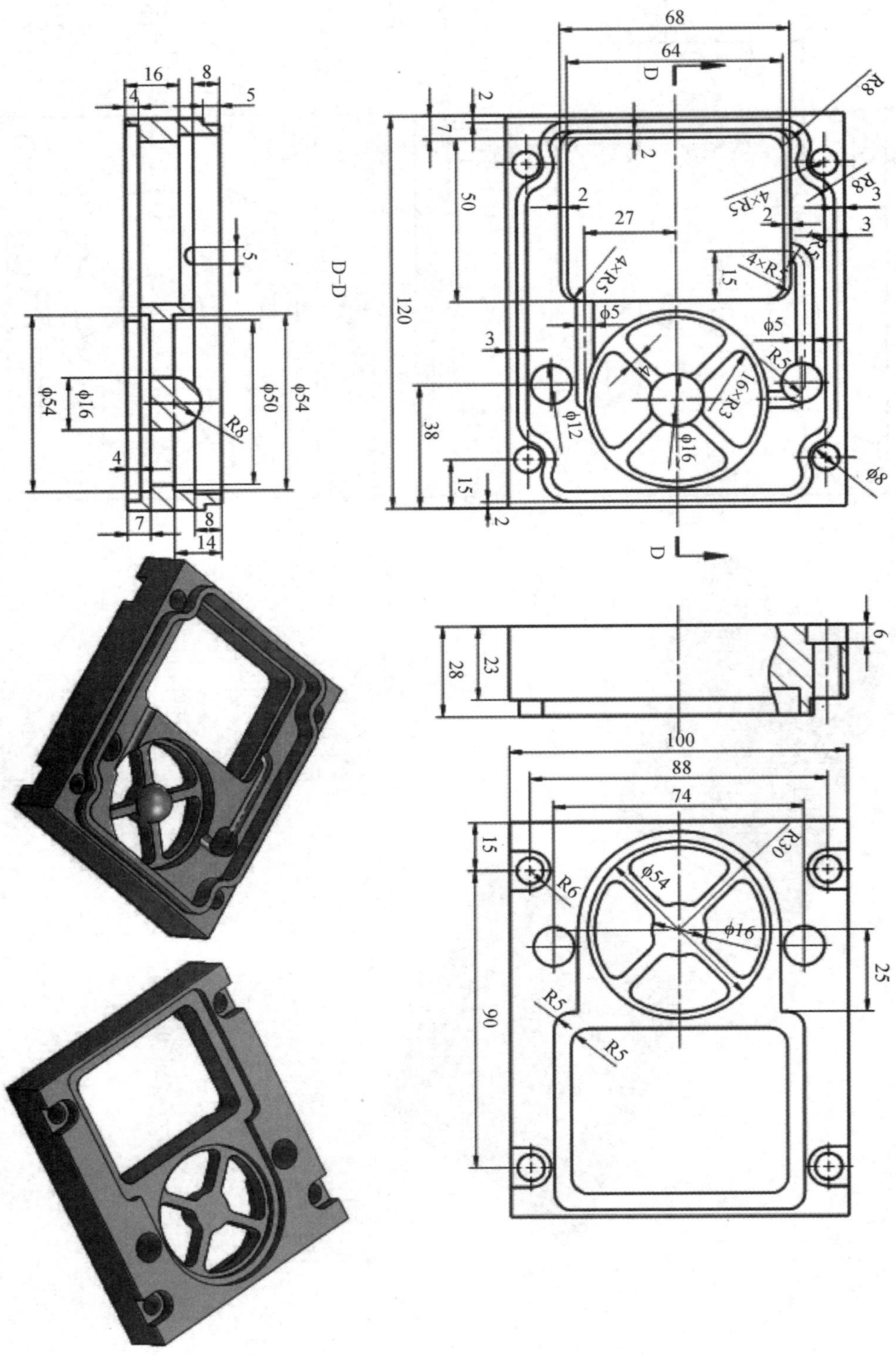

习题 16

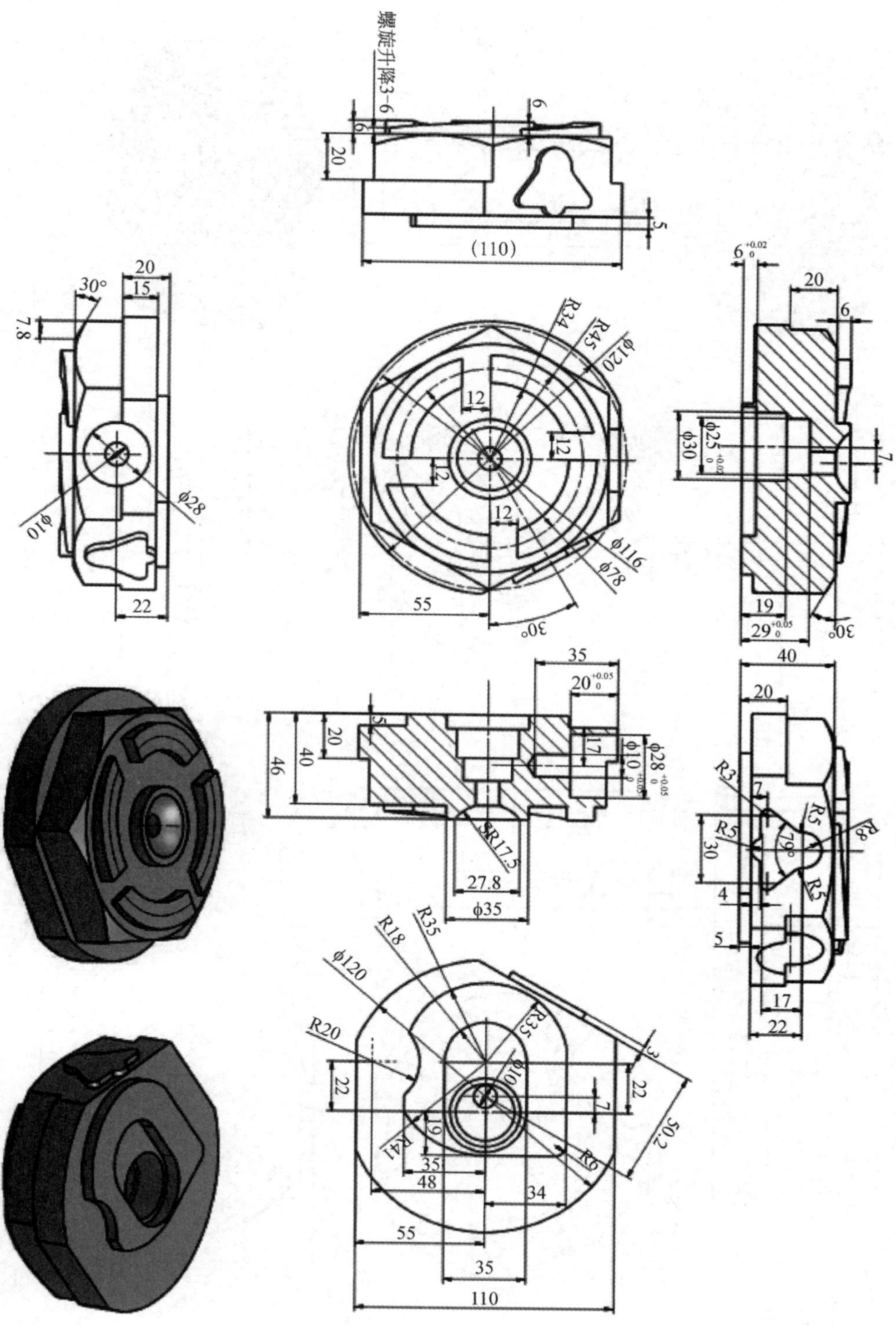

习题 17

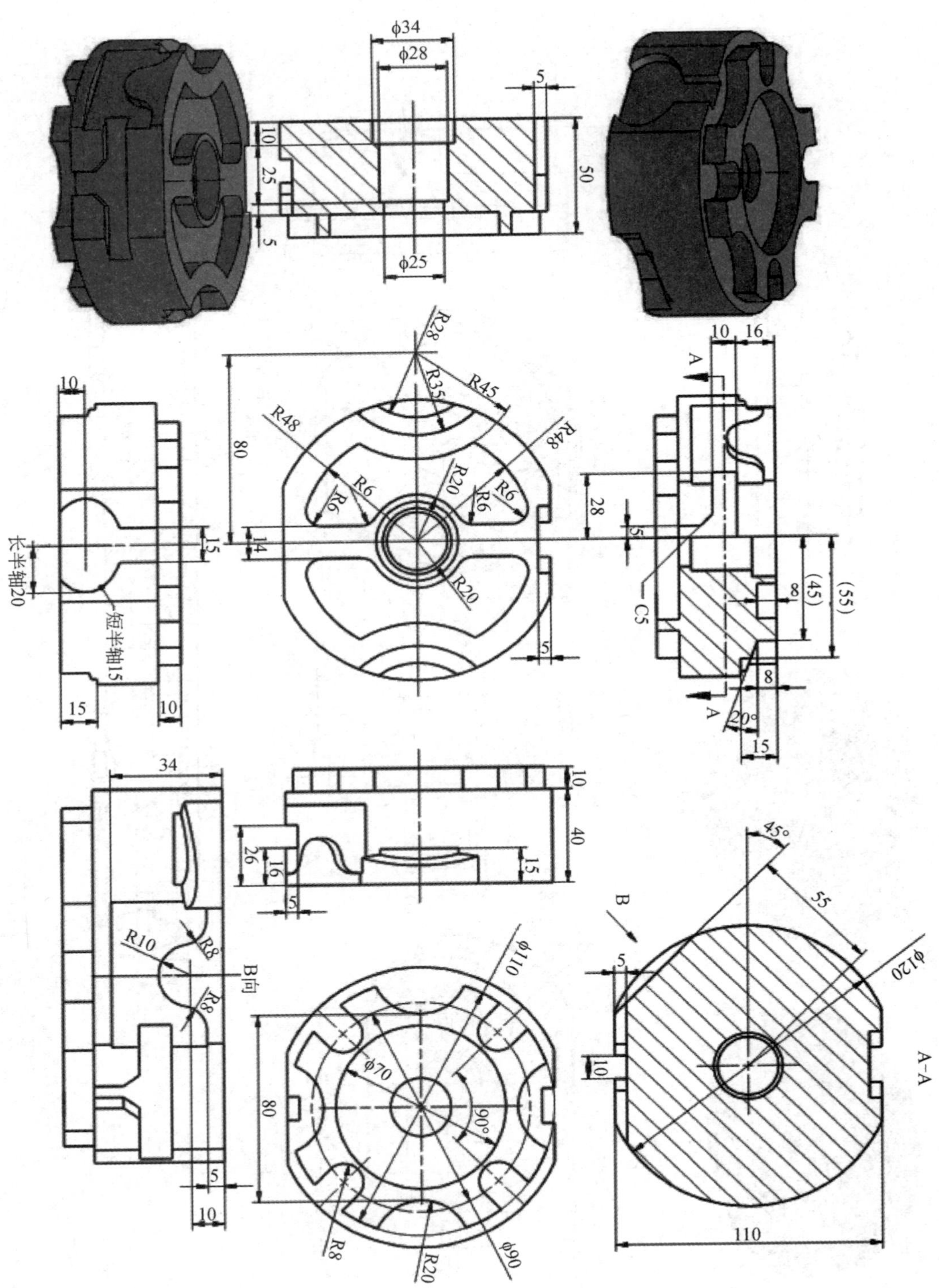

ϕ34
ϕ28
5
10
25
50
5
ϕ25
R28
R35
R45
R48
R48
80
R6
R6
R20
R6
R6
14
R20
5
10
15
长半轴20
短半轴15
15
10
10
16
A
28
5
C5
8
(45)
(55)
8
A
20°
15
34
10
40
26
16
15
5
R10
R8
B向
R8
5
10
ϕ110
ϕ70
80
90°
R8
R20
ϕ90
45°
B
55
ϕ120
5
10
A-A
110